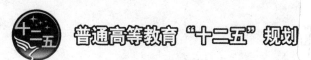

普通高等教育"十二五"规划

U0457431

数据库实用教程
(SQL Server 2008 + C#)

编 著 罗贤缙 秦金磊 张锋奇 谢 萍
主 审 王敬敏

中国电力出版社
CHINA ELECTRIC POWER PRESS

内 容 提 要

本书为普通高等教育"十二五"规划教材。本书是作者在教学实践基础上，针对工科院校数据库原理与应用课程学时短、实践性强的教学需要编写而成。本书以 Microsoft SQL Server 2008 中文版和 Visual Studio 2010 为教学平台，介绍了数据库基本概念，包括数据库系统概述、数据模型、关系数据库、关系数据库规范化理论和数据库设计、数据库及数据表的创建、数据查询与视图；然后介绍了基于 C#的数据库应用开发，包括 C#基础知识、Windows 窗体编程、基于 ADO.NET 的数据库开发。本书包含大量例题和课后习题，语言通俗、结构合理、图文并茂，具有较强的实用性。

本书可作为普通高等学校非计算机专业数据库相关课程教材和成人函授相关专业、社会培训教材，也可供广大从事数据库开发工作的专业技术人员和管理人员参考。

图书在版编目（CIP）数据

数据库实用教程：SQL Server 2008+C#/罗贤缙等编著. —北京：中国电力出版社，2015.4
普通高等教育"十二五"规划教材
ISBN 978-7-5123-7373-0

Ⅰ. ①数… Ⅱ. ①罗… Ⅲ. ①关系数据库系统－高等学校－教材 Ⅳ. ①TP311.138

中国版本图书馆 CIP 数据核字（2015）第 050070 号

　

中国电力出版社出版、发行
（北京市东城区北京站西街 19 号　100005　http://www.cepp.sgcc.com.cn）
航远印刷有限公司印刷
各地新华书店经售

*

2015 年 4 月第一版　　2015 年 4 月北京第一次印刷
787 毫米×1092 毫米　16 开本　16.25 印张　393 千字
定价 **33.00** 元

前　言

　　数据库技术自 20 世纪 60 年代末产生至今已有 50 多年的历史，在商业、医疗保健、教育、政府组织、图书馆、军事、工业控制等领域都取得了广泛应用，已成为信息管理、电子商务、网络服务等系统的核心技术和重要基础，也是计算机、控制、信息等相关工科专业的工程技术人员所必须具备的专业知识。开设数据库相关课程的目的是使学生全面地学习数据库系统的概念和应用技术，让学生在数据库基础知识、数据库操作能力、数据库管理能力和数据库应用设计能力等方面达到一定水平。

　　Microsoft SQL Server 是目前流行的大中型关系型数据库管理系统，SQL Server 2008 是其重大的产品版本，它推出了许多新的特性和关键改进，使其能应对数据爆炸的新挑战及下一代数据驱动应用程序的需求。Microsoft Visual Studio 是目前流行的 Windows 应用程序开发环境，功能强大、使用简单方便。

　　全书共有 14 章，从内容上分为数据库原理、SQL Server 2008 和基于 C#的数据库应用开发三部分。第一部分的主要内容是数据库基础理论，包括第 1~5 章，介绍数据管理技术发展、数据库系统的组成与结构、数据模型、关系数据库基础知识及规范化理论、数据库设计的方法和步骤；第二部分的主要内容是数据库应用，包括第 6~9 章，介绍在 SQL Server 2008 环境下如何完成数据库和数据表等数据对象的创建及操作、表数据的操纵、T-SQL 语言、数据的查询等；第三部分主要内容是在 Visual Studio 2010 环境下利用 C#进行数据库系统的开发，包括第 10~14 章，介绍 C#面向对象编程基础、Windows 窗体编程及基于 ADO.NET 的数据库开发。全书在保证概念准确的基础上力求通俗易懂、简洁明了，同时配以丰富的图表深入浅出地进行阐述，所选例题具有代表性，能帮助学生迅速掌握简单数据库系统的开发，为将来更深入的学习和应用打下基础。

　　本书主要由罗贤缙、秦金磊、张锋奇编写，参与编写的还有谢萍，博士生导师王敬敏教授主审，在编写过程中得到了许多老师的支持，提出了很多宝贵意见，在此一并表示感谢！

　　本书部分内容加以"*"标注，供教师讲授和学生学习时选用。

　　由于编者水平和经验有限，书中错误在所难免，恳请广大读者批评指正。

编　者

2014 年 12 月

目　　录

第1章 数据库系统概述

数据库技术是一门研究数据管理的技术，始于 20 世纪 60 年代末，经过几十年的发展，数据库技术成为计算机技术的一个重要分支，也成为日常生活中不可缺少的一部分。数据库技术主要研究如何存储、管理和使用数据。本章主要介绍数据管理技术的发展和数据库系统的基本概念，为后面各章的学习奠定基础。

1.1 信息、数据和数据处理

计算机的出现，开辟了计算机处理的新纪元。数据处理的基本问题是数据的组织、存储、检索、维护和加工利用。

数据是数据库系统研究和处理的对象，数据与信息是分不开的，它们既有联系又有区别，因此首先介绍信息与数据的概念。

1.1.1 信息与数据

1. 信息

信息是对现实世界事物存在方式或运动状态的反映。具体地说，信息是一种已经被加工为特定形式的数据，这种数据形式对接受者来说是有意义的，并且对当前和将来的决策具有实际价值。

信息有如下一些重要特征：

（1）信息传递需要物质载体，信息的获取和传输需要消耗能量。

（2）信息是可以感知的，不同的信息有不同的感知方式（如感觉器官、仪器或传感器等）。

（3）信息是可以存储、压缩、加工、传递、共享、再生和增值的。

信息是资源，人类进行各项社会活动，不仅要考虑物质条件，还要研究和利用信息。正因为如此，人类将能源、物质和信息并列为人类社会活动的三大因素。

2. 数据

为了了解世界、研究世界和交流信息，人们需要描述各种事物。用自然语言来描述虽然很直接，但过于繁琐，不便于形式化，而且也不利于计算机表达。因此，人们常常只抽取那些感兴趣的事物特征或属性来描述事物。例如一个学生可以用如下属性描述：

（张伟，201402000130，男，1996.5，动力系，热能）

这种描述事物的符号称为数据，数据的含义是数据的语义，数据和其语义是密不可分的。上述数据的语义是：

（学生姓名、学号、性别、出生年月、所在系、专业）

人们通过解释、推论、归纳、分析和综合等方法，从数据中获取有意义的内容称为信息。因此，数据是信息存在的一种形式，只有通过解释或处理才能成为有用的信息。

那么，我们可以得到如下信息：张伟是动力系热能专业的男生，学号 201402000130，1996年 5 月出生。

3. 信息与数据

信息与数据是两个既有联系又有区别的概念。数据是信息的载体，而信息是数据的内涵。同一信息可以由不同的数据表示，同一数据可以有不同的解释。因此在许多场合下，对它们不做严格区分，可互换使用。例如，通常说的"信息处理"与"数据处理"具有同义性。

1.1.2 数据处理

数据处理是人们直接或利用机器加工数据的过程。对数据进行查找、统计、分类、交换等都属于加工。

在数据处理的一系列活动中，数据收集、存储、分类传输等基本操作环节称为数据管理，而加工、计算、输出等操作是千变万化的，不同业务有不同的处理。

数据管理技术是解决上述基本环节的，而其他环节是通过应用程序实现的。

1.2 数据管理技术的发展

随着计算机软硬件技术的发展，数据管理技术的发展大致经历了人工管理、文件管理和数据库系统三个阶段。

1.2.1 人工管理阶段

20 世纪 50 年代中期以前，计算机的外部设备只有磁带、卡片和纸带，没有磁盘等可直接存储的设备，没有操作系统和数据管理软件，数据处理方式是批处理，所有数据完全由人工进行管理，因此这个阶段称为人工管理阶段，主要有以下几个特点。

（1）一组数据对应于一个应用程序，应用程序与其处理的数据合成一个整体。在进行计算时，系统将程序与数据一并装入内存，用完后就将它们撤销、释放，其数据管理模型如图1.1 所示。

（2）没有文件概念，数据的组织方式由应用程序开发人员自行设计。

（3）没有对数据进行管理的软件，程序员不仅要设计数据的逻辑结构，还要设计数据的物理结构，如存储结构、存取方法、输入/输出方式等，因此数据与程序不具有独立性，如果数据存储改变了，程序员就必须修改程序。

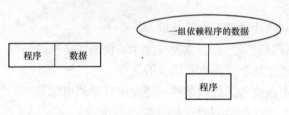

图 1.1   人工管理阶段数据管理模型

（4）数据面向应用，即使两个程序使用同样的数据，也必须各自定义自己的数据存储和存取方式，不能共享相同的数据定义，因此，造成了程序之间大量的冗余数据。

1.2.2 文件系统阶段

20 世纪 50 年代末至 60 年代中期，计算机外存已经有了磁鼓、磁盘等存储设备，软件有了操作系统。人们在操作系统的支持下，设计开发了文件系统。这时，计算机不仅用于科学计算，也已大量用于数据处理，其特点如下：

（1）数据以文件的形式长期保存，在文件系统中，按一定的规则将数据组织为一个文件，长期存放在外存储器中。

（2）程序员只需要用文件名与数据打交道，不必关心数据的物理位置，可由文件系统提供的读/写方法去读/写数据。

（3）文件形式多样化。为了方便数据的存储和查找，人们研究了许多文件类型，如索引文件、链接文件、顺序文件和倒排文件等，数据的存取基本上是以记录为单位的。

（4）数据与程序之间具有一定的独立性。应用程序通过文件系统对数据文件中的数据进行存取和加工，因此处理数据时，程序不必过多地考虑数据的物理存储的细节，文件系统充当应用程序与数据之间的一种接口，可使应用程序和数据都具有一定的独立性，这样，程序员可以集中精力于算法，而不必过多地考虑物理细节。并且，数据在存储上的改变不一定反映在程序上，这可以大大节省维护程序的工作。其数据管理模型如图 1.2 所示。

尽管文件系统有上述优点，但是这些数据在文件中只是简单地存放，文件中的数据没有结构，文件之间没有有机的联系，仍不能表示复杂的数据结构；数据的存放仍然依赖于应用程序的使

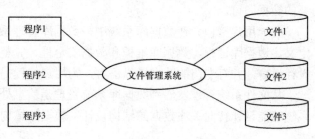

图 1.2 文件系统阶段数据管理模型

用方法，基本上是一个数据文件对应于一个或几个应用程序；数据面向应用，数据独立性差，仍然出现重复存储、冗余度大、一致性差（同一数据在不同文件中的值不一样）等问题。

1.2.3 数据库系统阶段

随着计算机软硬件技术的发展，数据处理规模的扩大，20 世纪 60 年代后期出现了数据库技术。从不同的角度去定义数据库可能差别较大，但是对数据库所应具有的特点，其认识上大体是一致的。数据库技术的若干特点如下：

（1）数据结构化。数据库是存储在磁盘等外部直接存取设备上的数据集合，按一定的数据结构组织起来。与文件系统相比，文件系统中的文件之间不存在联系，因而从整体上看是没有结构的；而数据库中的文件是相互联系着的，并在总体上遵从一定的结构形式。这是文件系统与数据库系统最大的区别。数据库系统正是通过文件之间的联系反映现实世界事物间的自然联系的。

（2）数据共享。数据库中的数据是考虑所有用户的数据需求、面向整个系统组织的，因此数据库中包含了所有用户的数据成分，但每个用户通常只用到其中一部分数据。不同用户所使用的数据可以重叠，同一部分数据也可为多个用户共享。

（3）减少了数据冗余。在数据库方式下，用户不是自建文件，而是取自数据库中的某个子集，它并非独立存在，而是靠数据库管理系统（Database Management System，简称 DBMS）从数据库中映像出来的，所以叫做逻辑文件。如图 1.3 所示，用户使用的是逻辑文件，因此尽管一个数据可能出现在不同的逻辑文件中，但实际上的物理存储只出现一次，这就减少了数据冗余。

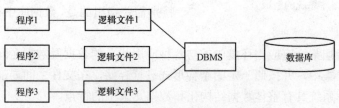

图 1.3 数据库系统阶段数据管理模型

（4）有较高的数据独立性。数据独立的好处是数据存储方式的改变不会影响应用程序。数据独立又有两个含义，即物理数据独立性和逻辑数据独立性。所谓物理数据独立性是指数据库物理结构（包括数据的组织和存储、存取方法及外部存储设备等）发生改变时，不会影响到逻辑结构，而用户使用的是逻辑数据，所以不必改动程序；所谓逻辑数据独立性是指数据库全局逻辑发生改变时，用户也不必改动程序，就像数据库并没有发生变化一样。这是因为用户仅使用数据库的一个子集，全局变化与否与具体用户无关，只要能从数据库中导出所要的数据即可。

（5）用户接口。在数据库系统中，数据库管理系统为用户与数据库的接口提供了数据库定义、数据库运行、数据库维护和数据安全性、完整性等控制功能。此外，还支持某些程序设计语言，并有专门的数据操纵语言，为用户编程提供了方便。

从文件系统管理发展到数据库系统管理是信息处理领域的重大变化，人们由传统的关注系统功能设计转向关注数据的结构设计，数据的结构设计成为信息系统的中心问题。

1.3　数据库系统的组成与结构

通常把引进了数据库技术的计算机称为数据库系统，它的目的是存储和产生所需要的有用信息。这些有用的信息可以是对于使用该系统的个人或组织有意义的任何事情。

1.3.1　数据库系统的组成

数据库系统（Database System，DBS）是数据库应用系统的简称，指计算机系统中引入数据库之后，用来组织和存取大量数据的管理系统。数据库系统由计算机系统、数据库、数据库管理系统、应用程序和用户组成。数据库系统的各个组件之间的关系如图 1.4 所示。

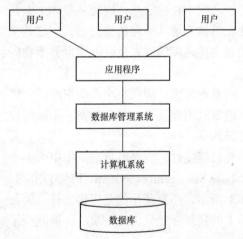

图 1.4　数据库系统的组成

1．计算机系统

计算机系统由硬件和必要的软件组成。

（1）硬件：指存储数据库和运行数据库管理系统 DBMS（包括操作系统）的硬件资源，它包括物理存储数据库的磁盘、光盘等外存储器及其附属设备、控制器、I/O 通道、内存、CPU 等其他外部设备。

（2）软件：指计算机正常运行所需要的操作系统和各种驱动程序等。

2．数据库

数据库是指数据库系统中集中存储的一批数据的集合。它是数据库系统的工作对象。

特别需要指出的是，数据库中存储的数据是"集成的"和"共享的"。

"集成"，是指把某特定应用环境中的与各种应用相关的数据及数据之间的联系（联系也是一种数据）全部集中，并按照一定的结构形式进行存储，在文件之间局部或全部地消除了冗余，这使数据库系统具有整体数据结构化和数据冗余小的特点。

"共享"，是指数据库中的数据可为多个不同的用户所共享。即多个不同的用户，使用多种不同的语言，为了不同的应用目的，而同时存取数据库，甚至同时存取同一块数据。共享实际上是基于数据库是"集成的"这一事实的结果。

3. 数据库管理系统

数据库管理系统（Database Management System，DBMS）是数据库系统关键组成部分，是数据库系统的核心软件。任何数据操作，包括数据库定义、数据查询、数据维护、数据库运行控制等都是在 DBMS 管理下进行的。DBMS 是用户与数据库之间的接口，应用程序只有通过 DBMS 才能和数据库打交道。目前流行的数据库管理系统有 Oracle、SQL Server、Access 等。通常，DBMS 的主要功能包括以下几个方面。

（1）数据定义功能。DBMS 提供数据定义语言（Data Definition Language，DDL）来定义数据库的三级模式，也就是为数据库构建数据框架。

（2）数据存取功能。DBMS 提供数据操纵语言（Data Manipulation Language，DML）实现对数据库的数据的基本存取操作：检索、插入、删除和修改。检索就是查询，是最重要最常用的一类操作，所以有些系统把 DML 称为查询语言。插入、修改和删除有时也称为更新操作。

DML 有两类：一类是交互式语言，语法简单，可独立使用，所以称为自主型或自含型；另一类是把数据库存取语句嵌入主语言（Host Language）中，如嵌入 FORTRAN、PASCAL、或 C 等高级语言中使用，这类 DML 本身不能独立使用，因此称为宿主型。现代的 DBMS 多含有自主型与宿主型两类 DML，允许用户选择使用。

DBMS 执行 DML 语句，完成对数据库的操作。对于自主型语言，DBMS 通常用解释执行的方式；对于宿主型语言，DBMS 一般提供以下两种方法。

1）预编译方法。DBMS 提供预编译程序，对源程序进行扫描，识别嵌入的 DML 语句并把它们转换成主语言代码（或主语言调用语句），以便被主语言编译程序接受和执行。

2）修改、扩充主语言编译程序的方法（亦称增强型编译方法）。

DDL 和 DML 是数据库的用户在设计应用程序时必须用的程序设计语言的一个子集，被称为数据子语言。一种非常典型的数据子语言是 IBM 公司开发的 SQL 语言，它包含查询、操纵、定义和控制四个方面，是一种综合、通用、功能强大的关系数据库语言。

（3）数据库运行管理功能。DBMS 提供数据控制功能（Data Control Language，DCL），即数据库的安全性、完整性和并发控制等，对数据库运行进行有效的控制和管理，以确保数据库数据的正确有效和数据库系统的有效运行。

1）数据库的安全性（Security）控制，指采取一定安全保密措施确保数据库数据不被非法用户存取。DBMS 提供口令检查或其他手段检查用户身份，只有合法用户才能进入数据库系统；提供用户级数据存取权限的定义机制，系统自动检查用户能否执行这些操作，只有检查通过才能执行这些操作。

2）数据的完整性（Integrity）控制，指 DBMS 提供必要的功能确保数据库数据的正确性、有效性和相容性。

3）数据的并发（Concurrency）控制，指 DBMS 必须对多用户并发进程同时存取、修改操作进行控制和协调，以防止互相干扰导致错误结果。

（4）数据库的建立和维护功能。包括数据库初始数据的装入，数据库的转储、恢复、重组织，系统性能监视、分析等功能，这些功能大部分由 DBMS 的实用程序来完成。

4. 应用程序

应用程序介于用户和数据库管理系统之间，是指完成用户操作的程序，该程序将用户的操作（例如，统计学生平均分，查询学生学籍信息等）转换成一系列的命令执行，而这些命令需要对数据库中的数据进行查询、插入、删除和统计，应用程序将这些复杂的数据库操作交由数据库管理系统来完成。

5. 用户

用户是指存储、维护和检索数据库中数据的使用人员，数据库系统中主要有 3 类用户：终端用户、应用程序员和数据库管理员。

（1）终端用户：从计算机联机终端存取数据库的人员，也可称为最终用户。这类用户使用开发工具提供的终端命令语言、表格或菜单驱动等交互式对话方式来存取数据库中的数据。终端用户一般是指不精通计算机和程序设计的各级管理人员、工程技术人员和科研人员。

（2）应用程序员：负责设计和编制应用程序的人员，也称为系统开发员。这类用户通常使用 C#、VB、PB 等程序设计语言来设计和编写应用程序，通过程序使用和维护数据库，并对数据库进行存取操作。

（3）数据库管理员（Database Administrator，DBA）：全面负责数据库系统的"管理、维护和正常使用"的人员，它可以是一个人或一组人。DBA 的主要职责有：参与数据库设计的全过程，与用户、应用程序员、系统分析员紧密合作，设计数据库的结构和内容；决定数据库的存储与存取策略，使数据的存储空间利用率、存取效率均较高；定义数据的安全性和完整性；监督控制数据库的使用和运行，及时处理运行程序中出现的问题；改进和重新构造数据库系统等。

1.3.2 数据库系统体系结构

数据库系统有着严谨的体系结构。目前世界上大量的数据库正在运行中，其类型和规模可能相差很大，但是就其体系结构而言却是大体相同。

1. 数据库系统的三级模式结构

美国国家标准协会（ANSI）所属标准计划和要求委员会在 1975 年公布了一个关于数据库标准的报告，突出了数据库的三级模式结构，这就是有名的 SPARC 分级结构。

所谓模式（Schema）是数据库中全体数据的逻辑结构和特征描述，关系名及其属性的组合称为这个关系的模式。模式只是对实体的描述，而与具体的值无关。例如，学生（学号，姓名，性别，班号）就是模式。模式的具体值称为实例（Instance），同一模式可以有很多实例。

从数据库管理的角度看，各数据库的体系结构都具有相同的特征。三级模式结构是从逻辑上对数据库的组织从内到外的三个层次描述，分别称为内模式、概念模式和外模式，如图1.5 所示。

（1）内模式，又称存储模式，具体描述了数据如何组织存储在存储介质上。内模式是系统程序员用一定的文件组织起来的一个存储文件和联系手段；也是由他们编制存取程序，实现数据存取的。一个数据库只有一个内模式。

（2）概念模式，简称模式、概念视图或 DBA 视图，是对数据库的整体逻辑结构和特征的描述，不涉及数据的物理存储细节和硬件环境，与具体的应用程序和使用的应用开发工具无关，它由多个概念记录型组成，还包括记录间的联系、数据的完整性和其他数据控制方面的要求。一个数据库只有一个概念模式。

（3）外模式。外模式通常是模式的一个子集，故又称为子模式。外模式面向应用，它是数据库用户能够看到和使用的局部数据结构和特征的描述，是与某一应用有关的数据的逻辑表示。

综上所述，概念模式是内模式的逻辑表述，内模式是概念模式的物理实现，外模式则是概念模式的部分抽取。三个模式反映了对数据库的三种不同观点：概念模式表示了概念级的数据库，体现了对数据库的整体观；内模式表示了物理级的数据库，体现了对数据库的存储

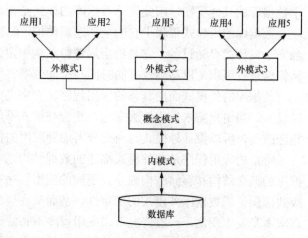

图 1.5 SPARC 分级结构

观；外模式表示了用户级数据库，体现了对数据库的用户观。整体观和存储观只有一个，而用户观可能有多个，一个应用对应一个用户观。

2. 三级模式映象

前面谈到的三级模式，只有内模式才是真正存储数据的，而概念模式和外模式仅是一种逻辑上表示数据的方法，这是通过 DBMS 的映像功能实现的。

数据库的三级模式是对数据的三个抽象级别，它将数据的具体组织留给 DBMS 管理，使用户能够逻辑地、抽象地处理数据，而不必关心数据在计算机内的具体表示方式与存储方式。为了能够在内部实现这三个抽象层次的联系和转换，数据库管理系统在这三级模式之间提供了以下两层映像：

（1）外模式/概念模式映像。

（2）概念模式/内模式映像。

正是这两层映像保证了数据库系统中数据能够有较高的逻辑独立性和物理独立性。

（1）外模式/概念模式映像。概念模式描述的是数据的全局逻辑结构，外模式描述的是数据的局部逻辑结构。对应于一个概念模式可以有任意多个外模式。对于每一个外模式，数据库系统都有一个外模式/概念模式映像，它定义了该外模式与该概念模式之间的关系。这些映像通常又包含在各自的外模式描述中。

当概念模式改变时（例如增加新的关系、新的属性等），由数据库管理员对各个外模式/概念模式的映像作相应改变，可以使外模式保持不变。应用程序是依据数据的外模式编写的，从而不必修改应用程序，保证了数据与程序的逻辑独立性，简称数据的逻辑独立性。

（2）概念模式/内模式映像。数据库中只有一个概念模式，也只有一个内模式，所以概念模式/内模式映像是唯一的，它定义了数据库全局逻辑结构与存储结构之间的对应关系。例如，说明逻辑记录和字段在内部是如何表示的。该映像定义通常包含在概念模式描述中。当数据库的存储结构改变时（例如选用了另外一种存储结构），由数据库管理员对概念模式/内模式映像作相应改变，可以使概念模式保持不变，从而应用程序也不必改变，保证了数据与程序的物理独立性，简称数据的物理独立性。

在数据库的三级模式结构中，概念模式即全局逻辑结构是数据库的中心与关键，它独立

于数据库的其他层次，因此设计数据库的模式结构时应首先确定数据库逻辑模式。

数据库的内模式依赖于它的全局逻辑结构，但独立于数据库的用户视图（即外模式），也独立于具体的存储设备。它是将全局逻辑结构中定义的数据结构及其联系按照一定的物理存储策略进行组织，以达到较好的时间与空间效率。

数据库的外模式面向具体的应用程序，它定义在逻辑模式之上，但独立于存储模式和存储设备。当用户需求发生较大变化，相应外模式不能满足其视图要求时，该外模式就需要作相应改动，所以设计外模式时应充分考虑到应用的扩充性。

特定的应用程序是在外模式描述的数据结构之上编制的，它依赖于特定的外模式，与数据库的概念结构和存储结构独立，不同的应用程序有时可以共用同一个外模式。数据库的二级映像保证了数据库外模式的稳定性，从而从底层保证了应用程序的稳定性，除非应用程序需求本身发生变化，一般情况下，应用程序不必修改。

数据与程序之间的独立性，使得数据的定义和描述可以从应用程序分离出去。另外，由于数据的存取由 DBMS 管理，用户不必考虑存取路径细节，从而简化了应用程序的编制，大大减少了应用程序的维护和修改。

三级模式之间的比较如表 1.1 所示。

表 1.1　　　　　　　　　　　　　　　三级模式之间的比较

	外模式	概念模式	内模式
其他名字	子模式、用户模式	模式、DBA 视图	存储模式、内视图
描述	数据库用户能够看见和使用的局部数据的逻辑结构	数据库中全体数据的逻辑结构	数据物理结构和存储方式的描述
特点	用户与数据库的接口	所有用户的公共数据视图	数据在数据库内部的表示方式
	可以有多个外模式	只有一个概念模式	只有一个内模式
	面向用户程序或最终用户	由 DBA 定义	基本由 DBMS 定义

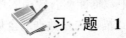 习　题　1

一、单项选择题

（1）数据管理技术的发展过程经历了人工管理阶段、文件系统阶段和数据库系统阶段，其中数据独立性最高的阶段是_____。

　　A．数据库系统　　　B．文件系统　　　　C．人工管理　　　　D．数据项管理

（2）数据库系统与文件系统的主要区别是_____。

　　A．数据库系统复杂，而文件系统简单

　　B．文件系统不能解决数据冗余性问题，而数据库系统可以解决

　　C．文件系统只能管理程序文件，而数据库系统能够管理各种类型的文件

　　D．文件系统管理的数据量较少，而数据库系统可以管理庞大的数据量

（3）下列关于数据库系统的叙述中正确的是_____。

　　A．数据库系统减少了数据冗余

　　B．数据库系统避免了一切冗余

C. 数据库系统中的一致性是指数据类型一致

D. 数据库系统比文件系统管理更多的数据

（4）通常所说的数据库系统（DBS）、数据库管理系统（DBMS）和数据库（DB）三者之间的关系是_____。

A. DBMS 包含 DB 和 DBS
B. DB 包含 DBMS 和 DBS

C. DBS 包含 DB 和 DBMS
D. 三者无关

（5）在数据库的三级模式结构当中，描述数据库全局逻辑结构和特性的是_____。

A. 外模式
B. 内模式
C. 存储模式
D. 模式

（6）一般的，一个数据库系统的外模式_____。

A. 只能有一个
B. 最多只能有一个

C. 至少两个
D. 可以有多个

（7）模式和内模式_____。

A. 只能有一个
B. 最多只能有一个

C. 至少两个
D. 可以有多个

（8）DBMS 是_____。

A. 操作系统的一部分
B. 在操作系统支持下的系统软件

C. 一种编译程序
D. 应用程序系统

（9）数据库管理系统能实现对数据库中数据的查询、插入、修改和删除，这类功能称为_____。

A. 数据定义功能
B. 数据管理功能

C. 数据操纵功能
D. 数据控制功能

（10）数据库系统的数据独立性是指_____。

A. 不会因为数据的数值变化而影响应用程序

B. 不会因为系统数据存储结构与数据逻辑结构的变化而影响应用程序

C. 不会因为存储策略的变化而影响存储结构

D. 不会因为某些存储结构的变化而影响其他的存储结构

（11）存储在计算机外部存储介质上的结构化的数据集合的英文名字是_____。

A. Data Dictionary
B. Data Base System

C. Data Base
D. Data Base Management System（DBMS）

（12）数据库系统的核心是_____。

A. 数据库　　　　B. 数据库管理系统　C. 数据模型　　　　D. 软件工具

二、简答题

（1）文件系统中的文件与数据库系统中的文件有何本质上的不同？

（2）什么是数据独立性？数据库系统是如何实现数据独立性的？

第 2 章 数 据 模 型

数据模型是某个数据库的框架，这个框架形式化地描述了数据、数据间的关系及在数据上的约束。同时，数据模型是定义数据库的依据，现有的数据库系统均是基于某种数据模型的。因此，了解数据模型的基本概念是学习数据库的基础。本章介绍数据模型的基本概念和常用的数据模型。

2.1 现实世界的抽象过程

计算机并不能自动识别现实世界，因此需要人们对现实生活中的事物进行抽象，将对现实世界的认识通过一定的方式表示为计算机能支持和识别的数据，整个过程如图 2.1 所示。

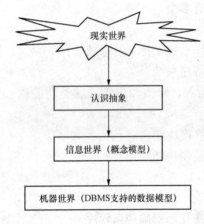

图 2.1 人类认识事物的过程

1. 现实世界

现实世界是存在于人们头脑之外的客观世界。在现实世界中，事物的存在不是孤立的，而是处于相互联系的状态中。现实世界中的事物与事物之间的联系是数据库最原始的信息，例如，学校教学管理中的学生与课程之间的联系，图书管理中图书与读者之间的联系等。

2. 信息世界

信息世界是现实世界在人们头脑中的反映。现实世界中的事物与事物之间的联系经过人们的选择、命名、分类之后进入信息世界，也就是将现实世界中的事物及联系抽象为某一种信息结构，这种信息结构并不依赖于具体的计算机系统，也不是某一种数据库管理系统支持的数据模型，只是概念级的模型，是对现实世界的第一次抽象，是从人的角度看世界。

3. 机器世界

机器世界又称为数据世界，是数据库的处理对象。信息世界的信息经过加工、编码转换为计算机上某一数据库系统能够接受处理的数据形式，即信息的数据化，这是对现实世界的第二次抽象，是从机器的角度看世界。

2.2 概 念 模 型

2.2.1 信息世界中的基本概念

概念模型是现实世界在头脑中的抽象反映，它不依赖于具体的计算机系统，是现实世界到机器世界的一个中间层次。概念模型用于信息世界的建模，是数据库设计人员进行数据库设计的有力工具，也是数据库设计人员和用户之间进行交流的语言。

信息世界涉及的主要概念如下。

1. 实体（Entity）

客观存在并可以相互区别的事物称为实体。实体可以是具体的人、事、物，也可以是抽象的概念或联系。例如，一个职工、一个学生、一个部门、一门课、学生的一次选课等都是实体。

2. 属性（Attribute）

实体所具有的某一特性称为属性。一个实体可以由若干个属性来刻画。例如学生实体可以由学号、姓名、性别、出生日期、系、入学时间等属性组成。（201401000115，刘淇，男，05/02/1996，电力系，2014）这些属性值组合起来表征一个学生。

3. 码（Key）

码是用于区别于其他不同个体的一个属性或若干个属性的组合，也称为关键字。例如，在"学生"实体中，能作为码的属性可以是"学号"，因为学号可以唯一地标识学生；当然，"姓名"也可作为码，但如果有重名现象，"姓名"这个属性就不能作为码了。当有多个属性可以作为码而选定其中一个时，则称它为该实体的"主码"或"主键"。若在实体诸属性中，某属性虽非该实体的主码，却是另一实体的主码，则称此属性为"外部码"或简称为"外码"、"外键"。

4. 域（Domain）

属性的取值范围称为该属性的域，例如，学号的域为 12 位整数，姓名的域为长度小于 10 个字符的字符串集合，性别的域为（男，女）。

5. 实体型（Entity Type）

具有相同属性的实体必然具有相同的特征和性质。用实体名及属性名集合来抽象刻画同类实体，称为实体型。

实体型是概念的内涵，而实体值是概念的实例。例如，学生（学号，姓名，性别，出生日期，系，入学时间）就是一个实体型，它通过学号，姓名，性别，出生日期，系，入学时间等属性表明学生状况。而每个学生的具体情况，则称实体值。可见，实体型表达的是个体的共性，而实体值是实体的具体内容。通常，属性型是个变量，属性值是该变量的取值。

6. 实体集（Entity Set）

同型实体的集合称为实体集，例如，全体学生就是一个实体集。

实体和属性是信息世界术语，而计算机中有着传统的习惯用语，为了避免发生混乱，表 2.1 给出了信息世界与机器世界的术语对应关系。

表 2.1 术 语 的 对 应 关 系

信息世界	机器世界
实体	记录
属性	字段（数据项）
实体集	文件
实体码	记录码

2.2.2 实体间的联系方式

在现实世界中，事物内部及事物之间是有联系的，这些联系在信息世界中反映为实体（型）

内部的联系和实体（型）之间的联系。实体内部的联系通常是指组成实体的各属性之间的联系。实体之间的联系通常是指不同实体集之间的联系。

两个实体集之间的联系可以分为以下三类：

（1）一对一联系（简记为 1:1）。

（2）一对多联系（简记为 1:n）。

（3）多对多联系（简记为 $m:n$）。

1．1:1 联系

如果对于实体集 A 中的每一个实体，实体集 B 中至多有一个（也可以没有）实体与之联系，反之亦然，则称实体集 A 与实体集 B 具有 1:1 联系。

例如，学校里的一个班级只有一个正班长，而一个班长只能在一个班中任职，则班级与班长之间具有 1:1 联系。

2．1:n 联系

如果对于实体集 A 中的每一个实体，实体集 B 中有 n 个实体（$n \geqslant 0$）与之联系；反之，对于实体集 B 中的每一个实体，实体集 A 中至多只有一个实体与之联系，则称实体集 A 与实体集 B 具有 1:n 联系。

例如，一个班级有若干名学生，而一个学生只能在一个班中学习，则班级与学生之间具有 1:n 联系。

3．$m:n$ 联系

如果对于实体集 A 中的每一个实体，实体集 B 中有 n 个实体（$n \geqslant 0$）与之联系；反之，对于实体集 B 中的每一个实体，实体集 A 中有 m 个实体（$m \geqslant 0$）与之联系，则称实体集 A 与实体集 B 具有 $m:n$ 联系。

例如，一门课程有若干名学生选修，而一个学生可以选修多门课程，则课程与学生之间具有 $m:n$ 联系。

2.2.3　实体联系表示法

概念模型中最常用的方法为实体－联系模型，简称 E-R（Entity-Relationship）模型。E-R 模型是 Peter Chen 于 1976 年提出的，在 E-R 模型中，数据的结构用图形化方法表示，即 E-R 图表示。该方法直接从现实世界中抽象出实体和实体间的联系，准确地反映信息，然后用 E-R 图来表示数据模型。

需要说明的是，E-R 图接近于人的思维方式，容易理解而且与计算机无关，所以用户容易接受。但是 E-R 图只能说明实体间的语义联系，还不能进一步说明详细的数据结构。一旦遇到实际问题，应先设计 E-R 图，然后再把它转换成计算机能接受的数据模型。

E-R 图提供了以下三种表示实体、属性和联系的方法：

（1）实体型：用矩形表示，矩形框内写明实体名。

（2）属性：用椭圆形表示，并用无向边将其与对应的实体连接起来。

（3）联系：用菱形表示，菱形框内写明联系名，并用无向边分别与有关实体连接起来，同时在无向边上标出联系的类型（1:1、1:n 或 $m:n$）。

需要注意的是，联系本身也是一种实体型也可以有属性。如果这些联系本身有属性，则这些属性也要用无向边与联系连接起来。

1. 两个实体集之间联系的画法

两个实体集之间存在 1:1、1:n 和 m:n 联系，如图 2.2 所示。

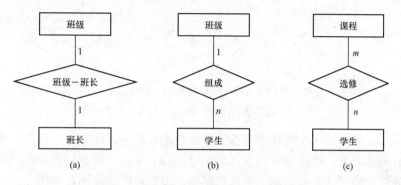

图 2.2　两个不同实体集之间的三种联系

（a）1:1 联系；（b）1:n 联系；（c）m:n 联系

2. 两个以上不同实体集之间联系的画法

两个以上实体集之间可能存在各种关系，以三个不同实体集 A、B、C 为例，它们之间的联系有 1:n:m 和 r:n:m。1:n:m 表示 A、B 之间是 1:n 联系，B、C 之间是 n:m 联系，A、C 之间是 1:m 联系。例如，课程、教具、教师三个实体间的联系，如果一门课可由若干教师讲授，使用若干教具，而对于每个教师或某一教具而言，则只对应一门课程，不能和其他课程联系，则课程与教师、教具之间是一对多的关系。这两个典型关系如图 2.3 所示。

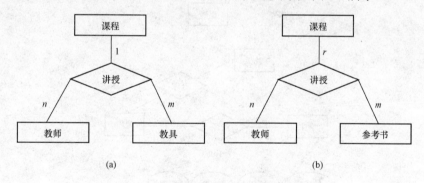

图 2.3　三个不同实体之间的联系

（a）1:n:m 联系；（b）r:n:m 联系

3. 同一实体集内二元联系的画法

同一实体集内的二元联系表示实体之间的联系，同样有 1:1、1:n 和 m:n 联系。例如职工实体集中领导与被领导之间的关系是 1:n 的，而职工间的婚姻关系是 1:1 的。同一实体集内的 1:1、1:n 和 m:n 联系如图 2.4 所示。

【例 2.1】　某大学的选课管理中，学生可以根据自己的情况选修课程，每名学生可以同时选修多门课程，每门课程可以有多名教师讲授，每位教师可讲授多门课程，用 E-R 图表示此选课系统的概念模型如图 2.5 所示。

解：在此大学选课系统中，共有 3 个实体，学生实体的属性有：学号、姓名、性别和年龄，教师实体的属性有教师号、姓名、性别和职称，课程实体的属性有课程号和课程名，如

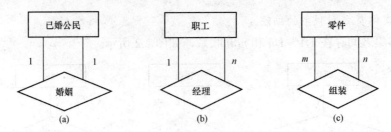

图 2.4　同一实体集内的 3 种联系

(a) 1:1 联系；(b) 1:n 联系；(c) m:n 联系

图 2.5（a）所示。其中，学生实体和课程实体间有选修联系，这是 m:n 联系，教师实体和课程实体之间有开课联系，这是 m:n 联系，如图 2.5（b）所示。将它们合并在一起，给选修联系增加分数属性，给开课联系增加上课地点属性，得到最终 E-R 图，如图 2.5（c）所示。

但在实际应用中，当一个概念模型中涉及的实体和实体属性比较多时，为了清晰起见，往往采用图 2.5（a）和图 2.5（b）的方法，将实体属性与实体及联系分别用两张 E-R 图表示。

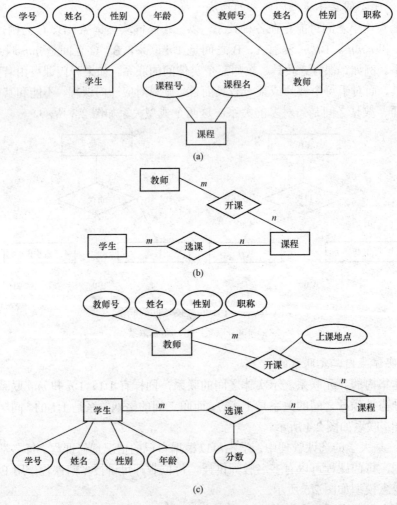

图 2.5　某大学选课管理 E-R 图

(a) 3 个实体；(b) m:n 联系；(c) 最终 E-R 图

2.3　数据模型及组成要素

虽然概念模型不依赖于计算机系统,但现实的数据最终还是要存放到计算机的数据库中,这时就需要将概念模型转化为与具体数据库相关的数据模型。数据模型是严格定义的一组概念的集合。这些概念精确地描述了系统的静态特性、动态特性和完整性约束条件,是数据库用来对现实世界进行抽象的工具,是数据库系统的核心与基础,各种计算机上实现的 DBMS 都是基于某种数据模型的。

数据模型通常由数据结构、数据操作和数据的完整性约束条件组成。

1. 数据结构

数据结构是研究存储在数据库中的对象类型的集合,这些对象类型是数据库的组成部分。它们包括两类,一类是与数据类型、内容、性质有关的对象,例如网状模型中的数据项、记录;关系模型中的域、属性、关系等。另一类是与数据之间联系有关的对象。

2. 数据操作

数据操作是指对数据库中各种实例对象允许执行的操作的集合,包括操作及与操作有关的规则两部分。数据库中的数据操作主要有数据检索和数据更新(即插入、删除或数据修改的操作)两大类。数据模型必须要定义这些操作的确切含义、操作符号、操作规则及实现操作的语言等。

3. 数据的完整性约束条件

数据的完整性约束条件是一组完整性规则的集合。完整性规则是给定的数据模型中数据及其联系所具有的制约和限制规则,用以限定符合数据模型的数据库状态及状态的变化,以保证数据的正确、有效和相容。

每种数据模型都规定了基本的完整性约束条件,所属的数据模型都应满足这些完整性的约束条件。同时每个数据模型还规定了特殊的完整性约束条件,以满足具体应用的要求。例如,在关系模型中,基本的完整性约束条件是实体完整性和参照完整性,特殊的完整性约束条件是用户定义的完整性。

2.4　常见的数据库类型

数据库有类型之分,是根据数据模型划分的,而任何一个 DBMS 也是根据数据模型有针对性地设计出来的。这意味着必须把数据库组织成符合 DBMS 规定的数据模型。目前成熟地应用在数据库系统中的数据模型有层次模型、网状模型和关系模型。它们之间的根本区别在于数据之间联系的表示方式不同。层次模型是用"树结构"来表示数据之间的联系。网状模型是用"图结构"来表示数据之间的联系。关系模型是用"二维表"(或称为关系)来表示数据之间的联系。

1. 层次模型

层次数据模型是数据库最早使用的一种模型,它的数据之间是一种"有向树"。层次模型的特点是:

(1) 有且仅有一个节点没有双亲节点。

（2）其他节点有且只有一个父节点。

在层次模型中，每个节点描述一个实体型，称为记录型。一个记录型可以有许多记录值，简称为记录。节点之间的有向边表示记录之间的联系。如果要存取某一记录型的记录，可以从根节点开始，按照有向树层次逐层向下查找，查找路径就是存取路径。

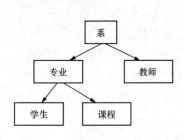

图 2.6　系教务管理层次模型
实体之间的联系

例如，图 2.6 所示为一个系教务管理层次数据模型实体之间的联系，共五个实体，系记录是根节点，它由专业和教师两个子节点组成，专业有学生和课程两个子节点。图 2.7 是实体型之间的联系，系节点包括系名、系号、地点三个字段。专业子节点包括专业号和专业名称两个字段，教师子节点包括教师号、姓名、职称三个字段，学生节点包括学号、姓名、性别、年龄四个字段，课程节点包括课程号、课程名、学分三个字段。

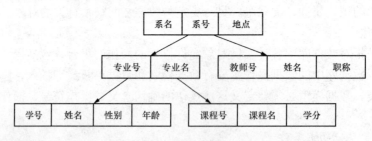

图 2.7　系教务管理层次模型实体型之间的联系

2. 网状模型

现实世界的许多事物之间的联系并非都是层次结构的，也存在部分非层次结构，这时就需要用网状模型来表示。使用网状结构来表示实体与实体之间联系的模型称为网状模型。网状模型的代表是 1970 年美国数据系统语言学会提出的 DBTS（Data Base Task System）系统。

数据库系统的数据模型如果满足以下两个条件，就称为网状模型。

（1）一个节点可以有多于一个的父节点。

（2）可以有一个以上的节点没有父节点。

由于网状模型中实体之间的联系是多对多的联系，所以基于网状数据模型的数据联系表达方式较为复杂，但更适于描述复杂的客观世界。

下面通过一个学生选课数据库的网状数据模型实例来介绍网状数据库模式是如何组织数据的。

因为选课涉及学生、课程及它们之间的联系，所以整个系统涉及三个记录：学生、课程和成绩。其中学生与选课之间是一对多的联系，一个学生可以选修多门课程，一个学生记录可以对应选课记录中的多个值，而一个选课记录中的一个值却只能对应一个学生值，同时学生与课程之间也是一对多的联系。图 2.8 是学生选课 E-R 图，图 2.9 是学生选课网状模型，图 2.10 是学生选课模型对应的一个实例。

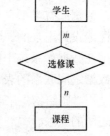

图 2.8　学生选课 E-R 图

3. 关系模型

关系模型是目前数据模型中最为重要的数据模型，当前使用的数据库系统大多是以关系模型作为数据的组织方式。数据库领域当前研究工作也都是以关系模型为基础的，它也是本书的重点。

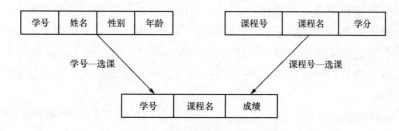

图 2.9　学生选课数据库网状模型

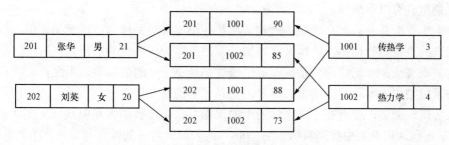

图 2.10　学生选课数据库网状模型对应的一个实例

关系模型是用二维表来表示实体及实体之间联系的数据模型。关系是一个行列交叉的二维表，每一个交叉点必须是单值的（不能有重复组）；每一列（属性）的所有数据都是同一类型的，每一列都有唯一的列名，列在表中的顺序无关紧要；表中任意两行（元组）不能相同，所在表中的顺序也无关。

图 2.11 给出了一个简单的关系模型，其中图 2.11（a）给出了一个关系模式。

教师（教师号，姓名，性别，所在系）

课程（课程号，课程名，教师号，学分）

图 2.11（b）给出了两个关系模式的关系，关系名分别为教师关系和课程关系，均包含两个元组，教师关系的主码为教师号，课程关系的主码为课程号。

教师关系框架

教师号	姓名	性别	所在系

课程关系框架

课程号	课程名	教师号	学分

（a）

教师关系

教师号	姓名	性别	所在系
001	王军	男	动力系
008	李丽	女	电力系

课程关系

课程号	课程名	教师号	学分
02010105	传热学	001	3
01010101	电路	008	4

（b）

图 2.11　关系模型

关系模型的优点如下：

（1）关系模型结构简单，概念单一，易学易用。在表示复杂的信息世界时，无论是实体还是实体之间的联系都用关系表示。

（2）关系模型是数学化的模型，它建立在严格的数学理论基础上，如集合论、数据逻辑、关系方法、规范化理论等，这些理论是关系模型的基础，是指导关系模型数据库建立和应用的原则。

（3）关系模型的存取路径对用户透明。从而具有更高的数据独立性和更好的安全保密性，也简化了程序员的工作及数据库的建立与开发工作。

关系模型具有以下缺点：

（1）由于存取路径对用户透明，查询效率往往不如非关系模型，因此为了提高性能，必须对于用户的查询进行优化，这样又将增加开发数据库管理系统的负担。

（2）关系必须是规范化的关系，即每个属性都是不可分的数据项，不允许表中有表。

在关系模型中基本数据结构是二维表，关系之间的联系通过它们所具有的相同属性的关系运算来实现。例如，要查找王军老师所上的课程名，先在教师关系中找到王军老师的教师号"001"，再到课程关系中找到教师号为"001"的教师所对应的课程号即可。在上述查询中，同名属性教师号起到了连接两个关系的纽带作用。由此可见，关系模型中的各个关系模式不应当孤立起来，不是随意拼凑起来的一些二维表，它必须满足相应的要求。

关系数据库是指对应于一个关系模型的所有关系模型的集合。例如，在一个学生课程管理关系数据库中，包含教师关系、课程关系、学生关系和任课关系等。

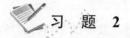 习　题　2

一、单项选择题

（1）不同实体是根据_____区分的。

　　A．代表的对象　　　　B．名字　　　　　C．属性的多少　　　D．属性的不同

（2）E-R 模型是数据库设计工具之一，它一般用于建立数据库的_____。

　　A．概念模型　　　　　B．结构模型　　　C．物理模型　　　　D．逻辑模型

（3）在 E-R 模型中，通常实体、属性、联系分别用_____表示。

　　A．矩形框、椭圆形框、菱形框　　　　　B．椭圆形框、矩形框、菱形框

　　C．矩形框、菱形框、椭圆形框　　　　　D．菱形框、椭圆形框、矩形框

（4）数据模型是用树形结构来表示实体之间联系的模型称为_____。

　　A．关系模型　　　　　B．层次模型　　　C．网状模型　　　　D．数据模型

（5）数据模型的三要素是_____。

　　A．外模式、模式和内模式　　　　　　　B．关系模型、层次模型和网状模型

　　C．实体、属性和联系　　　　　　　　　D．数据结构、数据操作和完整性约束

（6）数据库是根据_____划分的。

　　A．文件形式　　　　　B．记录形式　　　C．数据模型　　　　D．存取数据的方法

（7）关系模型用_____实现数据之间的联系。

　　A．实体间的公共属性　　　　　　　　　B．地址指针

    C．表   D．关系

（8）关系表中的每一横行称为_____。

    A．元组   B．字段   C．属性   D．码

二、简答题

（1）什么是关系？关系之间实现联系的手段是什么？什么是关系数据库？

（2）某医院病房计算机管理系统中需有如下信息：

科室：科名、科地址、科电话、医生姓名

病房：病房号、床位数、所属科室名

医生：姓名、职称、所属科室名、年龄、工作证号

病人：病历号、姓名、性别、诊断医生、病房号

其中，一个科室有多个病房、多个医生，一个病房只能属于一个科室，一个医生只属于一个科室，但可以负责多个病人的诊治，一个病人的主治医生只有一个。画出涉及该计算机管理系统的 E-R 图。

（3）学校有若干个系、每个系有若干名教师和学生；每个教师可以讲授若干门课程，并参加多个项目；每个学生可以同时选修多门课程。请设计该学校的 E-R 模型，要求给出每个实体、联系的属性。

第3章 关系数据库

1970 年，E.F.Codd 发表了题为《大型共享数据库数据的关系模型》的论文，把关系的概念引入数据库，自此，人们开始了关系数据库方法和关系数据库理论的研究，在层次和网状数据库之后，形成了以关系模型为基础的关系数据库系统。关系数据库是目前应用最广泛的数据库。由于关系数据库以数学方法为基础，因此具有其他数据库所没有的优势。只有了解了关系数据库理论，才能设计出合理的数据库，并能更好地掌握关系数据库语言并付诸应用。本章介绍关系数据库的基本概念。

3.1　关系数据库的基本概念

在关系模型中，无论是实体还是实体之间的联系均由单一的结构类型即关系（表）来表示。下面讨论关系模型的一些基本术语。

（1）关系：一个关系就是一张二维表，每个关系都有一个关系名。

（2）元组：表中的一行为一个元组，存储事物的一个实例，例如：学生表的一行表示具体一名学生的信息。

（3）属性：表中的列称为属性。每一列有一个属性名。属性包含该属性的所有数据。

（4）域：属性的取值范围，即不同的元组对同一个属性所限定的范围，例如：性别只有两个值，男和女，百分制的成绩取值范围只能在 0~100 分。

（5）关系模式：关系名和其属性的集合称为关系模式，格式为：

关系名(属性名 1,属性名 2,…,属性名 n)

一个关系模式是对应一个关系文件结构。例如：

R(SNO,SNAME,SEX,BIRTHDAY,CLASS)

（6）候选码（或候选关键字）：它是属性或属性组合，它的值能够唯一标识一个元组。在简单的情况下，候选码只包含一个属性，候选码满足唯一性（关系 R 为任意两个不同元组，其候选码的值不同）和最小型（组成候选码的属性中，任一属性都不能从中删除，否则将破坏关系的唯一性）。

（7）主码（或主关键字）：在一个关系中可能有多个候选码，从中选择一个为主码。

（8）主属性：包含在主码中的各个属性称为主属性。

（9）外码（或外部关键字）：如果关系 R2 的一个或一组属性 X 是另一关系 R1 的主码，则 X 称为关系 R2 的外码，并称关系 R2 为参照关系，关系 R1 为被参照关系。

（10）全码：关系模型的所有属性都是这个关系模式的候选码，称为全码。

了解上述术语后，又可将关系定义为元组的集合。关系模式是命名的属性集合。元组是属性值的集合。一个具体的关系模型是若干个关系模式的集合。例如，在学生选课管理中，有学生表、课程表和成绩表等，每个表就是一个关系模式，而关系模型就是这些关系表的集合。

【例 3.1】 如表 3.1 所示是两个关系 S 和 T。

解： 对应的关系模式为：

S（编号，姓名，性别，部门号）

T（部门号，部门名，地址，电话）

在关系 S 中，主码为"编号"，关系 T 的主码为"部门号"，所以"部门号"也是关系 S 的外码。

表 3.1   关系 S 和 T

S					T			
编号	姓名	性别	部门号		部门号	部门名	地址	电话
1011	陈东	男	001		001	电力系	教一楼	2324
1012	白娟	女	001		002	动力系	教四楼	2145
…	…	…	…		003	机械系	教八楼	2617
1040	张华	男	001		004	电子系	教三楼	2534
…	…	…	…		…	…	…	…

3.2 关系的数学定义

关系的数学概念可以从日常生活中引出。

假设：P={王伟，李莉}表示人的集合。

A={18，19，20}表示年龄的集合。

P 与 A 中出现的配对有：

{（王伟，18），（王伟，19），（王伟，20），（李莉，18），（李莉，19），（李莉，20）}

数学上把这种诸集合中各元素间一切可能的匹配组合称为笛卡儿乘积，本例的笛卡儿乘积记为：$P×A$，如表 3.2（a）所示。

显然上述笛卡儿乘积所反映的不可能是现实的情况。假定事实是王伟 18 岁，李莉 20 岁，那么从笛卡儿乘积中提取的子集才有意义，如表 3.2（b）所示，我们称这个表为笛卡儿乘积 $P×A$ 上的二元（即两列）关系。

表 3.2   笛卡儿乘积与关系的概念

P	A
王伟	18
王伟	19
王伟	20
李莉	18
李莉	19
李莉	20

（a）

P	A
王伟	18
李莉	20

（b）

1. 域

域是一组具有相同数据类型的值的集合。

例如：整数、正整数、实数{0，1，2}等都可以是域。

2. 笛卡儿乘积

设定一组域 $D1$，$D2$，$\cdots$，Dn，这些域中存在相同的域。定义 $D1$，$D2$，$\cdots$，Dn 的笛卡儿乘积为：

$D1 \times D2 \times \cdots \times Dn = \{ (d1, d2, \cdots, dn) \mid di \in Di, i=1, 2, \cdots, n \}$

其中每一个元素（$d1$，$d2$，$\cdots$，dn）叫作 n 元组或简称元组。元素中的每个值 di（i=1，2，$\cdots$，n）叫做一个分量。

【例 3.2】 $D1$={0，1}，$D2$={a，b，c}，则

$D1 \times D2$={（0，a），（0，b），（0，c），（1，a），（1，b），（1，c）}

【例 3.3】 对下面给出的三个域，求出它们的笛卡儿乘积。

$D1$=姓名={张华，刘竟，赵明}

$D2$=专业={计算机，自动化，机械}

$D3$=性别={男，女}

则其笛卡儿乘积为：

$D1 \times D2 \times D3$={（张华，计算机，男），（张华，计算机，女），（张华，自动化，男），（张华，自动化，女），（张华，机械，男），（张华，机械，女），（刘竟，计算机，男），（刘竟，计算机，女），（刘竟，自动化，男），（刘竟，自动化，女），（刘竟，机械，男），（刘竟，机械，女），（赵明，计算机，男），（赵明，计算机，女），（赵明，自动化，男），（赵明，自动化，女），（赵明，机械，男），（赵明，机械，女）}

3. 关系

笛卡儿乘积 $D1 \times D2 \times \cdots \times Dn$ 的任意一个子集称为 $D1$，$D2$，$\cdots$，Dn 上的一个 n 元关系，表示为：

R（$D1$，$D2$，$\cdots$，Dn）

这里 R 表示关系的名字，n 是关系的目或度。

关系中的每个元素是关系中的元组。当 n=1 时，称该关系为单元关系，当 n=2 时，称该关系为二元关系。

关系是一个二维表，是笛卡儿乘积的有限子集，表的每行对应一个元组，表的每列对应一个域。由于域可以相同，为了区分，必须给每列起一个名字，称为属性。n 元关系有 n 个属性，属性的名字要唯一。

例如：$R1$={（0，a），（0，b），（0，c）}和 $R2$=（1，a），（1，b），（1，c）}都是［例 3.2］上的一个关系。

在［例 3.3］中，姓名、专业与性别的笛卡儿乘积运算结果的许多元组是没有意义的。例如，一个人不能同时属于多个专业，也不可能有两个性别，可以取部分元组构成一个具有实际意义的学生关系，如表 3.3 所示。

表 3.3 是一个 3 元关系，又是一张 3 行 3 列的二维表格，同时还可看成是一个数据库文件，关系、二维表和文件有关术语的对应关系，如表 3.4 所示。

表 3.3 关 系

姓 名	专 业	性 别
张华	计算机	男
刘竟	自动化	女
赵明	机械	男

表 3.4 关系模型、二维表和数据库文件术语对应表

关系模型术语	二维表格术语	数据库技术术语
属性	列	数据项/字段
元组	行	记录
关系	二维表	文件
关系模式	二维表框架	记录类型

4. 关系的性质

根据关系定义，可以得出以下关系的性质：

（1）列是同质的，即每一列中的分量是同一类型的数据来自同一个域。

（2）不同的列可以出自同一个域，其中的每一个列称为一个属性，要给予不同的属性名。

（3）列的顺序无所谓，即列的顺序可以任意交换。

（4）任意两个元组不能完全相同。

（5）行的顺序无关紧要，即行的顺序可以任意交换。

（6）关系中的每个分量是不可以再分的数据项，也就是说不允许属性又是一个二维表。例如表 3.5 在关系数据库中是无法处理的。

表 3.5 关系数据库中无法处理的表

编 号	姓 名	工 资	
		基本工资	奖金
10001	李华	1580	700
10002	刘梅	1850	1100

5. 关系的完整性规则

前面介绍数据库的完整性时指出，数据库的完整性包括数据的正确性、有效性和相容性。例如：

（1）描述月份的数据是整数，若在数据中出现字母或符号，显然是不正确的。

（2）若月份数据是 15，则是无效数据。

（3）若一个人的出生年月，在一个文件里是 3 月，在另一个文件里是 5 月，这就是不相容（不一致）。

DBMS 提供相应的工具和方法，实施对数据完整性的控制，拒绝错误操作，防止任何非法的、不符合语义的数据出现。

关系模式是相对稳定的，随着数据库的插入、删除和修改，关系模式下的关系却是不断变化的。为了防止错误数据的出现，维护数据库中的数据与现实世界的一致性，关系数据库

必须遵循以下三类完整性规则约束。

（1）实体完整性规则。关系中主码的值不能为空或部分为空。也就是说，主码中属性值（即主属性）不能取空值。

因为关系中的元组一定是可区分的，如果主码的值取空值（空值就是"不知道"或"无意义"的值），就说明存在某个不可标识的元组，即存在不可区分的元组，这是不允许的。

实体完整性约束规则可以有效地拒绝一些错误的数据操作，防止数据库中出现非法的不符合语义的错误数据。

（2）参照完整性规则。如果关系 R2 的外码 X 与关系 R1 的主码相对应（基本关系 R2 和 R1 不一定是不同关系，也可以是同一关系），则外码 X 的每个值必须在关系 R1 中主码的值中找到，或者为空值。

参照完整性就是定义外码与主码之间的引用规则。参照完整性的约束规则是指"不能引用不存在的实体"。

例如：有两个关系，学校与教师：

学校（学校名，校址，校长）

教师（教工号，姓名，专长，学校名，学历，职称）

学校名是教师关系的一个属性，但学校名是学校关系的主键，所以，学校名是教师关系的外键。换句话说，就是关系 A 的主键，是另一个关系 B 中的一个属性，那么，这个属性就是另一个关系 B 的外键。

第一：若教师关系中的学校名属性有一个取值，表示该教师已被某学校聘用。此时，必须在学校关系中能够找到这所学校的记录，因为该教师不可能在一所根本不存在的学校任教。

第二：若教师关系中的学校名属性取空值（NULL），表示该教师暂时还没受聘。

当教师关系发生数据更新（即数据插入、删除或修改）时，DBMS 必须进行检查，每个元组的"学校名"的取值，要么取空值（NULL），要么该学校名在学校关系中能够找到相应的记录。否则，DBMS 将拒绝更新操作，以保证数据的完整性。

简单地说，从 A 关系的外键出发去找 B 记录的相关记录，必须能够找到；若 B 关系中没有这个记录，则 A 关系的外键应为空值（NULL），而不会去引用不存在的实体，这就是参照完整性的约束规则，它是不同关系实现关联、防止错误引用的保证。

（3）用户定义的完整性规则。这是针对某些具体数据的约束规则，指用户对某一具体数据指定的约束条件进行检验。

以上的规则（1）和规则（2）是关系模型必须满足的基本规则，关系模式（包括主键、外键）一经定义，应由 DBMS 自动支持。有了规则（3），用户只需要根据应用环境的需要，按照系统的规定语句写出相关的完整性定义，系统就会承担相应的检验和纠错工作。用户不必在应用程序中重复增加检查数据完整性的程序段，大大减轻了工作量。

3.3 关 系 代 数

关系代数是施加于关系上的一组集合代数运算，每个运算都以一个或多个关系作为运算对象，并生成另外一个关系作为关系运算的结果。关系运算包括传统的集合运算和专门的关系运算两类。

注意：关系运算的基本运算是并、差、笛卡儿乘积、选择和投影等。

3.3.1　传统的集合运算

传统的集合运算有并、差、交和笛卡儿乘积等。

1．关系的并

关系 R 和关系 S 所有元组的合并，再删去重复的元组，组成一个新关系，称为 R 和 S 的并，记为 R∪S，即 R∪S={ t | t∈R∨t∈S}，其中 t 代表元组。

【例3.4】　设关系 R 和 S 具有相同的属性，且相应的属性都取自同一个域，分别如表 3.6 和表 3.7 所示，关系 R 和关系 S 并运算的结果如表 3.8 所示。

表 3.6		关系 R	
班级编号	班级名称	专业	系编号
10102	电力 09	电力	101
10101	电自 09	电自	101
10201	农电 09	农电	101

表 3.7		关系 S	
班级编号	班级名称	专业	系编号
10201	农电 09	农电	101
20102	动力 09	动力	201
20101	建环 09	动力	201

2．关系的差

【例3.5】　关系 R 和关系 S 并运算的结果如表 3.9 所示。

表 3.8		关系 R∪S	
班级编号	班级名称	专业	系编号
10102	电力 09	电力	101
10101	电自 09	电自	101
10201	农电 09	农电	101
20102	动力 09	动力	201
20101	建环 09	动力	201

表 3.9		关系 R-S	
班级编号	班级名称	专业	系编号
10102	电力 09	电力	101
10101	电自 09	电自	101

关系 R 和关系 S 的差运算是由属于 R 而不属于 S 的所有元组组成的集合，即关系 R 中删去与关系 S 中相同的元组，组成一个新关系，记为 R-S，即 R-S={ t | t∈R∧t∉S}，其中 t 代表元组。

3．关系的交

关系 R 和关系 S 的交运算是由既属于 R 又属于 S 的所有元组组成的集合，即在两个关系 R 和 S 中取出相同的元组，组成一个新关系，记为 R∩S，即 R∩S={ t | t∈R∧t∈S}，其中 t 代表元组。

【例3.6】　关系 R 和关系 S 交运算的结果如表 3.10 所示。

表 3.10		关系 R∩S	
班级编号	班级名称	专业	系编号
10201	农电 09	农电	101

4．笛卡儿乘积

参见 3.2 节中笛卡尔乘积的定义，两个关系 R 和 S 的笛卡尔乘积记为 R×S，即 R×S={$t_R \frown t_S$| t_R

$\in R \land t_S \in S\}$。

【例 3.7】有两个关系 $R1$（见表 3.11）和 $R2$（见表 3.12），它们的笛卡儿乘积 $R1 \times R2$ 如表 3.13 所示。

表 3.11 关系 $R1$

学号	姓名
012014	李长江
012133	江利利

表 3.12 关系 $R2$

课号	课程名	学分
C11	数据库	2
C22	电路	3
C33	电子学	3

表 3.13 关系 $R1 \times R2$

学号	姓名	课号	课程名	学分
012014	李长江	C11	数据库	2
012014	李长江	C22	电路	3
012014	李长江	C33	电子学	3
012133	江利利	C11	数据库	2
012133	江利利	C22	电路	3
012133	江利利	C33	电子学	3

3.3.2 专门的关系运算

专门的关系运算有选择、投影、连接和除等。

1. 选择

从关系中找出给定条件的所有元组称为选择。其中条件是以逻辑表达式给出的，该逻辑表达式的值为真的元组被选取。这是从行的角度进行的运算，即水平方向抽取元组。经过选择运算得到的结果可以形成新的关系，其关系模式不变，其中元组的数目小于等于原来关系中元组的个数，它是原关系的一个子集。

选择运算记为：

$$\sigma_F(R) = \{t | t \in R \land F(t) = '真'\}$$

其中 R 为一个关系，F 为一个布尔函数，该函数中可以包含算术比较符（<、=、>、≥、≤、≠）和逻辑运算符（∧、∨、￢）。

【例 3.8】 从学生关系 $R1$（见表 3.14）中，选择男同学构成一个新关系 $R2$（见表 3.15）。

表 3.14 关系 $R1$

学号	姓名	性别	班级
012014	李长江	男	10102
012133	江利利	女	10101
012135	王涛	男	10101
012136	赵兰	女	10103

表 3.15 关系 $R2$

学号	姓名	性别	班级
012014	李长江	男	10102
012135	王涛	男	10101

表 3.16 关系 $R3$

学号	姓名
012014	李长江
012133	江利利
012135	王涛
012136	赵兰

2. 投影

从关系中挑选若干属性组成新的关系称为投影。这是从列的角度进行的运算，相当于对关系进行垂直分解，经过投影运算可以得到一个新的关系，其关系包括的属性个数往往比原关系少，或者属性的排列顺序不同。如果新关系中包含重复元组，则删除重复元组。

选择运算记为 $\prod_X(R)$，其中 R 为一个关系，X 为一组属性名或属性序号组，属性序号是对应属性在关系中的顺序编号。

【例 3.9】 从学生关系 $R1$（见表 3.14）中，选择学号和姓名两列构成 $R3$（见表 3.16）。

3. 连接

连接运算是将两个关系的属性名拼接成一个更宽的关系，生成的新关系中包含满足条件的元组，运算过程是通过连接条件实现的。连接是对关系的结合。

*（1）θ 连接。θ 连接是从关系 R 和 S 的笛卡尔乘积中选取属性值满足某一个条件运算符 θ 的元组，记为 $R \underset{i\theta j}{\bowtie} S$，这里 i 和 j 分别是关系 R 和 S 中第 i 个和第 j 个属性的序号。

如果 θ 是等号 "="，该连接称为 "等值连接"。

【例 3.10】 设关系 R 和 S 如表 3.17 和表 3.18 所示，则 $R \underset{B>E}{\bowtie} S$ 和 $R \underset{B=D}{\bowtie} S$ 的运算结果分别如表 3.19 和表 3.20 所示。

表 3.17 　关系 R

A	B	C
4	5	7
3	6	8
5	7	9

表 3.18 　关系 S

A	D	E
5	4	1
6	5	7
4	6	3

表 3.19 　关系 $R \underset{B>E}{\bowtie} S$

A	B	C	S.A	D	E
4	5	7	5	4	1
4	5	7	4	6	3
3	6	8	5	4	1
3	6	8	4	6	3
5	7	9	5	4	1
5	7	9	4	6	3

表 3.20 　关系 $R \underset{B=D}{\bowtie} S$

A	B	C	S.A	D	E
4	5	7	6	5	7
3	6	8	4	6	3

*（2）F 连接。F 连接操作是从关系 R 和 S 的笛卡尔乘积中选取属性值满足某一个条件公式 F 的元组，记为：$R \underset{F}{\bowtie} S$，这里 F 是形为 $F1 \wedge F2 \wedge \cdots \wedge Fn$ 的公式，每个 Fp 是形为 "$i\theta j$" 的式子，其中 i 和 j 分别是关系 R 和 S 中第 i 个和第 j 个属性的序号。

（3）自然连接。自然连接是一种特殊的等值连接，这主要是因为常用的连接大都满足以下条件：

1）两个关系之间有公共属性。

2）通过公共属性的相等值进行连接。

它要求两个关系中相比较的分量必须是相同的属性组，并且在结果中把重复的属性列去掉。如果关系 R 和 S 具有相同的属性组 A，则 R 的自然连接可记为：$R \bowtie S$。

【例 3.11】 以上例的关系 R 和 S 为例，$R \bowtie S$ 的结果如表 3.21 所示。

表 3.21　　　　　　　　　　　　　　　　关系 $R \bowtie S$

A	B	C	D	E
4	5	7	6	3
5	7	9	4	1

4. 除

除运算是一个非传统的集合运算，如果认为笛卡儿乘积为乘运算的话，这个运算就是它的逆运算，因此就称为除运算。

设有关系 R（X，Y）与关系 S（Z），其中 X、Y、Z 为属性集合，假设 Y 和 Z 具有相同的属性个数，且对应属性出自相同域。关系 R（X，Y）除以关系 S（Z）所得的商关系是关系 R 在属性 X 上投影的一个子集，该子集和 S（Z）的笛卡儿乘积必须包含在 R（X，Y）中，记为：$R \div S$。

【例 3.12】 已知学生选课关系 $R1$，要找出同时选修"C11"和"C13"两门课的学号，就用 $R1$、$R2$ 进行除运算（见表 3.22）。

表 3.22　　　　　　　　　　　　　　　除　运　算

$R1$		$R2$		$R1 \div R2$
课号	学号	课号		学号
C11	010001	C11		010001
C13	010001	C13		010002
C11	012134			
C14	012133			
C12	012133			
C11	010002			
C13	010002			
C12	012133			

习　题　3

一、单项选择题

（1）在关系数据库中，一个关系相当于＿＿＿＿＿＿＿。

A．一张二维表   B．一条记录

C．一个关系数据库   D．一个关系代数运算

（2）关系数据库中的候选码是指_____。

A．能唯一决定关系的字段   B．不可改动的专用保留字

C．关键的很重要的字段   D．能唯一标识元组的属性或属性组

（3）在关系 R（R#，RN，S#）和 S（S#，SN，SD）中，R 的主码是 R#，S 的主码是 S#，则 S#在 R 中称为_____。

A．外码   B．候选码

C．主码   D．超码

（4）如表 3.23 所示，有以下两个关系：R（A，B，C），主码为属性 A；S（D，A），主码是属性 D，外码是属性 A，参照于 R 的属性 A。关系 R 和 S 的元组如表 3.23 所示，指出关系 S 中违反关系完整性规则的元组是_____。

A．（1，2）   B．（2，Null）

C．（3，3）   D．（4，1）

表 3.23   单项选择题（4）表

关系 R

A	B	C
1	2	3
2	1	3

关系 S

D	A
1	2
2	Null
3	3
4	1

（5）把关系看为二维表，则下列说法中不正确的是_____。

A．表中允许出现相同的行   B．表中不允许出现相同的列

C．行的次序可以交换   D．列的次序可以交换

（6）在关系模型中，下列说法正确的是_____。

A．关系中元组在组成主码的属性上可以有空值

B．关系中元组在组成主码的属性上不能有空值

C．主码值起不了唯一标识元组的作用

D．关系中可以引用一个不存在的实体

（7）有两个关系 R 和 S，分别包含 15 个和 10 个元组，则在 $R \cup S$、$R-S$、$R \cap S$ 中不可能出现的元组数目是_____。

A．15，5，10   B．18，7，7   C．21，11，4   D．25，15，0

（8）参加差运算的两个关系_____。

A．属性个数可以不相同   B．属性个数必须不相同

C．一个关系包含另一个关系的属性   D．属性个数必须相同

（9）对一个关系作投影操作后，新关系的元组个数_____原来关系的元组个数。

A．小于   B．小于或等于   C．等于   D．大于

（10）选取关系中满足某个条件的元组的关系运算为_____。

  A．选中运算   B．选择运算

  C．投影运算   D．搜索运算

（11）关系模式的候选码可以有_____个。

  A．0   B．1   C．1个或多个   D．多个

（12）设一个关系模式为：运货路径（顾客姓名，顾客地址，商品名，供应商姓名，供应商地址），则该关系模式的主码是____。

  A．（顾客姓名，供应商姓名）

  B．（顾客姓名，商品名）

  C．（顾客姓名，商品名，供应商姓名）

  D．（顾客姓名，顾客地址，商品名）

二、简答题

（1）简述等值连接与自然连接的区别。

（2）如表 3.24 所示，设有关系 R 和 S。

表 3.24   简答题（2）表

关系 R

A	B	C
a	b	c
b	a	f
c	b	d

关系 S

A	B	C
b	a	f
d	a	f

计算 $R1=R-S$，$R2=R \cup S$，$R3=R \cap S$ 和 $R4=R \times S$。

（3）如表 3.25 所示，给出一个数据集，请判断它是否可直接作为关系数据库的关系，若不行，则改造成为尽可能好的并能作为关系数据库关系的形式，同时说明这种改造的理由。

表 3.25   简答题（3）表

系　名	课 程 名	教 师 名
电力系	电路	李军、刘强
动力系	传热学	金山、宋宁
机械系	材料力学	王华
计算机系	数据库	陈凯、曾静

三、综合题

假设一个关系数据库由作家与著作两个表，数据库的样本数据如表 3.26 所示。

（1）指出每个表的主码。

（2）指出外码。

表 3.26　　　　　　　综 合 题 表

作家关系表

作家代号	姓名
100	巴金
101	老舍
102	鲁迅

著作关系表

书号	作品名	作家代号
1001	祥林嫂	102
1002	茶馆	101
1003	阿 Q 正传	102
1004	家	100
1005	骆驼祥子	101
1006	四世同堂	101

第 4 章　关系数据库规范化理论

4.1　关系数据库规范化理论问题的提出

数据库的设计问题可以简单地描述为：如果要把一组数据存到数据库中，如何为这些数据设计一个合适的逻辑结构呢？在关系数据库系统中，就是如何设计一些关系表及关系表中的属性的问题。

那么，假定有如下关系 S：

S（SNO，NAME，SEX，CNO，CNAME，DEGR）

其中 S 表示学生表，对应的各个属性依次为学号、姓名、性别、课程号、课程名和成绩，主码为（SNO，CNO）。

这个关系模式存在如下问题：

（1）数据冗余。当一个学生选修多门课程就会出现数据冗余。例如可能存在这样的记录：（S0102，"王华"，"男"，C108，"C 语言"，84）、（S0102，"王华"，"男"，C206，"数据库原理及应用"，91）和（S0108，"李丽"，"女"，C206，"数据库原理及应用"，77），这样，导致 NAME、SEX 和 CNAME 属性多次存储。

（2）不一致性。由于数据存储冗余，当更新某些数据项时，就有可能一部分属性值被修改了，而另一部分属性值没被修改，造成存储数据的不一致性。

（3）插入异常。如果某个学生没选修课程，则其 SNO、NAME 和 SEX 属性值无法插入，因为 CNO 为空，关系数据模式规定主码不能为空或部分为空，这便是插入异常。例如，有一个学生号为 S0110 的新生"陈强"，由于尚未选课，不能插入到关系 S 中，无法存放该学生的基本信息。

（4）删除异常。当要删除所有学生成绩时，所有 SNO、NAME 和 SEX 属性值也被删除了，这便是删除异常。例如，关系 S 中只有一条学号为 S105 的学生记录（S0105，"赵玉"，"女"，C206，"数据库原理及应用"，89），现在要将其删除，在该记录删除后，学号为 S0105 的学生"赵玉"的基本信息也被删除了，而没有其他地方存放该学生的基本信息。

为了克服这种异常，将 S 关系分解成为如下 3 个关系：

S1（SNO，NAME，SEX）　　主码为（SNO）或简写为 SNO
S2（SNO，CNO，DEGR）　　主码为（SNO，CNO）
S3（CNO，CNAME）　　　　主码为（CNO）或简写为 CNO

这样分解后，上述异常都得到了解决。首先是数据冗余问题，对于选修多门课程的学生，在关系 S1 中只有一条该学生的记录，是需要在 S2 中存放对应的成绩记录，同一学生的 NAME 和 SEX 不会重复出现。由于在关系 S3 中存放了 CNO 和 CNAME，所以关系 S2 中不再存放 CNAME，从而避免了出现 CNAME 的数据冗余。

数据不一致性的问题主要是由数据冗余引起的，解决了数据冗余，数据不一致性问题自然就解决了。

　　由于关系 S1 和 S2 是分开存储的，如果，某个学生没选修课程，可将其 SNO、NAME 和 SEX 属性值插入到关系 S1 中，只是关系 S2 中没有该学生的记录，因此不存在插入异常问题。

　　同样，当要删除所有学生成绩时，只从关系 S2 中删除对应的成绩记录，而关系 S1 的基本信息仍然保留，从而解决了删除异常问题。

　　为什么将关系 S1 分解为关系 S1、S2 和 S3 后，所有异常问题就解决了呢？这是因为关系 S 的某些属性之间存在数据依赖。数据依赖是现实世界事物之间的相互关联性的一种表达。人们只有对一个数据库所要表达的现实世界进行认真调查与分析，才能归纳与客观事实相符合的数据依赖。现在人们已经提出了多种类型的数据依赖，其中最重要的是函数依赖。

*4.2　函 数 依 赖

　　定义 1：设 $R(U)$ 是属性集 U 上的关系式，X、Y 是 U 的子集。若对于 $R(U)$ 的任意一个可能的关系 r，r 中不可能存在两个元组在 X 上的属性值相等，而在 Y 上的属性值不等，则称 X 函数确定 Y 或 Y 函数依赖于 X，记作 $X{\rightarrow}Y$。

　　例如，在职工关系中，职工号是唯一的，也就是说，不存在职工号相同，而姓名不同的职工元组，因此有：职工号→姓名。

　　在前面的关系 S 中，显然有：(SNO，CNO)→DEGR，即不存在一个学生选修某门课程，有一个以上的成绩 DEGR。同时有：SNO→NAME，SNO→SEX，CNO→CNAME。如图 4.1 所示，其函数依赖集为：

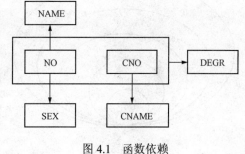

图 4.1　函数依赖

　　$F=\{$ SNO→NAME，NO→SEX，CNO→CNAME，(SNO，CNO)→DEGR$\}$

　　定义 2：设 $X{\rightarrow}Y$ 是一个函数依赖，若 $Y{\subset}X$，则称 $X{\rightarrow}Y$ 是一个平凡函数依赖。

　　例如，在前面的关系 S 中，显然有（SNO，CNO）→SNO，（SNO，CNO）→CNO，这些都是平凡函数依赖关系。

　　定义 3：设 $X{\rightarrow}Y$ 是一个函数依赖，并且对于任何 $X'{\subset}X$，$X'{\rightarrow}Y$ 都不成立，则称 $X{\rightarrow}Y$ 是一个完全函数依赖，即 Y 函数依赖于整个 X，记作 $X\xrightarrow{\;f\;}Y$。

　　在前面的关系 S 中，显然有（SNO，CNO）→DEGR，但 CNO→DEGR 和 SNO→DEGR 并不成立，即学生学号 SNO 或课程号 CNO 都不能唯一确定一个学生的成绩 DEGR，所以（SNO，CNO）→DEGR 是完全函数依赖关系，记为（SNO，CNO）$\xrightarrow{\;f\;}$DEGR。

　　定义 4：设 $X{\rightarrow}Y$ 是一个函数依赖，但不是完全函数依赖，则称 $X{\rightarrow}Y$ 是一个部分函数依赖，或称 Y 函数依赖于 X 的某个真子集，记作 $X\xrightarrow{\;P\;}Y$。

　　例如，在前面的关系 S 中，（SNO，CNO）→NAME，而对于每个学生都有一个唯一的 SNO 号值，所以有 SNO→NAME。因此，（SNO，CNO）→NAME 是一个部分函数依赖。

定义 5：设 $R(U)$ 是一个关系模式，$X, Y, Z \subseteq U$，如果 $X \rightarrow Y$（$Y \nsubseteq X$，Y 不依赖于 X），$Y \rightarrow Z$，则称 Z 传递依赖于 X，记为 $X \overset{t}{\longrightarrow} Y$。

例如，有以下班级关系：

班级（班号，专业名，系名，人数，入学年份）

经分析有：班号→专业名、班号→系名、班号→入学年份、专业名→系名，又因为：班号→专业名、专业名→系名，所以系名传递依赖于班号。

4.3 范　　式

一个关系模式是好是坏，需要一个标准来衡量，这个标准就是模式的范式（Normal Forms，简记为 NF）。范式的概念是 E.F.Codd1971 年提出的，他认为关系模式应满足的规范要求可分为 n 级，满足第一要求的叫第一范式（1NF），在 1NF 中满足进一步要求的叫第二范式（2NF），在 2NF 中满足更高要求的，就属于第三范式（3NF）。1974 年 Codd 和 Boyce 共同提出了一个新范式 BCNF。1976 年 Fagin 又提出了 4NF，后来又有人提出了 5NF。

所谓"第几范式"，是表示关系的级别，所以经常称某一关系 R 为第几范式。现在把"范式"这个概念理解为符合某种级别的关系模型的集合，则 R 为第几范式，就可以记为 R∈XNF，其中 X 表示范式的级别。

对于各种范式之间的联系有 5NF⊂4NF⊂3NF⊂2NF⊂1NF 成立，如图 4.2 所示。

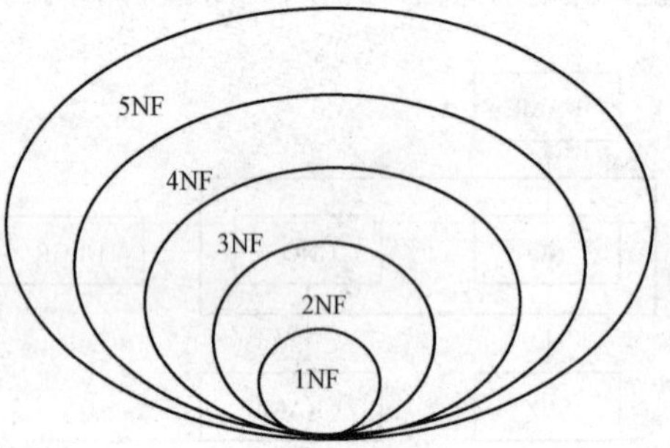

一个具有低级范式的关系模式，通过模式分解，可以转换为若干个高级范式的关系模型的集合，这种转换过程叫做规范化。

图 4.2　范式关系

4.3.1　第一范式

定义 6：对于关系模式 R 的任一关系 r，若其每一属性都是不可再分的最小单位项，则称关系 R 是第一范式或第一规范化关系，记作 R∈1NF。不满足第一范式的关系称为非规范化关系。

例如：某校教师基本情况一览表如表 4.1 所示。

表 4.1　　　　　　　　　　　某校教师基本情况一览表

基本情况					专业特长			成果和成就		
编号	姓名	性别	生日	工资	专业	年限	职称	名称	类别	出处
								略	略	略
001	刘伟	男	1967.3.5	5000	计算机	21	教授	略	略	略
								略	略	略
002	章莉	女	1970.5.2	4000	电力	15	副教授	略	略	略
								略	略	略

这样的关系模式就不是第一范式，而是一种非规范化关系。关系模型的最基本要求是必

须满足第一范式，凡是非规范化关系必须转化为规范化关系。方法是去掉组合项并将表格全部打通。

表 4.1 变为 1NF 后变为表 4.2。

表 4.2 达到 1NF 的教师基本情况一览表

编号	姓名	性别	生日	工资	专业	年限	职称	名称	类别	出处
001	刘伟	男	1967.3.5	5000	计算机	21	教授	略	略	略
001	刘伟	男	1967.3.5	5000	计算机	21	教授	略	略	略
001	刘伟	男	1967.3.5	5000	计算机	21	教授	略	略	略
002	章莉	女	1970.5.2	4000	电力	15	副教授	略	略	略
002	章莉	女	1970.5.2	4000	电力	15	副教授	略	略	略

当然，这个关系模式存在许多缺点，存在数据冗余度大、插入异常和删除异常等严重问题，所以 1NF 不是一个好的关系。

4.3.2 第二范式

定义 7：若关系模式 R∈1NF，并且每一个非主属性都完全依赖于 R 的主码，则称为第二范式，记为：R∈2NF。

也就是说，对于 2NF，关系中的非主属性不能有部分依赖于主码，例如表 4.3 所示选课表。

表 4.3 学 生 选 课 表

学号	姓名	性别	生日	系	本科	照片	课号	课名	学分	成绩
001	白玉	女	1990.5.21	电力	T		010	电机	3	88
001	白玉	女	1990.5.21	电力			012	电路	2.5	70
020	赵强	男	1991.6.22	动力	T		010	电路	2.5	81
020	赵强	男	1991.6.22	动力			013	锅炉	2	90

这个表的主码是"学号+课号"，但是其中的属性姓名、性别、生日、本科、照片都只依赖于学号，而学号只是主码的一部分，另外课名、学分依赖于主码的另一部分课号，只有成绩完全依赖于主码"学号+课号"，这个表在数据库操作时，也会产生前面提到的四个问题：数据冗余度、不一致性、插入异常和删除异常。达不到 2NF，但是达到了 1NF。

解决的办法是将部分依赖的属性单独组成新的关系模式，使之满足第二范式。

将学生选课表分解为 3 个关系子模式，即学生表、课程表和选课表，结果如表 4.4 所示。

这样，这三个关系模式中的非主属性对主属性都是完全函数依赖，因此学生表∈2NF、课程表∈2NF、选课表∈2NF。

2NF 仅仅应用于具有复合主码的表，也就是主码由两列或多列复合而成的表，具有单列主码的表自动就是 2NF。

表 4.4　　　　　　　　　　　**3 个 关 系 子 模 式**

学生表

学号	姓名	性别	生日	系	本科	照片
001	白玉	女	1990.5.21	电力	T	
020	赵强	男	1991.6.22	动力	T	

课程表

课号	课名	学分
010	电机	3
012	电路	2.5
013	锅炉	2

选课表

学号	课号	成绩
001	010	88
001	012	70
020	010	81
020	013	90

4.3.3　第三范式

满足 2NF 的关系模式，在某些情况下仍然存在存储冗余、更新异常等情况，如表 4.5 所示。

表 4.5　　　　　　　　　　　　**教 师 表**

编号	姓名	性别	生日	系号	系名称	系地址	系主任
001	刘伟	男	1967.3.5	01	电力	教一楼	崔翔
002	章莉	女	1970.5.2	02	动力	教四楼	王松岭
003	孙强	男	1979.6.7	01	电力	教一楼	崔翔
004	李东	男	1959.9.2	02	动力	教四楼	王松岭

表中编号是主码，该模式中存在数据冗余、插入、删除和修改的异常问题。例如，当删除某位教师信息时，会将其所在的系名称和系主任等信息删除；当某个系主任发生变化时，必须要修改系里所有教师的记录。而产生这些异常的原因在于关系模式中存在传递函数依赖。因此满足第二范式的关系模式需要向更高的第三范式转化。

定义 8：若关系模式 R∈2NF，并且每一个非主属性都不传递依赖于 R 的主码，则称为第三范式，记作 R∈3NF。

如表 4.5 所示的教师表，其中的属性：姓名、性别、生日、系号完全依赖于主码"编号"，但是系名称、系地址和系主任却依赖于系号，所以存在传递依赖，解决的方法仍然是分解，将教师表分为如下两个表（见表 4.6）：

教师情况表（编号，姓名，性别，生日，系号）

系表（系号，系名称，系地址，系主任）

由于分解消除了原来关系模式教师表中的传递依赖，因此教师情况表、系表都属于 3NF，存储冗余等问题得到解决。但是，需要注意的是，3NF 仅对非主属性与候选码之间的依赖进行了限制，而对主属性与候选码的依赖关系没有任何约束，当关系模式存在多个候选码，且这些码具有公共属性时，即使关系模式满足了第三范式的要求，在操作时仍可能出现异常问题，这时就需要对第三范式进一步修正，使之达到更高的 BCNF 范式。

表 4.6 教 师 表 分 解 后

教师情况表					系表			
编号	姓名	性别	生日	系号	系号	系名称	系地址	系主任
001	刘伟	男	1967.3.5	01	01	电力	教一楼	崔翔
002	章莉	女	1970.5.2	02	02	动力	教四楼	王松岭
003	孙强	男	1979.6.7	01				
004	李东	男	1959.9.2	02				

*4.3.4 BCNF 范式

BCNF（Boyce Codd Normal Forms）是由 Boyce 和 Codd 提出的，比 3NF 更进一步，通常认为 BCNF 是修正的第三范式，有时也称为扩充的第三范式。

定义 9：若关系模式 R（U，F）∈1NF，如果对于 R 的每一个函数依赖 X→Y，若 Y 不属于 X，则 X 必含有候选码，那么称 R 为 BCNF 范式，记作 R∈BCNF。

也就是说，在关系 R（U，F）中，若每一个决定因素都包含码，则 R∈BCNF。

由 BCNF 的定义可以得到结论，即一个满足 BCNF 的关系模式有：

（1）所有非主属性对每一个码都是完全函数依赖。

（2）所有的主属性对不包含它的码，也是完全函数依赖。

（3）没有任何属性完全函数依赖于非码的任何一组属性。

例如：关系模式教师表如表 4.7 所示。

表 4.7 教 师 表

编号	姓名	部门	地址
001	刘伟	电力	教一楼
002	章莉	动力	教四楼
003	孙强	电力	教一楼
004	李东	动力	教四楼

它只有一个候选码"编号"，这里没有任何属性对"编号"部分依赖或传递依赖，所以教师表∈3NF，同时教师表中的"编号"是唯一的决定因素，所以教师表∈BCNF。

对于一个关系模式 R∈BCNF，按定义排除了任何属性对码的传递依赖与部分依赖，所以 R∈3NF。但是若 R∈3NF，R 未必属于 BCNF。

下面通过一个属于 3NF，但不属于 BCNF 的关系模式来说明它们的不同。

【例 4.1】 存在关系模式地址表：Address（城市，街道，邮政编码）。根据语义，地址表的函数依赖集 F={（城市，街道）→邮政编码，邮政编码→城市}，（城市，街道）和（邮政编码，街道）均是候选码，如图 4.3 所示。

因为在地址表中所有的属性都属于候选码，故不存在非主属性，自然也没有非主属性对码的传递依赖或部分依赖，即地址表 Address∈3NF。但是，Address 不是 BCNF，因为存在非平凡函数依赖邮政编码→城市，而邮政编码不包含码。该关系模式存在异常问题，比如要

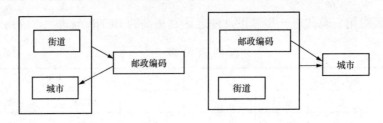

图 4.3　关系 Address 的函数依赖

插入一个城市的邮政编码，但不知道具体街道，该关系模式就不允许这样的操作，因为缺少码（城市，街道）中的街道，若要消除异常，则必须转化为 BCNF，把 Address 分解成 ZC（邮政编码，城市）和 SZ（街道，邮政编码）两个关系模式，即把邮政编码和街道分开。

BCNF 消除了关系中所有属性对候选码的部分和传递依赖。若一个关系达到了第三范式，并且它只有单个候选码，或者它的每个候选码都是单属性，则该关系自然也达到了 BC 范式。

3NF 和 BCNF 是在函数依赖的条件下对关系模式分解。一个模式中的关系模式如果都属于 BCNF 函数依赖范畴内，那么它已实现了彻底的分解，消除了插入和删除异常。3NF 的不彻底性表现在可能存在主属性对码的部分依赖或传递依赖。

根据函数依赖集 F，一个关系模式可以分解成若干个服从 BCNF 的子模式。但是即使一个关系模式服从 BCNF，还会存在一些弊端。那么就还有可以消除多值依赖的第四范式和消除连接依赖的第五范式，这里不再讨论多值依赖、连接依赖、第四范式和第五范式，有兴趣的读者可以参阅相关的文献。

4.3.5　规范化小结

规范化是一种用来产生表的集合的技术，这些表具有符合要求的属性，并能支持用户的要求。在关系数据库中，对关系模式的基本要求是满足第一范式。这样的关系是合法的、允许的。但是人们发现有些关系模式存在插入、删除异常、数据冗余等问题，人们寻求解决这些问题的方法，这就是规范化的目的。

规范化的基本思想是逐步消除数据依赖不合适的部分，使模式中的各关系模式达到某种程度的"分离"，即"一事一地"的模式设计原则。让一个关系描述一个概念、一个实体或实体间的一种联系。若多于一个概念，就把它"分离"出去。因此所谓的"规范化"实质上是概念的单一化。

人们认识这个原则经历了一个过程，从认识到非主属性的部分函数依赖的危害开始，2NF、3NF、BCNF、4NF 的提出是这个认识过程逐步深化的标志，这个过程如图 4.4 所示。

（1）对 1NF 关系分解，消除原关系中非主属性对码的部分函数依赖，将一个 1NF 关系分解为若干个 2NF 关系。

（2）对 2NF 关系分解，消除原关系中非主属性对码的传递函数依赖，将一个 2NF 关系分解为一组 3NF 关系。

（3）对 3NF 关系分解，消除原关系中主属性对码的部分函数依赖和传递函数依赖，得到一组 BCNF 关系。

以上三步可以合并为一步：对原关系进行投影，消除属性不是候选码的任何函数依赖。

（4）对 BCNF 关系进行分解，消除原关系中非平凡函数依赖的多值依赖，从而产生一组 4NF 关系。

诚然，范式程度低的关系可能会存在数据冗余、插入异常、删除异常和修改复杂等问题，需要对其进行规范化，转换成高级范式。规范化的优点是明显的，它避免了大量的数据冗余，节省了空间，保持了数据的一致性。如果一个关系模式完全达到 3NF，则不会在超过一个地方更改同一个值。如果记录经常改变，这个优点会超过所有的缺点！它的最大缺点是，由于把信息放置在不同的表中，增加了操作的难度，同时把多个表连接在一起的开销也是巨大的，节省了时间必然付出空间的代价，反之，节省了空间必须付出时间的代价。当然，这并不意味着规范化程度越高的关系模式越好。在设计数据库模式结构时，必须对现实世界的实际情况和用户的需求作进一步的分析，

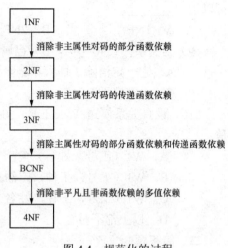

图 4.4　规范化的过程

以确定一个合适的、能够反映现实世界的模式。也就是说，上面的规范化步骤可以在任何一步终止。

习　题　4

一、单项选择题

（1）关系数据库规范化是为了解决关系数据库中_____问题而引入的。

　　　A．插入异常、删除异常和数据冗余　　　B．提高查询速度

　　　C．减少数据操作的复杂性　　　　　　　D．保证数据的安全性和完整性

（2）关系模式中各级模式之间的关系为_____。

　　　A．$3NF \subset 2NF \subset 1NF$　　　　　　　B．$3NF \subset 1NF \subset 2NF$

　　　C．$1NF \subset 2NF \subset 3NF$　　　　　　　D．$2NF \subset 1NF \subset 3NF$

（3）关系模式中的关系模式至少是_____。

　　　A．1NF　　　　　　B．2NF　　　　　　C．3NF　　　　　　D．BCNF

（4）根据关系数据库规范化理论，关系数据库中的关系要满足第一范式。下面的"部门"关系中，因_____属性使它不能满足第一范式。

　　　部门（部门号，部门名，部门成员，部门总经理）

　　　A．部门总经理　　　B．部门成员　　　C．部门名　　　　D．部门号

（5）关系模式中，满足 2NF 的模式是_____。

　　　A．可能是 1NF　　　B．必定是 1NF　　　C．3NF　　　　　D．以上都不是

（6）消除了部分函数依赖的 1NF，必定是_____。

　　　A．1NF　　　　　　B．2NF　　　　　　C．3NF　　　　　　D．以上都不是

（7）在关系模式 R=（A，B，C）中，存在函数依赖关系{A→C，C→B}，则关系 R 最高可以达到_____。

　　　A．1NF　　　　　　B．2NF　　　　　　C．3NF　　　　　　D．以上都不是

（8）在关系模式 R=（A，B，C，D）中，有函数依赖集 F={B→C，C→D，D→A}，则 R

可以达到_____。

　　　A．1NF　　　　　　　B．2NF　　　　　　　C．3NF　　　　　　　D．以上都不是

（9）当关系模式 R=（A，B）已属于 3NF，下列说法_____是正确的。

　　　A．它一定消除了插入和删除异常　　　　　B．仍存在一定的插入和删除异常 F

　　　C．一定属于 BCNF　　　　　　　　　　　D．A 和 C 都是

（10）设有关系模式 W（工号，姓名，工种，定额）将其规范化到第三范式正确的答案是_____。

　　　A．W1（工号，姓名）　　　　　　W2（工种，定额）

　　　B．W1（工号，工种，定额）　　　W2（工号，姓名）

　　　C．W1（工号，工种，姓名）　　　W2（工号，定额）

　　　D．以上都不对

二、简答题

（1）如表 4.8 所示的关系 R 是第几范式？是否存在操作异常？若存在，则将其分解为高一级范式。分解完成的高级范式中是否可以避免分解前关系中存在的操作异常？

表 4.8　　　　　　　　　　　　　　　　简答题（1）表

R

工程号	材料号	数量	开工日期	完工日期	价格
P1	I1	4	200905	201005	250
P1	I2	6	200905	201005	300
P1	I3	15	200905	201005	180
P2	I1	6	201003	201008	250
P2	I4	18	201003	201008	350

（2）设有如表 4.9 所示的关系 R，则：

1）它为第几范式？为什么？

2）是否存在删除操作异常？若存在说明是在什么情况下发生的？

3）将它分解为高一级范式，分解后的关系是如何解决分解前可能存在的删除操作的异常问题的？

表 4.9　　　　　　　　　　　　　　　　简答题（2）表

R

课程名	教师名	教师地址
C1	马东	D1
C2	于是之	D1
C3	刘杰	D2
C4	于是之	D1

第5章 数据库设计

数据库设计是针对一个给定的应用环境，构造（设计）出最优的数据模型，然后据此建立数据库及其应用系统，使之能够有效存储数据，满足用户的各种需求。一个设计合理的数据库并非偶然所得，它的存储结构必须经过精心的设计。数据库设计的第一步是设计数据模型，如果数据模型设计的不合理，即使使用一个性能良好的 DBMS，也很难使数据库应用系统达到最佳状态。本章以某大学教学管理数据库设计为例，使学生通过具体的设计过程，将理论与实际紧密地结合在一起，能够更直观、更方便地掌握数据库设计的方法。

5.1 数据库设计概述

5.1.1 数据库设计方法

数据库设计的主要内容有数据库的结构特性设计和数据库的行为特性设计。

数据库的结构特性设计起着关键作用。数据库的结构特性是静态的，一般情况下不会轻易变动。

数据库的行为结构设计是指确定数据库用户的行为和动作。数据库用户的行为和动作是指数据查询和统计、事物处理及报表处理等。

5.1.2 数据库设计的步骤

考虑数据库及其应用系统开发的全过程，可以将数据库设计过程分为以下 6 个阶段。

（1）需求分析阶段。进行数据库应用软件的开发，首先必须准确了解与分析用户需求（包括数据处理）。需求分析是整个开发过程的基础，是最困难、最耗费时间的一步。作为地基的需求分析是否做的充分与准确，决定了在其上建造数据库大厦的速度与质量。需求分析做的不好，会导致整个数据库应用系统开发返工重做的严重后果。

（2）概念结构设计阶段。概念结构设计是整个数据库设计的关键，它通过对用户需求进行综合、归纳与抽象，形成一个独立于具体 DBMS 的概念模型，一般用 E-R 模型表示概念模型。

（3）逻辑结构设计阶段。逻辑结构设计是将概念结构转化为选定的 DBMS 所支持的数据模型，并使其在功能、性能、完整性约束、一致性和可扩充性等方面均满足用户的需求。

（4）数据库物理设计阶段。数据库的物理设计是为逻辑数据模型选取一个最适合应用环境的物理结构（包括存储结构和存取方法）。即利用选定的 DBMS 提供的方法和技术，以合理的存储结构设计一个高效的、可行的数据库的物理结构。

（5）数据库实施阶段。数据库实施阶段的任务是根据逻辑设计和物理设计的结果，在计算机上建立数据库，编制与调试应用程序，组织数据入库，并进行系统测试和试运行。

（6）数据库运行和维护阶段。数据库应用系统经过试运行后即可投入正式运行。在数据库系统运行过程中必须不断地对其进行评价、调整与修改。

5.2　数据库设计实例

本节通过某大学教学管理数据库来说明数据库应用系统设计中的数据库结构设计，数据库的行为设计略去。

5.2.1　需求说明

要实现某大学教学管理数据库应用需求，设计者通过访问用户，跟踪工作流程、发调查表等方式捕捉用户所关心的数据，经过深入分析得到如下业务规则。

（1）学校有多个学院，每个学院设置多个系，每个系只属于一个学院。学院与系之间的联系是一对多。

（2）每个系有多个班级，而每个班级只属于一个系，系与班级之间的联系是一对多。

（3）每个系聘任多名教师，而每名教师又只能属于一个系。系与教师之间的联系是一对多。

（4）每个班级有多名学生，而每名学生只能属于一个班级，班级与学生之间的联系是一对多。

（5）每学期学校有安排统一的课程表。在课程表中每门课可以安排多名教师讲授，每名教师可以讲授多门课程，教师与课程之间的联系是多对多。

（6）每名学生选修多门课程，且每门课程有多名学生选修，每名学生选修每门课程，应该对应一个分数，学生与课程之间的联系是多对多。

5.2.2　概念结构设计

现在对上述需求作进一步的分析，产生概念结构设计的 E-R 模型。

数据库概念结构设计的目标是产生整体数据库概念结构，即概念模式。概念模式是个组织各个用户关心的信息结构，描述概念结构的有力工具是第 2 章介绍的 E-R 模型。

设计概念结构的 E-R 模型可采用四种策略。

（1）自顶向下。首先定义全局概念结构 E-R 模型的框架，然后逐步细化。

（2）自底向上。首先定义一个局部应用的概念结构 E-R 模型，然后将它们集成，得到全局概念结构 E-R 模型。

（3）由里向外。首先定义最重要的核心概念结构 E-R 模型，然后向外扩充，生成其他概念结构 E-R 模型。

（4）混合策略。混合策略是自顶向下和自底向上相结合的方法，用自顶向下的策略设计一个全局概念结构 E-R 模型，以它为骨架继承自底向上策略中涉及的各局部概念结构 E-R 模型。

这里主要介绍自底向上设计策略，即先建立局部应用的概念结构 E-R 模型，然后再集成为全局概念结构 E-R 模型。

1. 局部 E-R 图设计

这个大学教学管理数据库所包含的实体包括：学院、系、班级、学生、课程和教师共六个实体。学院设置班级、班级包含学生、学生选修课程、学院聘任教师、教师讲授课程，所以得到如下实体集：

学院：用于描述各学院的基本信息，用学院代码来标识。

系：用于描述各系的基本信息，用系编号来标识。

班级：用于描述各班的基本信息，用班级编号来标识。

课程：用于描述一门课程的基本信息，用课程号来标识。

学生：用于描述一位学生的基本信息，用学号来标识。

教师：用于描述一位教师的基本信息，用教师号来标识。

由于学院设置系，学院实体集与系实体集之间的联系是一对多，得到局部 E-R 模型如图 5.1 所示。

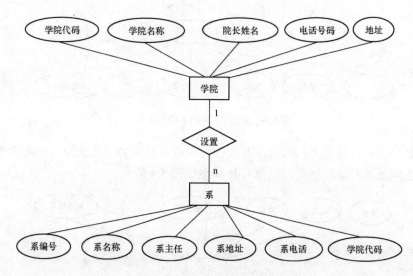

图 5.1　学院与系局部 E-R 图

由于系有班级，系实体集与班级实体集之间的联系是一对多，得到局部 E-R 模型如图 5.2 所示。

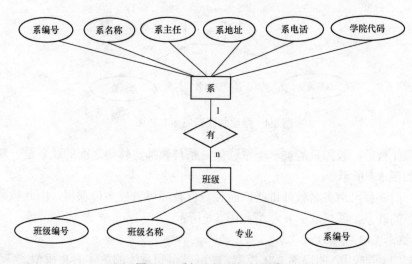

图 5.2　系与班级局部 E-R 图

由于每个班级有多名学生，而每位学生只能属于一个班级，班级实体集与学生实体集之间的联系是一对多。局部 E-R 模型如图 5.3 所示。

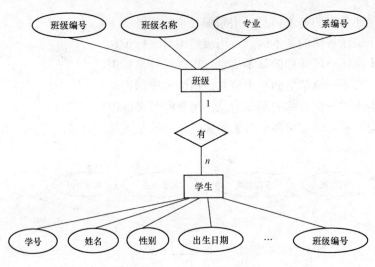

图 5.3　班级与学生局部 E-R 图

　　由于一名学生可以选修多门课程，并且一门课程可被多名学生选修，因此学生实体集与课程实体集之间是多对多的联系。局部 E-R 模型如图 5.4 所示。

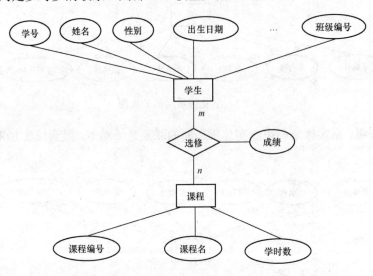

图 5.4　学生与课程局部 E-R 图

　　由于系聘任教师，教师只能被一个系聘任，系与教师实体集之间的联系是一对多。其局部 E-R 模型如图 5.5 所示。

　　又由于一门课程可由多名教师讲授，而且一位教师可讲授多门课程，因此教师与课程之间也是多对多的联系。其局部 E-R 模型如图 5.6 所示。

　　2. 总体概念 E-R 模型设计

综合各部门（或应用）的局部 E-R 模型，就可以得到系统的总体 E-R 模型，综合局部 E-R 模型的方法有两种。

（1）多个局部 E-R 图一次综合。

（2）多个局部 E-R 图逐步综合，用累加的方式一次综合两个局部 E-R 图。

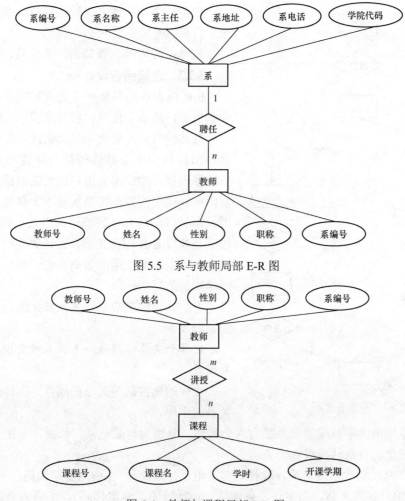

图 5.5　系与教师局部 E-R 图

图 5.6　教师与课程局部 E-R 图

　　第一种方法比较复杂，第二种方法每次仅仅综合两个局部的 E-R 图，可降低难度，无论哪一种方法，每次综合可分两步：

　　（1）合并，将相同实体用一个代替，解决各局部 E-R 图之间的冲突问题，生成初步的 E-R 图。例如，图 5.4 与图 5.6 中课程实体集属性数目不同，并且描述课程编号的属性名字也不同，所以需要统一为课程（课程号，课程名，学时数，开课学期）。

　　（2）修改和重构，消除不必要的冗余，生成基本的 E-R 图。

　　如果实体的属性比较多，在制作 E-R 模型时不一定要把所有属性都制作在 E-R 模型上，可以另外用文字说明，这样也使得 E-R 模型简明清晰，便于分析。本例的全局 E-R 图如图 5.7 所示。

　　经过初步分析，可以得到此系统中各实体所包含的如下基本属性：

　　学院：学院代码，学院名称，院长姓名，电话，地址。

　　系：系编号，系名称，系主任、系地址、电话号码，学院代码。

　　班级：班级编号，班级名称，专业，系编号。

　　课程：课程号、课程名、学时数、开课学期。

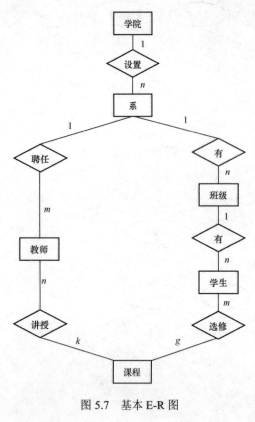

图 5.7　基本 E-R 图

学生：学号、姓名、班级编号、专业、性别、出生日期、身高、党员否、简历。

教师：教师号，教师名，系编号，职称。

5.2.3　逻辑结构设计

E-R 图表示的 E-R 模型是现实世界在我们头脑中的反映，独立于任何一种数据模型，独立于任何一个具体的数据库管理系统，因此，需要把上述概念模型转换为某个具体的数据库管理系统所支持的数据模型，然后建立用户需要的数据库。由于目前国内外使用的数据库系统基本上都是关系型的，因此本书讨论将 E-R 模型转换为关系模型的方法。也就是要以 E-R 图为工具，设计关系型数据库，即确定应用系统所使用的数据库包含哪些表，每个表的结构是怎样的。

下面介绍根据数据联系从 E-R 图得到关系模式的一般规则。

1. 每个实体转换成一个关系模型中的一个关系模式

实体的属性就是关系的属性，实体的主码就是关系的主码。

例如本章中的大学教学管理系统有六个实体，分别为学院、系、班级、学生、课程、教师。那么就把他们分别转换为 6 个表。

XYB（学院代码，学院名称，院长姓名，电话，地址），主码为学院代码。

XB（系编号，系名称，系主任、系地址、电话号码，学院代码），主码为系编号。

BJB（班级编号，班级名称，专业，系编号），主码为班级编号。

KCB（课程号，课程名，学时数，讲授学期），主码为课程号。

XSB（学号、姓名、班级编号、专业、性别、出生日期、身高、党员否、简历），主码为学号。

JSB（教师号，教师名，系编号，职称），主码为教师号。

2. 1:1 联系的 E-R 图到关系模式的转换

例如：图 5.8 所描述的班级与班长通过 E-R 模型可设计如下关系模式,方法是将一方的主码加入另一方实体集对应的关系模式中。

BJB（<u>班级编号</u>，院系，专业，人数）

BZB（<u>学号</u>，姓名，班级编号）

或者

BJB（<u>班级编号</u>，院系，专业，人数，学号）

BZB（<u>学号</u>，姓名）

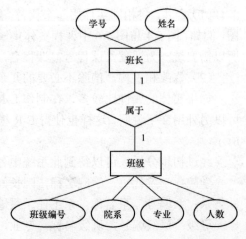

图 5.8　班级与正班长实体集 E-R 模型

3. 1:n 联系的 E-R 图到关系模式的转换

将联系的属性即 1 端的主码加入 n 端实体集对应的关系模式中作为外键，主码仍为 n 端的主码。例如，图 5.9 所描述的班级与学生实体集通过 E-R 模型可设计如下关系模式：

BJB（<u>班级编号</u>，院系，专业，人数）

XSB（<u>学号</u>，姓名，系，专业，性别，出生日期，身高，党员否，简历，班级编号）

那么对应于某大学教学管理数据库来说，就是将学院与系、系与班级、班级与学生、系与教师四个一对多关系中少方的主码加入到多方作为其中的一个属性，也就是少方的主码在多方中作一个外键，实现两个实体之间的关联。

系表中加入学院编号作外键，班级表中加入系编号作外键，学生表中加入班级编号作外键，教师表中加入系编号作外键。

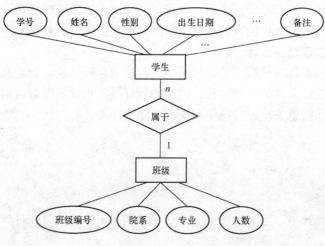

图 5.9 学生与班级实体集的 E-R 模型

4. m:n 联系的 E-R 图到关系模式的转换

m:n 的联系属性单独对应一个关系模式，该关系模式包括联系的属性、参与联系的各实体集的主码属性，该关系模式的主码由各实体集的主码属性共同组成。

例如，本章中大学教学管理系统的学生实体集与课程实体集和教师实体集与课程实体集都是 m:n 的联系，加入选课表 XKB 和授课表 SKB。则教学管理系统设计的关系模式如下：

XYB（<u>学院代码</u>，学院名称，院长姓名，电话，地址）。

XB（<u>系编号</u>，系名称，系主任、系地址、电话号码，学院代码）。

BJB（<u>班级编号</u>，班级名称，专业，系编号）。

KCB（<u>课程号</u>，课程名，学时数，讲授学期）。

XSB（<u>学号</u>、姓名，系编号、专业、性别、出生日期、身高、党员否、简历）。

JSB（<u>教师号</u>，教师名，系编号，教研室）。

XKB（<u>学号</u>，<u>课程号</u>，选课类别，平时成绩，卷面成绩，总评成绩）。

SKB（<u>课程号</u>，<u>教师号</u>，授课类别，人数）。

现在分析一下这些关系模式，由于在设计这些关系模式时是以现实存在的 E-R 模型为依据的，而且遵循一个基本表只描述现实世界一个主题的规则，每个关系模式中的每个非主码属性都完全由主码唯一确定，因此上述所有这些关系模式都是第三范式的关系模式。

　　在设计好关系模式并确定好每个关系模式的主码后，应该看一下这些关系模式之间的关联关系，即确定关系模式的外键，其实在处理一对多关系时，已经将少方的主码加入多方，使其作多方的外键。处理多对多关系时，由于联系的主码由各方的主码组合而成，所以各方的主码都是外键。

　　"选课"中的"学号"与"学生"关系中的主码"学号"是同语义且取值域相同，"选课"中的"课程号"与"课程"关系中的主码"课程号"是同语义且取值域相同。因此，应在"选课"关系中添加"学号"和"课程号"两个外码，它们分别引用"学生"关系中的"学号"和"课程"关系中的"课程号"。同样，"授课"中也应该添加"课程号"和"教师号"两个外码，它们分别引用"课程"中的"课程号"和"教师"中的"教师号"。

　　至此，已经介绍了 E-R 图设计关系模式的方法，通常这一设计过程称为逻辑结构设计。

　　在设计好一个项目的关系模式之后，就可以在数据库管理系统环境下创建数据库、关系表及其他数据库对象，输入相应数据，并根据需要对数据库中的数据进行各种操作。

5.2.4　数据库物理结构设计

　　数据库物理结构设计为数据库的物理模型之数据的存储结构，如对数据库的物理文件、索引文件的组织方式、文件的存取路径，内存的管理等。物理模型对数据库是不可见的，它不仅与数据库管理系统有关，还与操作系统甚至硬件有关。

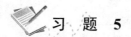

习　题　5

一、单项选择题

（1）在数据库设计中，用 E-R 图来描述信息结构但不涉及信息在计算机中的表示，它属于数据库设计的_____阶段。

　　　A．需求分析　　　　B．概念设计　　　　C．逻辑设计　　　　D．物理设计

（2）概念模型独立于_____。

　　　A．E-R 模型　　　　　　　　　　　B．硬件设备和 DBMS

　　　C．操作系统和 DBMS　　　　　　　D．DBMS

（3）在数据库的概念模型设计中最常用的数据模型是_____。

　　　A．形象模型　　　B．物理模型　　　C．逻辑模型　　　　D．实体联系模型

（4）在关系数据库设计中，涉及关系模式是_____的任务。

　　　A．需求分析阶段　　　　　　　　　B．概念设计阶段

　　　C．逻辑设计阶段　　　　　　　　　D．物理设计阶段

（5）从 E-R 图向关系模式转换时，一个 $m:n$ 的联系转换为关系模式时，该关系模式的码是_____。

　　　A．m 端实体的码

　　　B．n 端实体的码

　　　C．m 端实体的码和 n 端实体的码的结合

　　　D．重新选取其他属性

（6）若两个实体之间的联系是 $1:m$，则实现 $1:m$ 联系的方法是_____。

　　　A．在"m"端实体的转换关系中加入"1"端实体转换关系的码

B. 将"*m*"端实体的转换关系的码加入到"1"端的关系中

C. 在两个实体的转换关系中，分别加入另一个关系的码

D. 将两个关系转换成一个关系

（7）在 E-R 图转换到关系模式时，实体与联系都可以表示成_____。

A. 属性　　　　　B. 关系　　　　　C. 键　　　　　D. 域

二、简答题

（1）什么是数据库设计？

（2）试述采用 E-R 方法进行数据库概念设计的过程。

（3）假定一个部门数据库包含以下信息：

职工的信息：职工号，姓名，地址和所在部门。

部门的信息：部门所有职工，部门名，经理和销售的产品。

产品的信息：产品名，制造商，价格，型号及产品的内部编号。

制造商的信息：制造商名字，地址，生产的产品和价格。

试画出这个数据库的 E-R 图。

（4）如图 5.10 所示，给出（a）、（b）、（c）3 个不同的局部模型，将其合并成一个全局信息结构，并设置联系实体中的属性（允许增加认为必要的属性，也可将有关基本实体的属性选作联系实体的属性）。

部门：部门号，部门名，电话，地址

职员：职员号，职员名，职务（干部/工人），年龄，性别

设备处：单位号，电话，地址

工人：工人编号，姓名，年龄，性别

零件：零件号，名字，电话，地址

设备：设备号，名字，规格，价格

厂商：单位号，名字，电话，地址

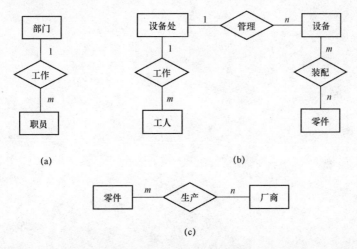

图 5.10　局部的 E-R 图

（5）假设未名书社是一个小书店。书店有一个老板，雇佣了两名营业员。书店的经营状况很好，顾客很多，为了扩大经营范围，获取更大的效益，老板必须对店里的经营状况了如

指掌，要及时了解下列问题：

1）书的库存情况，例如，书名、出版社、版次、出版日期、作者、书价、进价、进货日期、数量。

2）掌握当日的销售情况，例如，书名、数量、金额、总销售额。

根据未名书社的业务需求，设计一个 E-R 模型，并将其转化成关系模型。

（6）假设金龙房地产公司聘用多名业务员负责房地产的销售业务，金龙公司有房地产 5万平方米，分布在 3 个小区，有一部分房产已经售出，其中有的客户一次性付清，有的客户分期付款，有的客户贷款。公司希望了解存储有关业务员、房产、房产销售、客户和客户付款情况，试设计 E-R 模型，描述金龙公司的数据环境，并将 E-R 模型转换为关系模型。

（7）假设为银行的储蓄业务设计一个数据库，设想一下如何设计 E-R 模型，并将其转换成关系模型。

（8）假设为超市设计一个数据库，设想一下如何设计 E-R 模型（提示：超市的数据环境至少有商品、收银员、销售等实体）。

第 6 章　Microsoft SQL Server 2008 概述

当前，数据库市场上常见的数据库产品包括 Oracle 公司的 Oracle 系统，IBM 公司的 DB2 系统和 Informix 系统，Sybase 公司的 Sybase ASE 系统，Microsoft 公司的 Microsoft SQL Server 系统和 Access 系统，以及 MySQL 公司的开源数据库系统等。本书重点介绍 Microsoft 公司的 Microsoft SQL Server 系统的功能和特点。

Microsoft SQL Server 2008 是 Microsoft 公司研制和发布的分布式关系型数据库管理系统，在易用性、可用性、可管理性、可编程性、动态开发、运行性能等方面有突出的优点，可以支持企业、部门及个人等各种用户完成信息系统、电子商务、决策支持、商业智能等工作。

6.1　Microsoft SQL Server 2008 简介

6.1.1　Microsoft SQL Server 发展历程

SQL Server 系统最初由 Microsoft、Sybase 和 Ashton-Tate 三家公司在 Sybase SQL Server 基础上共同开发，后来 Ashton-Tate 公司退出了开发团队，而 Microsoft 和 Sybase 公司的合作关系也于 1993 年结束，Microsoft 公司专注于 Windows NT 平台上的 Microsoft SQL Server 开发，而 Sybase 公司则致力于 UNIX 平台上的 SQL Server 的开发。本书介绍的是 Microsoft SQL Server 系统，简称为 SQL Server 或 MSSQL Server。

1995 年 6 月 14 日，Microsoft 成功发布了 Microsoft SQL Server 6.0 版本，这是第一个完全由 Microsoft 公司开发的版本。1996 年，Microsoft 发布了 Microsoft SQL Server 6.5 版，1998 年 12 月又推出了具有巨大变化的 7.0 版，这一版本在数据存储和数据库引擎方面发生了根本性的变化。

2000 年 8 月 9 日 Microsoft 发布了与传统 Microsoft SQL Server 有重大不同的 Microsoft SQL Server 2000，在可伸缩性和可靠性上有了很大的改进。卓越的管理工具、开发工具和分析工具为其赢得了更多客户，成为企业级数据库市场中重要的一员。这一版本在 Microsoft SQL Server 各版本中"生命期最久"，而且后续添加了许多新的功能，最终的 Service Pack 版本为 SP4。

2005 年 11 月 Microsoft 发布了 Microsoft SQL Server 2005，引入了.NET Framework，允许构建.NET Microsoft SQL Server 专有对象，从而使 Microsoft SQL Server 具有灵活的功能。

2008 年 8 月 6 日 Microsoft 又发布了 Microsoft SQL Server 2008（以下简称 SQL Server 2008）。它推出了许多新的特性和关键的改进，使它成为至今为止最强大和最全面的 Microsoft SQL Server 版本。

6.1.2　SQL Server 2008 体系结构

SQL Server 2008 是一个提供了联机事务处理（Online Transaction Processing，OLTP）、联机分析处理（Online Analysis Processing，OLAP）、数据仓库、电子商务应用的数据库和数据分析的平台，主要由四个主要部分（服务）组成，包括数据库引擎（SQL Server Database Engine，

SSDE）、分析服务（SQL Server Analysis Services，SSAS）、报表服务（SQL Server Reporting Services，SSRS）和集成服务（SQL Server Integration Services，SSIS），它们的关系示意图如图 6.1 所示。

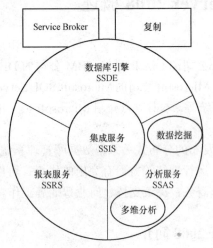

图 6.1　SQL Server 2008 系统体系结构示意图

其中，数据库引擎是 SQL Server 2008 系统的核心，包括 Service Broker、复制等组件，负责完成业务数据的存储、处理、查询和安全管理等操作；分析服务提供了多维分析和数据挖掘功能，支持用户建立数据仓库和进行商业智能分析；报表服务为用户提供了支持 Web 的企业级报表功能；集成服务是一个数据集成平台，可完成有关数据的提取、转换、加载等。

另外，SQL Server 2008 采用客户端/服务器（Client/Server，简称 C/S）模式，即服务器存储数据库，并且允许多个客户端访问，数据库应用的处理过程分布在客户端和服务器上，提高了处理数据的能力。

在 C/S 模式中，客户端（前台）通过网络与运行 SQL Server 2008 实例的服务器（后台）相连，客户端应用程序包含显示与用户交互的界面，并将数据库的处理要求描述成 SQL 语句发送给服务器，后台的 SQL Server 执行该语句后，将满足查询条件的记录集返回到客户端，如图 6.2 所示。

数据库系统采用客户端/服务器模式的优点如下：

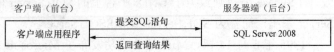

图 6.2　SQL Server 2008 客户机/服务器结构示意图

（1）数据集中存储在服务器上，而不是分开存储在各客户端上，使所有用户都可以访问到相同的数据。

（2）业务逻辑和安全规则只需在服务器上定义一次，即可被所有的客户使用。

（3）关系数据库服务器仅返回应用程序所需要的数据，可以减少网络流量。

（4）节省硬件开销，因为数据都存储到服务器上，不需要在客户端存储数据，所以客户端不需要具备存储和处理大量数据的能力，同样，服务器不需要具备数据表示的功能。

（5）数据集中存储在服务器上，可以很方便地进行备份和恢复。

6.2　安装 SQL Server 2008

SQL Server 2008 提供了多个不同版本，既有 32 位版本，也有 64 位版本，既有正式使用的服务器版本，也有满足特殊需要的专业版本。其中，服务器版本包括企业版（Enterprise）和标准版（Standard），专业版本主要包括工作组版（Workgroup）、网络版（Web）、开发者版（Developer）、免费精简版（Express）等。同时，SQL Server 2008 支持 Windows XP SP3、Windows Vista SP1、Windows Server 2003 SP2、Windows Server 2008 等操作系统。

6.2.1 安装准备

1. 硬件环境

（1）CPU。对于运行 SQL Server 的 CPU，建议的最低要求是：32 位版本对应 1GHz 的处理器，64 位版本对应 1.6 GHz 的处理器，或兼容的处理器，或具有类似处理能力的处理器，但推荐使用 2GHz 的处理器。

（2）内存。SQL Server 需要的 RAM 至少为 512 MB，如果要运行企业版，特别是如果想要使用更高级的特性，则至少（最低限度）需要有 1GB 的内存。微软推荐 1GB 或者更大的内存，如果真正开始使用 SQL Server，实际上的内存大小至少应为推荐大小的两倍。

（3）硬盘空间。系统组件要求的磁盘空间如下：

1）数据库引擎和数据文件、复制和全文搜索：280MB。

2）SQL Server Analysis Services：90MB。

3）SQL Server Reporting Services：120MB。

4）SQL Server Integration Services：120MB。

5）客户端组件：850MB。

6）SQL Server 联机丛书：240MB。

2. 软件环境

SQL Server 2008 可以运行在 Windows Vista Home Basic 及更高版本上，也可以在 Windows XP 上运行。从服务器端来看，它可以运行在 Windows Server 2003 SP2 及 Windows Server 2008 上，它也可以运行在 Windows XP Professional 的 64 位操作系统上及 Windows Server 2003 和 Windows Server 2008 的 64 位版本上。因此，可以运行 SQL Server 的操作系统是很多的。

SQL Server 2008 的某些功能要求在 Windows 2000 Server 以上的版本下才能运行（如 Advanced 版本）。

6.2.2 安装过程

如果当前系统未安装 Microsoft .NET Framework 3.5 SP1，则会出现该版本的安装提示，如图 6.3 所示。.NET Framework 是微软创建的一种框架，允许不同编程语言（如 VB.NET、C#及其他）编写的程序拥有一个公共编译环境。SQL Server 2008 在其自身内部的一些工作中要使用 .NET，当然，开发人员也可以用任何微软的 .NET 语言编写 .NET 代码，放入 SQL Server 中。

（1）.NET Framework 安装完成后，会出现"SQL Server 安装中心"，如图 6.4 所示。该页面包括计划、设定安装方式（包括全新安装，从以前版本的 SQL Server 升级等），以及维护、工具、资源、高级

图 6.3　安装 Microsoft .NET Framework 3.5 SP1

等涉及 SQL Server 安装的其他选项。

从"安装"选项列表中选择第一个项目，即"全新 SQL Server 独立安装或向现有安装添加功能"，开始安装 SQL Server 2008。

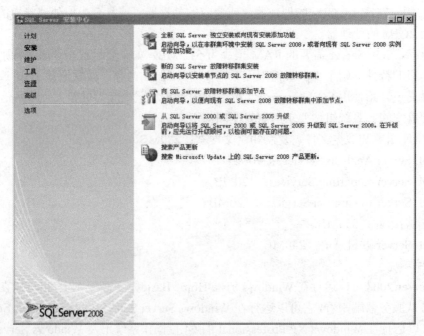

图 6.4   使用"SQL Server 安装中心"开始安装

（2）确定安装方式后，安装程序会进行系统检查，查看当前系统是否符合安装要求，检查过程如图 6.5 所示。如果某项规则没有通过检测，需要安装人员进行相关处理，直到全部通过。

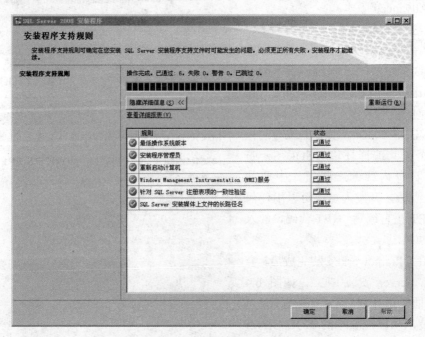

图 6.5   使用"SQL Server 安装程序"开始安装

（3）选择安装版本和输入密钥。在该界面选择安装数据库的版本，或通过输入密钥安装，如图 6.6 所示。默认可用版本为 Enterprise Evaluation，该版本允许免费使用 180 天。本书采用输入产品密钥进行安装，版本为 Enterprise Edition。

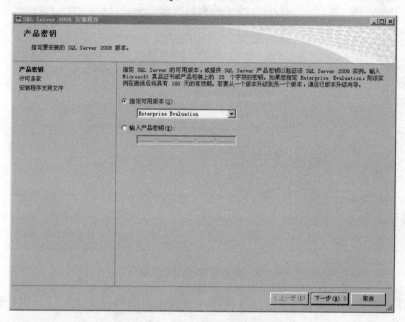

图 6.6　选择 SQL Server 2008 版本

（4）接受许可条款，并检测安装环境是否符合要求。在图 6.6 中单击"下一步"按钮进入许可条款界面，如图 6.7 所示。单击"下一步"按钮，进入如图 6.8 所示安装程序支持规则检查界面，要求所有规则全部通过。

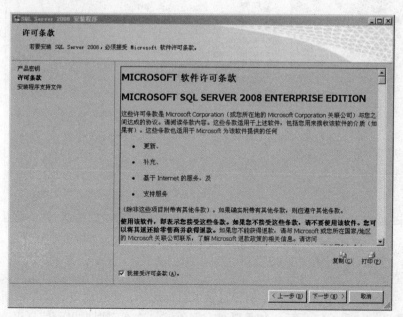

图 6.7　接受许可条款

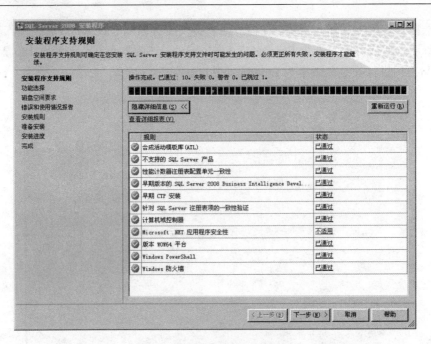

图 6.8   检查安装程序支持规则

（5）选择需要安装的功能，如图 6.9 所示。读者可根据自己的实际情况进行选择。

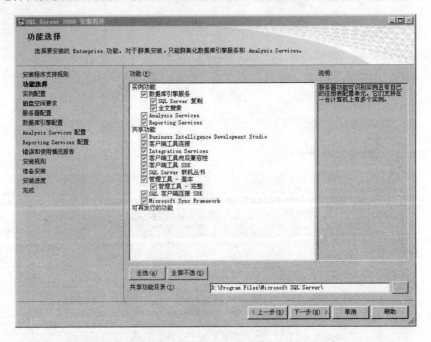

图 6.9   安装功能选择

（6）配置数据库实例，如图 6.10 所示。在该页面中配置数据库实例 ID 及安装目录，默认的实例 ID 为 MSSQLSERVER，实例根目录可自行选择，单击"下一步"按钮，可查看此时磁盘空间信息，如图 6.11 所示。如果磁盘空间不够，读者应根据提示信息更改安装目录。

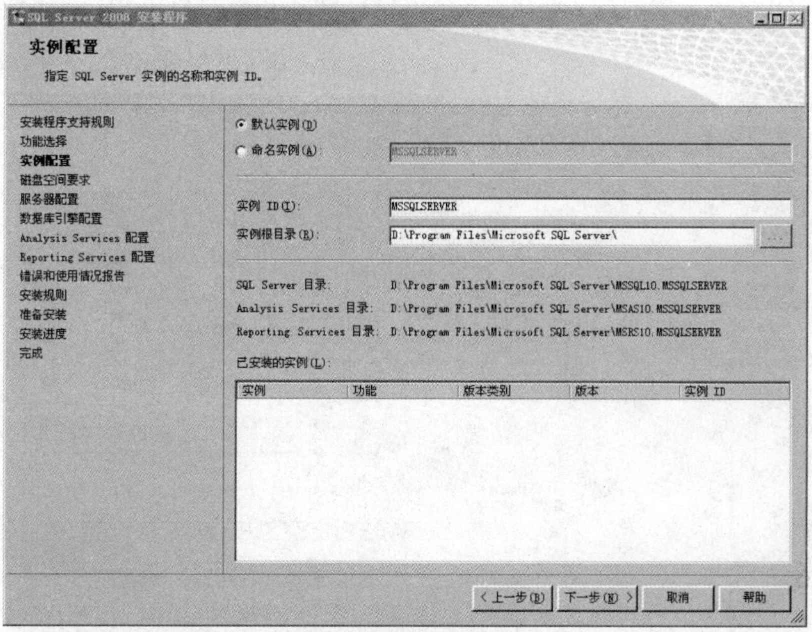

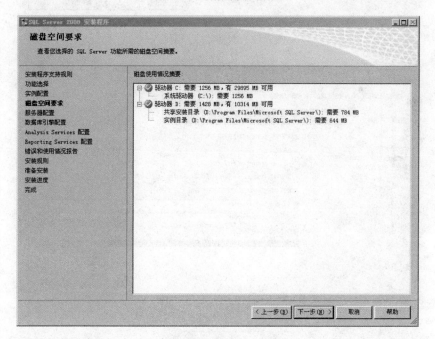

图 6.10　数据库实例配置

图 6.11　磁盘空间要求

（7）服务器配置，如图 6.12 所示。在该界面中对 SQL Server 的服务账户进行设置，建议使用相同的账户。

（8）数据库引擎配置，如图 6.13 所示。该界面包含账户设置、数据目录和 FILESTREAM三个选项卡，最主要的是设置身份验证模式。SQL Server 包括两种身份验证模式，即 Windows身份验证模式和混合模式（SQL Server 身份验证和 Windows 身份验证），建议选择混合模式。

此时须指定 SQL Server 管理员（通常为当前用户），并为内置的 SQL Server 系统管理员账户设置密码。

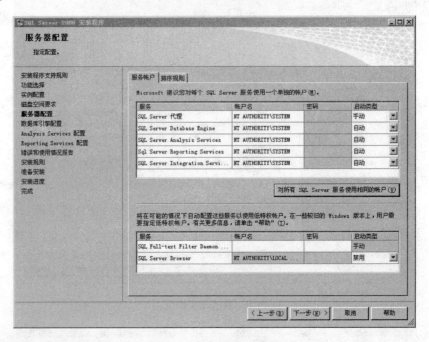

图 6.12　服务器账户配置

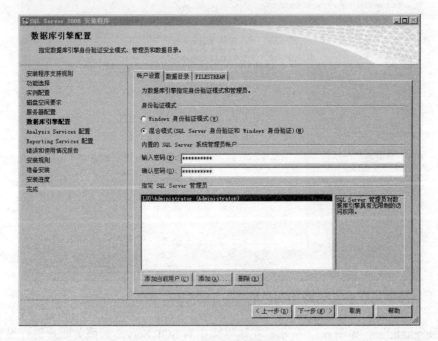

图 6.13　数据库引擎配置

（9）Analysis Services 及 Reporting Services 配置，分析服务及报表服务如无特殊要求采用默认设置即可，不再详述。接下来是安装规则检测，如图 6.14 所示。此时安装程序将检查程序能否继续安装，如有检查失败的条目，安装将不能继续进行。

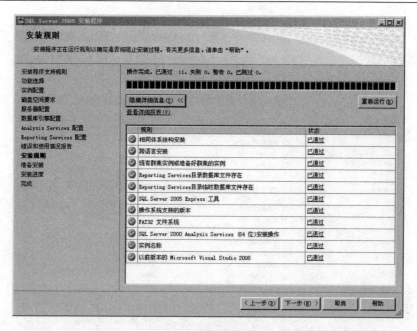

图 6.14　安装规则检测

　　（10）准备安装和完成安装。如果上一步的所有安装规则均通过，单击"下一步"按钮进入准备安装界面，如图 6.15（a）所示，该界面列出了所选功能列表，安装人员可以查看具体待安装的功能，单击"安装"按钮。在如图 6.15（b）所示的安装进度表中可以查看各项功能是否安装成功，直到安装结束，进入如图 6.15（c）所示界面，该界面表示 SQL Server 2008 已成功安装，并给出了摘要日志文件所在位置。

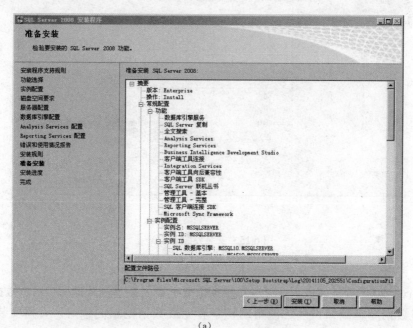

（a）

图 6.15　安装界面（一）

（a）准备安装

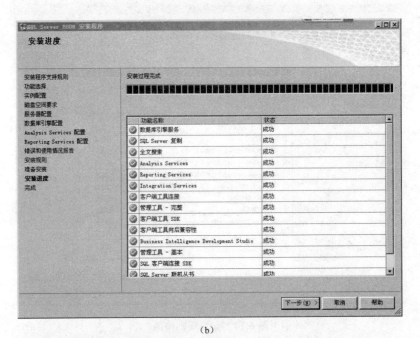

(b)

(c)

图 6.15　安装界面（二）

（b）安装进度；（c）安装完成

SQL Server 2008 安装完成后，读者可根据需要手动安装示例数据库。示例数据库除帮助初学者学习数据库基础知识外还能帮助初学者完成数据挖掘的学习，具体安装过程不再详述。

6.3　使用 SQL Server Management Studio

　　SQL Server Management Studio（SSMS）是 SQL Server 2008 最主要的管理和开发工具，习惯上沿袭之前的叫法称之为企业管理器。它将早期 SQL Server 版本中的企业管理器、查询分析器及 Analysis Manager 等功能整合到同一个环境中，开发人员利用 SSMS 可以完成数据库管理工作、各种数据对象的创建及数据的增加、修改、删除等操作。

6.3.1　企业管理器的启动方法

　　SQL Server 2008 安装结束后，依次单击"开始"→"Microsoft SQL Server 2008"→"SQL Server Management Studio"即可启动企业管理器，启动界面如图 6.16 所示。

图 6.16　启动企业管理器

　　在此界面中选择服务器类型、服务器名称、身份验证模式等，如果选择的是 SQL Server 身份验证模式，还需要输入登录名及密码。配置结束后，单击"连接"按钮即可进入企业管理器。

6.3.2　企业管理器的主要界面

　　企业管理器将一组多样化的图形工具与多种功能齐全的脚本编辑器组合在一起，用来访问、配置、管理和开发数据库，主要界面如图 6.17 所示。企业管理器主要界面包含以下内容。

　　（1）菜单栏及工具栏，这里列出了所有可操作菜单和常用工具。

　　（2）对象资源管理器，可以完成服务器的连接、断开、启动、停止等操作，也可以进行数据库及各种数据对象的浏览及安全性、管理、SQL Server 代理等设置工作。

　　（3）SQL 编辑器，可以编辑已存在的函数、存储过程和触发器等，也可以对 SQL 脚本进行分析、注释、执行等操作。

　　（4）查询编辑器，以标签页的形式显示多个查询窗口，用来处理编辑 SQL 脚本及数据库记录等。

　　（5）查询结果列表，以网格或文本的形式显示 SQL 脚本执行结果及运行脚本时由服务器返回的错误、警告和消息等。

　　（6）属性窗口，用来查看对应查询编辑器窗口的各种属性。

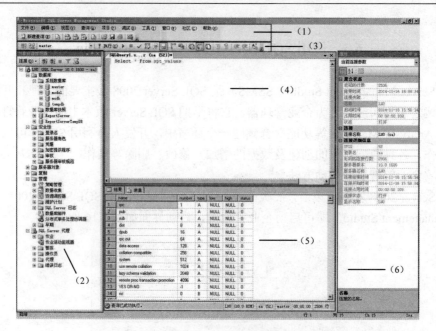

图 6.17　企业管理器主要界面

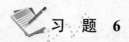 习　题　6

1. 安装 SQL Server 2008 服务器。
2. 了解 SQL Server 2008 的管理和开发工具。
3. 了解 SQL Server 2008 企业管理器的主要界面。

第 7 章 SQL Server 2008 数据库管理

7.1 SQL Server 2008 数据库结构

数据库是数据库管理系统的基础和核心，是存放数据库对象的容器，数据库文件是数据库的存在形式。SQL Server 2008 数据库的结构包括逻辑结构和物理结构。逻辑结构是指数据库由哪些信息组成，物理结构是指如何存储数据库文件。

7.1.1 SQL Server 2008 数据库对象

数据库逻辑结构是指数据库中的数据在逻辑上被组织成一系列对象，包含以下一些常用的对象：表、视图、存储过程、触发器、用户自定义数据类型、用户自定义函数、索引、约束、规则、默认值等。

1. 表（Table）

数据库中的表与我们日常生活中使用的表格类似，由行（Row）和列（Column）组成。列由同类信息组成，又称为字段，每列的标题称为字段名；行包括了若干列信息项，一行数据称为一个或一条记录。一个数据库表由一条或多条记录组成，没有记录的表称为空表。每个表中通常都有一个主关键字，用于唯一确定一条记录。

2. 索引（Index）

索引是创建在数据表中的字段上的，相当于图书的目录。索引的主要用途是提供一种无须扫描整张表就能实现对数据快速访问的途径，使用索引可以优化查询，尤其对大数据量的数据库尤为明显。

3. 约束（Constraint）

约束是数据库中实施数据一致性和完整性的方法，即对表中各列的取值范围进行限制，以确保表中数据的合理有效。

4. 默认值（Default）

默认值的功能是在向表中插入新的数据时，为没有指定数据的列提供一个默认值。

5. 视图（View）

视图是从一个或几个基本表中导出的"虚表"，在数据库中只存在视图的定义，而没有存储对应的数据。视图是由查询数据库表产生的，它限制了用户能看到和修改的数据，可以用来控制用户对数据的访问，并简化数据的显示。

6. 存储过程（Stored Procedures）

存储过程是一组经过编译的可以重复使用的 T-SQL 语句组合。存储过程在服务器端执行，用户可以调用存储过程，并接收存储过程的返回结果。

7. 触发器（Trigger）

触发器是一种特殊的存储过程，与表相关联。当用户对特定的表进行某些操作后，如删除某些行或删除某些列时，触发器将自动执行。

8．数据库关系图（Database Diagram）

数据库框关系图是用户用来组织和管理数据库的一种图形化方式，允许以可视化的方式创建、编辑、删除数据库对象。

7.1.2　SQL Server 2008 数据库文件

数据库的物理结构是指数据库以文件的形式进行存储。在 SQL Server 2008 中，一个数据库实例可以最多支持 32767 个数据库，一个数据库至少包含以下两个文件。

（1）数据文件。数据文件用于存放数据，包含数据库对象和数据，数据文件的扩展名为.mdf。

（2）事务日志文件。事务日志文件用来记录所有数据库的变动和更新，以便遇到硬件损坏等各种意外时能有效地将数据恢复到发生意外的时间点上，从而保证数据的一致性和完整性。每个数据库必须有一个或多个日志文件，扩展名为.ldf。

一般情况下，一个数据库可以只有一个主数据文件和一个日志文件。如果数据库很大，则可以设置多个次数据文件和日志文件，并将它们放在不同的磁盘上。

数据库文件的默认存储路径为"安装路径\MSSQL10.MSSQLSERVER\MSSQL\DATA"，数据文件名为"数据库名.mdf"，日志文件名为"数据库名_Log.ldf"。在创建数据库时也可以指定其他的路径和文件名，添加次数据文件和更多的日志文件。

根据存储的数据类型和选择的存储选项，数据以一个或多个文件的形式保存在操作系统中。为了提供抽象概念而不必和操作系统上的物理文件直接接触，SQL Server 引入了文件组（Filegroup）的概念，通过文件组可以使磁盘存储的架构设计独立于数据库的数据存储设计。存储结构的独立使得数据库管理员（DBA）可以创建包含多个文件的文件组，将数据分散到一组文件从而提高性能。在 SQL Server 实例中，可以创建三种类型的文件组，即 Data（数据）、Full-text（全文）和 FILESTREAM（文件流）。

7.1.3　SQL Server 2008 系统数据库

SQL Server 2008 系统提供了两种类型的数据库，即系统数据库和用户数据库。系统数据库存放系统级信息，如系统配置、数据库属性、登录账户、数据库文件、数据库备份、警报、作业等信息，是整个数据库服务器管理和控制的核心。用户数据库是由用户创建的、用来存放用户数据和对象的数据库。

SQL Server 2008 安装成功后，系统会自动创建 master、model、msdb、tempdb 和 Resource 等系统数据库；用户示例数据库主要包括 AdventureWorks、AdventureWorksLT、AdventureWorksDW 等，需要手动安装。

（1）master 数据库是最重要的数据库，记录了 SQL Server 系统的所有系统信息。这些系统信息包括服务器配置信息、登录信息、数据库文件信息、SQL Server 的初始化信息及其他系统数据库及用户数据库的相关信息。

（2）model 数据库是所有用户数据库和 tempdb 数据库的模板数据库，存储了作为模板的数据库对象和数据。当创建用户数据库时，系统自动将该数据库中的所有信息复制到新数据库中，从而简化数据库的初始创建和管理工作。

（3）msdb 数据库与 SQLServerAgent 服务有关，用来保存报警、备份、任务调度和记录操作员的操作等信息。

（4）tempdb 数据库是一个临时数据库，提供临时工作空间，存储查询过程中使用的中间数据或结果。每次启动 SQL Server 时，该数据库被重新建立。当用户与 SQL Server 断开连接时，其临时表和存储过程被自动删除。

（5）Resource 是一个特殊的被隐藏的只读的系统数据库，包含了所有系统对象，但是该数据库不在企业管理器中显示，也不能用于存储用户对象和数据，其作用是便于系统的升级处理。

另外，当系统配置允许执行复制并作为分发服务器时，系统将自动创建 distribution 数据库，这也是个特殊的系统数据库，用于在复制过程中存储系统对象和数据。

用户示例数据库中的 AdventureWorks 是一个 OLTP 数据库，该数据库存储了某个假设的自行车制造公司的业务数据。AdventureWorksLT 是一个轻量级 OLTP 数据库，适合初学者学习。AdventureWorksDW 是一个 OLAP 数据库，用于在线事务分析。

7.1.4　T-SQL 语言简介

结构化查询语言 SQL（Structured Query Language）是一种数据库查询和程序设计语言，用于存取数据及查询、更新和管理关系数据库系统。

SQL 语言是高级的非过程化编程语言，允许用户在高层数据结构上工作。它不要求用户指定对数据的存放方法，也不需要用户了解具体的数据存放方式，所以具有完全不同底层结构的不同数据库系统都可以使用 SQL 语言作为数据输入与管理的接口。SQL 语句以记录集合作为操作对象，允许嵌套，具有极大的灵活性和强大的功能。

1970 年 6 月 Edgar Frank Codd 发表了关系数据库理论（Relational Database Theory）。在此基础上，1975—1979 年 IBM 公司 San Jose Research Laboratory 研制了著名的关系数据库管理系统 SYSTEM R 并实现了 SQL 语言。SQL 语言结构简洁，功能强大，简单易学，自从 1981 年 IBM 公司推出以来，SQL 语言得到了广泛的应用。如今无论是 Oracle、Sybase、Informix、Microsoft SQL Server 这些大型的数据库管理系统，还是 Visual FoxPro、PowerBuilder 这些 PC 上常用的数据库开发系统，都支持 SQL 作为查询语言。

1986 年 10 月美国国家标准局 ANSI（American National Standard Institute）批准了 SQL 作为关系数据库语言的美国标准，并公布了 SQL 标准文本（SQL-86），次年，国际标准化组织 ISO（International Organization for Standardization）也通过了该标准。此后 ANSI 不断修改和完善 SQL 标准，并于 1989 年公布了 SQL-89 标准，1992 年公布了 SQL-92 标准。ANSI SQL-92 有时被称为 ANSI SQL。尽管不同的关系数据库使用的 SQL 版本有一些差异，但大多数都遵循 ANSI SQL 标准。SQL Server 使用 ANSI SQL-92 的扩展集，称为 Transact-SQL（简称 T-SQL），遵循 ANSI 制定的 SQL-92 标准。

T-SQL 语言主要包含三个部分，如表 7.1 所示。

（1）数据定义语言（DDL）：用于创建、修改、删除数据库及其各种数据对象。

（2）数据操纵语言（DML）：用于检索、添加、修改、删除数据库中的数据。

（3）数据控制语言（DCL）：用于设置或更改数据库用户或角色权限。

表 7.1　　　　　　　　　　　　　　T-SQL 的语句

T-SQL 功能	语句
数据定义	CREATE，ALTER，DROP
数据操纵	SELECT，INSERT，UPDATE，DELETE
数据控制	GRANT，REVOKE，DENY

7.2 创 建 数 据 库

创建数据库通常采用两种方式：使用企业管理器和使用 T-SQL 语句。

7.2.1 使用企业管理器创建数据库

在企业管理器中创建数据库可以按以下步骤进行。

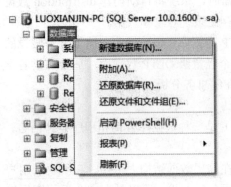

图 7.1 新建数据库

（1）启动企业管理器，在树形节点"数据库"上单击右键，在快捷菜单中选择"新建数据库"，如图 7.1 所示。

（2）"新建数据库"对话框中包含"常规"、"选项"和"文件组"三个选项页。本书只针对"常规"选项页中涉及的内容进行配置。在"数据库名称"文本框中输入数据库的名称：CJGL。注意，数据库的名称不能与其他已有的数据库名称相同，如图 7.2 所示。

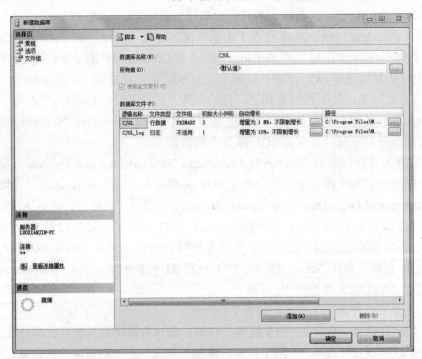

图 7.2 输入数据库名称

（3）系统会自动设置 CJGL 数据库文件的逻辑名称，其中数据文件名为"CJGL"，日志文件名为"CJGL_Log"，读者可以根据需要自行修改。类似地，可以设置这两个文件的初始大小，单位为 MB。单击"启用自动增长"按钮，设置文件的增长方式，如图 7.3 所示。在弹出对话框中设置以下内容：

1）启用自动增长：数据库物理文件的大小是否随数据的增加而增长。

2）文件增长：文件增长的方式可选择"按百分比"或"按 MB"。

3）最大文件大小：文件大小是否有限制。限制方式可选择"限制文件增长（MB）"或"不限制文件增长"。

（4）单击"路径"中的按钮，设置数据库文件的物理存储位置，如图 7.4 所示。

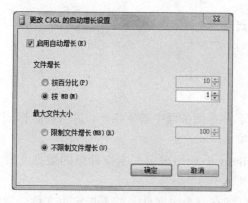

图 7.3　设置数据库文件的增长方式

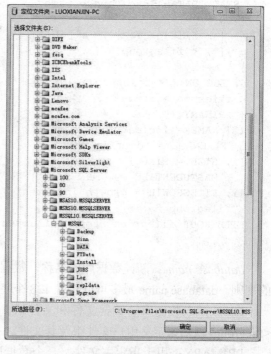

图 7.4　设置数据库文件的存储位置

通过以上步骤即可创建 CJGL 数据库，并以文件的方式存放在指定路径中，分别是 CJGL.mdf 和 CJGL_Log.ldf。

7.2.2　使用 T-SQL 语句创建数据库

数据库创建成功后，可通过企业管理器自动生成数据库创建过程中对应的 T-SQL 语句，具体步骤如图 7.5 所示。

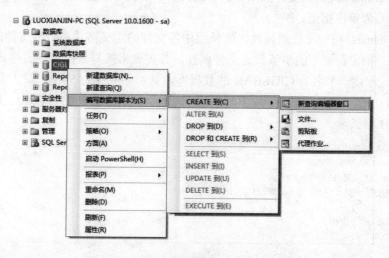

图 7.5　使用企业管理器生成 T-SQL 语句

使用 Create Database 语句进行全新的数据库创建，可单击常用工具栏中的"新建查询"，在查询窗口中编辑 T-SQL 语句并执行，语法格式如下：

```
CREATE DATABASE database_name
[ ON
   [ < filespec > [ ,…n ] ]
   [ , < filegroup > [ , …n ] ]
]
 [ LOG ON { < filespec > [ ,…n ] } ]
< filespec > ::=
[ PRIMARY ]
( [ NAME = logical_file_name , ]
  FILENAME = 'os_file_name'
[ , SIZE = size ]
[ , MASTUDENTIZE = { max_size | UNLIMITED } ]
[ , FILEGROWTH = growth_increment ] ) [ ,…n ]
< filegroup > ::=
FILEGROUP filegroup_name < filespec > [ ,…n ]
```

参数说明：

database_name：新建数据库的名称。数据库名称在服务器中必须唯一，并且符合标识符的规则。database_name 最多可以包含 128 个字符。

ON：指定数据库的数据文件和文件组。<filespec>项用来定义主文件组的数据文件，<filegroup>项用来定义用户文件组及其文件。

PRIMARY：用于指定主文件。一个数据库只能有一个主文件，若不指定主文件，则将 CREATE DATABASE 语句中列出的第一个文件作为主文件。

logical_ file_name：数据库的逻辑文件名。

os_file_name：数据库的物理文件名及其存储路径。

size：数据文件的初始大小。

max_size：数据文件大小的最大值，UNLIMITED 指定文件大小不限。

growth_increment：数据文件的增量。0 值表示不增长。该值可以以 MB、KB、GB、TB 或百分比（%）为单位指定。

filegroup_name：指定文件组属性。文件组中各文件的定义格式与数据文件的格式一致。

LOG ON：指定数据库的事务日志文件属性，其定义格式与数据文件的格式一致。

【例 7.1】 创建一个名为 CJGLBAK 的数据库，其初始大小为 5MB，最大大小为 50MB，允许数据库自动增长，增长方式是按 10%的比例增长；日志文件初始为 2MB，最大可增长到 5MB，按 1MB 增长。

```
CREATE DATABASE CJGLBAK
ON
( NAME = 'CJGLBAK_Data',
  FILENAME = 'd:\data\CJGLBAK.mdf',
  SIZE = 5MB,
  MAXSIZE = 50MB,
  FILEGROWTH = 10% )
LOG ON
( NAME = 'CJGLBAK_Log',
  FILENAME = 'd:\data\CJGLBAK_Log.ldf',
  SIZE = 2MB,
  MAXSIZE = 5MB,
  FILEGROWTH = 1MB )
```

7.3　修 改 数 据 库

数据库创建后，经常会由于各种原因修改其某些属性。这些修改包括：增加或删除数据文件、改变数据文件的大小和增长方式、增加或删除日志文件、改变日志文件的大小和增长方式、修改数据库选项。

7.3.1　使用企业管理器修改数据库

在"数据库"中选择需要进行修改的数据库，单击右键，在快捷菜单中选择"属性"，弹出"数据库属性"对话框，如图 7.6 所示。可以观察到，相对于图 7.2，该界面中多了一些其他选项，如文件、权限等，这些选项页的设置请读者参阅其他资料，不再详述。

与创建数据库的过程类似，我们可以在"文件"选项页中设置数据库文件的诸多属性，但不可修改数据库名称及其物理存储路径。

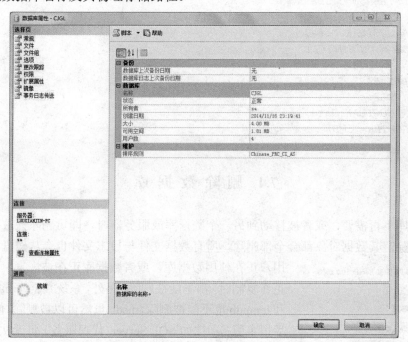

图 7.6　修改数据库

7.3.2　使用 T-SQL 语句修改数据库

使用 Alter Database 语句修改数据库，语法格式如下：

```
ALTER DATABASE database_name
{ ADD FILE < filespec > [ ,…n ] [ TO FILEGROUP filegroup_name ]
| ADD LOG FILE < filespec > [ ,…n ]
| REMOVE FILE logical_file_name
| ADD FILEGROUP filegroup_name
| REMOVE FILEGROUP filegroup_name
| MODIFY FILE < filespec >
| MODIFY NAME = new_dbname
}
```

参数说明：

ADD FILE：在文件组中增加数据文件。

ADD LOG FILE：增加日志文件。

REMOVE FILE：删除数据文件，包括逻辑文件和物理文件。

ADD FILEGROUP：增加文件组。

REMOVE FILEGROUP：删除文件组。

MODIFY FILE：更改文件属性。

MODIFY NAME：数据库更名。

修改数据库时，每次只能修改数据库的一个属性。

【例 7.2】 修改例 7.1 中的数据库 CJGLBAK 的数据文件属性，将主数据文件的最大大小改为不限制，增长方式改为按每次 5MB 增长。

```
ALTER DATABASE CJGLBAK
MODIFY FILE
(NAME = CJGLBAK_Data,
 MAXSIZE = UNLIMITED)
GO
ALTER DATABASE CJGLBAK
MODIFY FILE
(NAME = CJGLBAK_Data,
 FILEGROWTH = 5MB)
GO
```

7.4 删 除 数 据 库

当数据库不再需要，或者被移动到另一个数据库或服务器时，即可删除该数据库。一旦数据库被删除，其数据对象都会全部删除，所有数据文件与日志文件也会从磁盘上删除。当用户正在使用数据库，或者数据库正在被恢复，或者数据库正在复制时，都不能被删除。另外，系统数据库 master、model 和 tempdb 也不能被删除，msdb 虽然可以被删除，但删除 msdb 后很多服务（比如 SQL Server 代理服务）将无法使用，因为这些服务在运行时会用到 msdb。

7.4.1 使用企业管理器删除数据库

在"数据库"中选择需要删除的数据库，单击右键，在快捷菜单中选择"删除"，如图 7.7 所示。

7.4.2 使用 T-SQL 语句删除数据库

使用 Alter Database 语句删除数据库，语法格式如下：

```
DROP DATABASE database_name
```

例如，可以使用语句 DROP DATABASE CJGLBAK 删除之前建立的数据库 CJGLBAK。

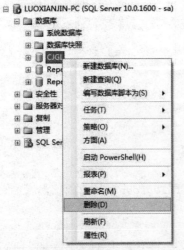

图 7.7 删除数据库

7.5   分离与附加数据库

分离和附加数据库的主要目的是移动数据库的位置，将数据库移动到其他计算机的 SQL Server 中使用，或者改变存放数据库文件和事务日志文件的磁盘目录。

7.5.1   分离数据库

在企业管理器中分离数据库可以按以下步骤进行。

（1）在"数据库"中选择需要分离的数据库，单击右键，在快捷菜单中选择"任务"，在下级菜单中选择"分离"，如图 7.8 所示。

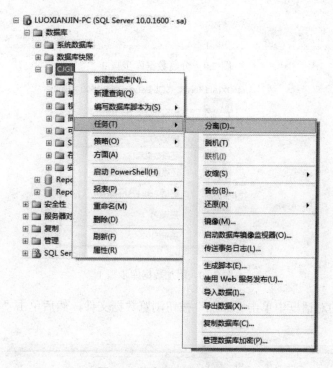

图 7.8   分离数据库步骤 1

（2）在弹出的对话框中单击"确定"按钮即可，如图 7.9 所示。

注意：如果有用户正在使用数据库，则应勾选"删除连接"选项强制断开连接方可分离。分离数据库后，SQL Server 系统数据库 master 中关于该数据库的所有信息均被删除，系统中已不存在此数据库。

7.5.2   附加数据库

数据库分离后，可将数据库的数据文件和日志文件移动到其他磁盘目录或其他 SQL Server 中，如需要重新使用，可将其附加到 SQL Server 中。

在企业管理器中附加数据库可以按以下步骤进行。

（1）启动企业管理器，在树形节点"数据库"上单击右键，在快捷菜单中选择"附加"，如图 7.10 所示。

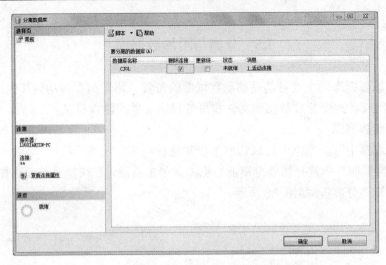

图 7.9　分离数据库步骤 2

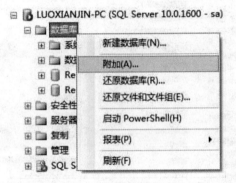

图 7.10　附加数据库步骤 1

（2）在弹出的对话框中单击"添加"按钮浏览数据文件，然后单击"确定"即可，如图 7.11 所示。

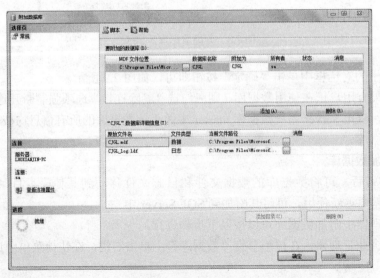

图 7.11　附加数据库步骤 2

习　题　7

1. 简述数据库各种文件的作用。

2. 简述 SQL Server 2008 系统数据库及其作用。

3. 使用企业管理器创建 ZYGL 数据库，要求数据文件的初始大小为 5MB，最大大小为 100MB，增长方式按 10%增长，日志文件的初始大小为 1MB，按 1MB 增长。

4. 使用企业管理器修改 ZYGL 数据库的主数据文件，将增长方式修改为按 10%增长。

5. 使用企业管理器附加与分离 ZYGL 数据库。

第 8 章　SQL Server 2008 数据表管理

关系数据库系统支持三级模式结构，即概念模式、外模式和内模式，其中的基本对象有表、视图和索引等。因此 SQL 的数据定义语言包括表、视图、索引等数据库对象的定义、修改与删除，如表 8.1 所示。

表 8.1　　　　　　　　　　　　　　　SQL 的数据定义语句

操作对象	操 作 方 式		
	创建	删除	修改
表	CREATE TABLE	DROP TABLE	ALTER TABLE
视图	CREATE VIEW	DROP VIEW	
索引	CREATE INDEX	DROP INDEX	

创建表的实质就是定义表的结构及数据完整性约束等属性，即确定表的名称、字段名称、字段数据类型、字段宽度及精度、是否允许为空、主键、外键、默认值及取值规则等。本章首先介绍 SQL Server 2008 的数据类型。

8.1　SQL Server 2008 基础

创建表时首先应确定字段的数据类型，不同的数据在进行存储时需要的空间不同，采用的运算方式、表示方式也不同。

8.1.1　SQL Server 2008 数据类型

在 SQL Server 中，每个变量、参数、表达式等都有数据类型。系统提供的数据类型，如表 8.2 所示。

表 8.2　　　　　　　　　　　　　　SQL Server 支持的数据类型

分　类	数　据　类　型
整数数据类型	BIGINT、INT、SMALLINT、TINYINT
浮点数据类型	REAL、FLOAT、DECIMAL、NUMERIC
二进制数据类型	BINARY、VARBINARY
逻辑数据类型	BIT
字符数据类型	CHAR、NCHAR、VARCHAR、NVARCHAR
文本和图形数据类型	TEXT、NTEXT、IMAGE
日期和时间数据类型	DATETIME、SMALLDATETIME
货币数据类型	MONEY、SMALLMONEY
特定数据类型	TIMESTAMP、UNIQUEIDENTIFIER
其他数据类型	CURSOR、SQL_VARIANT、TABLE

1．整数数据类型

整数如 15、0、–3，整数数据类型是指每种子类型所占的字节数不同，表述的范围不同，最高位为符号位。

（1）BIGINT（长整数型）：长度为 8 字节，范围是 $-2^{63} \sim 2^{63}-1$。

（2）INT（整数型）：长度为 4 字节，范围是 $-2^{31} \sim 2^{31}-1$。

（3）SMALLINT（短整数型）：长度为 2 字节，范围是 $-2^{15} \sim 2^{15}-1$。

（4）TINYINT（微整数型）：长度为 1 字节，范围是 0~255。

2．浮点数据类型

浮点数据用于存储十进制小数。浮点数值的数据在 SQL Server 中采用"只入不舍"的方式进行存储。

（1）REAL：长度为 4 字节，范围是–3.40E+38~3.40E+38，7 位有效数字。

（2）FLOAT[(n)]：范围是–1.79E+308~1.79E+308，n 用于存储科学记数法中尾数的位数，取值范围是 1~53。当 n 的取值为 1~24 时，数据长度为 4 字节，7 位有效数字；当 n 的取值为 25~53 时，数据长度为 8 字节，15 位有效数字。

（3）DECIMAL[(p[, s])]和 NUMERIC[(p[, s])]：带定点精度和小数位数的数据类型。其中，p（精度）指定小数点左边和右边可以存储的十进制数字的最大个数，必须是从 1 到最大精度（38）之间的值；s（小数位数）指定小数点右边可以存储的十进制数字的最大个数，必须是从 0~p 之间的值。默认小数位数是 0，最大存储大小基于精度而变化。

3．二进制数据类型

二进制数据类型表示的是位数据流。

（1）BINARY[(n)]：n 表示数据的长度，取值为 1 到 8000，存储空间为 n+4 字节。在输入数据时必须在数据前加上字符"0X"作为标识。

（2）VARBINARY[(n)]：与 BINARY 类型相似，不同的是 VARBINARY 类型具有变动长度的特性，存储空间大小比实际输入数据长度多 4 字节。

4．逻辑数据类型（BIT）

BIT 相当于其他语言的逻辑型数据，取值范围 1、0 或 NULL。BIT 类型占用 1 字节的存储空间，如果输入 0 或 1 以外的值，将被视为 1。

5．字符数据类型

字符型是最常用的数据类型，用来存储字符串，包括字母、数字符号、汉字及特殊符号。字符型数据以单引号或双引号为界定符。

（1）CHAR[(n)]：每个字符和符号占一个字节的存储空间。n 表示所有字符所占的存储空间，取值为 1 到 8000。若不指定 n 值，默认其值为 1。若输入数据的字符数小于 n，则系统自动以空格填充；若输入的数据过长，则自动截断超出字符。

（2）VARCHAR[(n)]：与 CHAR 类型相似，不同的是 VARCHAR 类型具有变动长度的特性，存储长度为实际数据长度。若输入数据的字符数小于 n，系统不会以空格填充。

（3）NCHAR[(n)]：包含 n 个字符的固定长度 Unicode 字符数据，取值为 1~4000。Unicode 是"统一字符编码标准"，规定每个字符占用两字节的存储空间，用于存储和处理各种非英语语种的字符数据，因此存储空间为 2n 字节。

（4）NVARCHAR[(n)]：与 VARCHAR 类型相似，不同的是 NVARCHAR 类型具有变动长

度的特性，存储长度为实际数据长度的两倍。

6. 文本和图形数据类型

该类型用于存储大量的字符或二进制数据。

（1）TEXT：用于存储大量文本数据，最大长度为 $2^{31}-1$ 字节（约 2GB），实际应用时需要视硬盘的存储空间而定。

（2）NTEXT：与 TEXT 类型相似，不同的是 NTEXT 类型采用 Unicode 标准字符集，最大长度为 $2^{30}-1$ 字节。

（3）IMAGE：用于存储大量的二进制数据，最大长度为 $2^{31}-1$ 字节，通常用来存储图形、文档、表格等 OLE 对象。

7. 日期和时间数据类型

此类型用于存储日期和时间数据。

（1）DATETIME：范围从 1753 年 1 月 1 日到 9999 年 12 月 31 日，精确到百分之三秒（等于 3.33 毫秒或 0.00333 秒），长度为 8 字节。

（2）SMALLDATETIME：范围从 1900 年 1 月 1 日到 2079 年 6 月 6 日，精确到分钟，长度为 4 字节。

8. 货币数据类型

货币数据类型用于货币数据处理，精确到货币单位的万分之一。

（1）MONEY：数据范围 $-2^{63}\sim2^{63}-1$，长度为 8 字节。

（2）SMALLMONEY：数据范围 $-2^{31}\sim2^{31}-1$，长度为 4 字节。

9. 特定数据类型

（1）TIMESTAMP：时间戳数据类型，当向表中插入或修改行数据时，它可以反映数据库中数据修改的相对顺序。

（2）UNIQUEIDENTIFIER：用于产生一个全局唯一标识符 GUID（Globally Unique Identification Numbers），长度为 16 字节。

10. 其他数据类型

（1）CURSOR：游标数据类型，用于创建游标变量。

（2）SQL_VARIANT：存储 SQL Server 支持的各种数据类型（TEXT、NTEXT、IMAGE、TIMESTAMP 和 SQL_VARIANT 除外）值的数据类型。

（3）TABLE：用于存储一组行的结果集以供后续处理。

8.1.2　SQL Server 2008 常量与运算符

1. 常量

常量，也称为字面值或标量值，是表示一个特定数据值的符号。常量的格式取决于它的数据类型，并加上定界符。

（1）字符串常量：以单引号为界定符，包含字母数字字符、汉字及特殊字符。空字符串用中间没有任何字符的两个单引号表示，如果单引号中的字符串包含一个嵌入的引号，可以使用两个单引号表示嵌入的单引号，例如'China'、'I '' m fine.'、''。

（2）Unicode 字符串：以 N 作为前缀标识，N 必须为大写字母，例如 N'China'、N'I '' m fine.'、N''。

（3）二进制常量：以 0X 为前缀，且每位均为十六进制，例如 0X123。

（4）BIT 常量：以数字 0 或 1 表示。

（5）DATETIME 常量：以单引号为界定符。

1）数字格式：使用连字符（-）或斜杠（/）作为年月日分隔符，例如'2009-10-1'、'2009/10/1'。

2）字母格式：使用英文字母表示月份，例如'Oct 1 2009'。

3）无分隔符格式：使用 8 位数字表示日期，例如'20091001'。

4）时间部分中的时分秒以冒号（:）分隔，例如'2009-10-1 10：00：00'。

（6）INT 常量：十进制整数形式，不包含小数点，例如 123、0、−100。

（7）DECIMAL 常量：十进制小数形式，包含小数点，例如 3.1415926。

（8）FLOAT 和 REAL 常量：科学记数法形式，例如 314.15E-2。

（9）MONEY 常量：以$为前缀，例如$123。

（10）UNIQUEIDENTIFIER 常量：以字符串或二进制常量形式表示，例如'6F9619FF-8B86-D011-B42D-00C04FC964FF'或 0xff19966f868b11d0b42d00c04fc964ff。

2. 运算符

（1）算术运算符

1）+（加）：返回两个数之和，也用于将一个以天为单位的数字加到日期中。

2）−（减）：返回两个数之差，也用于从日期中减去一个以天数为单位的数值。

3）*（乘）：返回两个数之积。

4）/（除）：返回两个数之商。

5）%（模）：返回两个整型数据相除后的余数。

（2）按位运算符

1）&：两个整数数据之间执行按位逻辑与运算。

2）|：两个整数数据之间执行按位逻辑或运算。

3）^：两个整数数据之间执行按位逻辑异或运算。

（3）比较运算符

比较运算符用于测试除 TEXT、NTEXT 及 IMAGE 类型以外的两个表达式是否相同。返回值为布尔型数据 TRUE 或 FALSE，如表 8.3 所示。

表 8.3　　　　　　　　　　　　　　　比 较 运 算 符

运算符	=	>	<	>=	<=	<>	!=	!<	!>
含义	等于	大于	小于	大于等于	小于等于	不等于		不小于	不大于

（4）逻辑运算符

逻辑运算符用于对某个条件进行测试，返回值为 TRUE 或 FALSE，如表 8.4 所示。

表 8.4　　　　　　　　　　　　　　　逻 辑 运 算 符

运　算　符	含　　义
ALL	如果一系列的比较都为 TRUE，则为 TRUE
AND	如果两个布尔表达式都为 TRUE，则为 TRUE
ANY	如果一系列的比较中任何一个为 TRUE，则为 TRUE
BETWEEN	如果操作数在某个范围之内，则为 TRUE

续表

运　算　符	含　　义
EXISTS	如果子查询包含一些行，则为 TRUE
IN	如果操作数等于表达式列表中的一个，则为 TRUE
LIKE	如果操作数与一种模式相匹配，则为 TRUE
NOT	对任何其他布尔运算符的值取反
OR	如果两个布尔表达式中的一个为 TRUE，则为 TRUE
SOME	如果在一系列比较中，有些为 TRUE，则为 TRUE

（5）字符串串联运算符

字符串串联运算符通过加号（+）进行字符串串联，连接若干字符串。

（6）一元运算符

一元运算符只对一个表达式执行操作。包括+（正），－（负），～（按位取反）。

（7）运算符优先级

当一个复杂的表达式有多个运算符时，运算符优先级决定执行运算的先后次序，优先级从高到低依次如下：

① （）括弧

②+（正）、－（负）、～（按位取反）

③*（乘）、/（除）、%（模）

④+（加）、（+ 串联）、－（减）

⑤=, >, <, >=, <=, <>, !=, !>, !<

⑥^（位异或）、&（位与）、|（位或）

⑦NOT

⑧AND

⑨ALL、ANY、BETWEEN、IN、LIKE、OR、SOME

⑩=（赋值）

当优先级相同时，对其从左到右进行运算。

8.1.3　SQL Server 2008 函数

T-SQL 语言提供三种函数：

（1）行集函数。行集函数可以像 SQL 语句中表引用一样使用。请读者查阅 SQL Server 联机丛书。

（2）聚合函数。该函数用于对一组值操作，返回单一的汇总值。有关聚集函数将在第 9 章 2.3 节介绍。

（3）标量函数。标量函数用于对单一值操作，返回单一值。标量函数分类见表 8.5。

表 8.5　　　　　　　　　　　　　标　量　函　数　分　类

函　数　分　类	解　　释
数学函数	对作为函数参数提供的数据执行计算，返回一个数字值
字符串函数	对字符串数据进行操作，返回一个字符串或数字值

续表

函　数　分　类	解　　释
日期和时间函数	对日期和时间数据执行操作，返回一个字符串、数字或日期和时间值
文本和图像函数	对文本或图像数据执行操作，返回有关这些值的信息
配置函数	返回当前配置信息
系统函数	执行操作并返回有关 SQL Server 中的值、对象和设置的信息
系统统计函数	返回系统的统计信息
安全函数	返回有关用户和角色的信息
游标函数	返回游标信息
元数据函数	返回有关数据库和数据库对象的信息

1. 数学函数

常用的数学函数如表 8.6 所示。

表 8.6　　　　　　　　　　　　　　常用数学函数

函　　数	说　　明
ABS（*numeric_expression*）	返回给定数字表达式的绝对值
CEILING（*numeric_expression*）	返回大于或等于所给数字表达式的最小整数
COS（*float_expression*）	返回给定表达式中给定角度（以弧度为单位）的三角余弦值
EXP（*float_expression*）	返回给定表达式的指数值
FLOOR（*numeric_expression*）	返回小于或等于所给数字表达式的最大整数
LOG（*float_expression*）	返回给定表达式的自然对数
LOG10（*float_expression*）	返回给定表达式的以 10 为底的对数
PI（　）	返回 PI 的常量值
POWER（*numeric_expression*，*y*）	返回给定表达式指定次方的值
RAND（[*seed*]）	返回 0～1 之间的随机数，seed 为随机种子
ROUND（*numeric_expression*，*length*）	返回数字表达式并四舍五入为指定的长度或精度
SIGN（*numeric_expression*）	返回给定表达式的正（+1）、零（0）或负（−1）号
SIN（*float_expression*）	返回给定表达式中给定角度（以弧度为单位）的三角正弦值
SQUARE（*float_expression*）	返回给定表达式的平方
SQRT（*float_expression*）	返回给定表达式的平方根

2. 字符串函数

常用的字符串函数如表 8.7 所示。

表 8.7　　　　　　　　　　　　　　常用字符串函数

函　　数	说　　明
ASCII（*character_expression*）	返回字符串表达式最左端字符的 ASCII 码值
CHAR（*integer_expression*）	返回 0～225 的整数对应的字符，否则返回 NULL

续表

函　　数	说　　明
LEFT（*character_expression*，*n*）	返回从字符串左边开始的 *n* 个字符，*n* 为负数时返回空串
LEN（*string_expression*）	返回给定字符串表达式的字符个数，不包含尾随空格
LOWER（*character_expression*）	返回将大写字符数据转换为小写字符数据后的字符表达式
LTRIM（*character_expression*）	返回删除起始空格后的字符表达式
REPLICATE（*character_expression*，*n*）	返回重复 *n* 次后的字符表达式
REVERSE（*character_expression*）	返回字符表达式的反转
RIGHT（*character_expression*，*n*）	返回从字符串右边开始的 *n* 个字符，*n* 必须为正整数
RTRIM（*character_expression*）	返回截断所有尾随空格后的字符表达式
SPACE（*integer_expression*）	返回由重复的空格组成的字符串
STR（*float_expression*[，*p*[，*s*]]）	返回由数字数据转换来的字符数据
SUBSTRING（*expression*，*start*，*length*）	返回给定字符串中从 start 开始，长度为 length 的子串
UPPER（*character_expression*）	返回将小写字符数据转换为大写字符数据后的字符表达式

3. 日期和时间函数

常用的日期和时间函数如表 8.8 所示。

表 8.8　　　　　　　　　　　　**常用日期和时间函数**

函　　数	说　　明
DATEPART（*datepart*，*date*）	返回代表指定日期的指定日期部分的整数
GETDATE（ ）	返回当前系统日期和时间
YEAR（*date*）	返回指定日期的年
MONTH（*date*）	返回指定日期的月
DAY（*date*）	返回指定日期的日

其中，datepart 参数指定应返回的日期部分的参数，可以是 year（yy 或 yyyy），quarter（qq 或 q），month（mm 或 m），dayofyear（dy 或 y），day（dd 或 d），week（wk 或 ww），weekday（wd），hour（hh），minute（mi 或 n），second（ss 或 s），millisecond（ms）。DAY、MONTH 和 YEAR 函数分别等效于 DATEPART（dd，date）、DATEPART（mm，date）和 DATEPART（yy，date），可以替换使用。

8.2　数　据　表　的　创　建

CJGL 数据库中包含三个表 STUDENT、COURSE 和 SC，表结构分别如表 8.9、表 8.10、表 8.11 所示。其中 STUDENT 表存储学生基本信息，COURSE 表存储课程基本信息，SC 表存储学生选课及成绩信息。

表 8.9　　　　　　　　　　　　　　　　　STUDENT 表结构

字段名	字段类型	字段宽度/字节	是否允许空值	字　段　说　明
SNO	CHAR	8	×	学号，主键
SNAME	VARCHAR	20	×	姓名
SDEPT	CHAR	4	√	系别
SSEX	CHAR	2	×	性别，默认'男'
SAGE	INT	4	×	年龄
SHEIGHT	NUMERIC	5	√	身高，精度4，1位小数
SCPM	BIT	1	√	党员，1为党员、0为非党员
SRMK	TEXT	16	√	备注

表 8.10　　　　　　　　　　　　　　　　　COURSE 表结构

字段名	字段类型	字段宽度/字节	是否允许空值	字　段　说　明
CNO	CHAR	6	×	课程号，主键
CNAME	VARCHAR	20	×	课程名，唯一键
CXQ	TINYINT	1	√	开课学期
CCREDIT	TINYINT	1	√	课程学分

表 8.11　　　　　　　　　　　　　　　　　SC 表结构

字段名	字段类型	字段宽度/字节	是否允许空值	字　段　说　明
SNO	CHAR	8	×	主键
CNO	CHAR	6	×	主键
SCORE	NUMERIC	5	√	成绩，取值0~100

创建数据表通常采用两种方式：使用企业管理器和使用 T-SQL 语句。

8.2.1　使用企业管理器创建数据表

在企业管理器中创建数据表可以按以下步骤进行：

（1）启动企业管理器，展开"数据库"节点下 CJGL 数据库，右键单击"表"选项，在快捷菜单中选择"新建表"，如图 8.1 所示。

（2）在新的查询窗口中依次输入各列列名、数据类型和是否允许 Null 值，如图 8.2 所示。

图 8.1　新建表

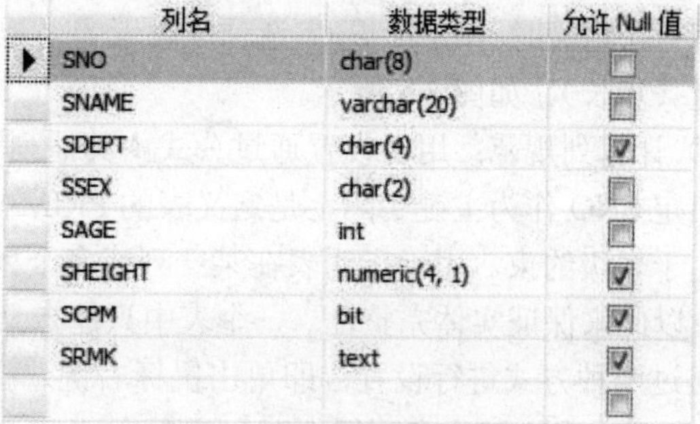

图 8.2　定义 STUDENT 表结构

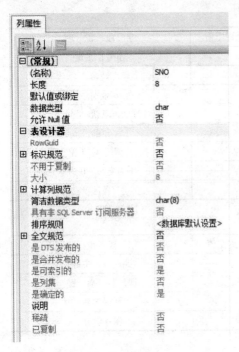

图 8.3　设置字段属性

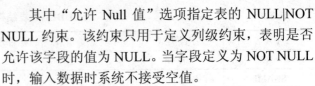

其中"允许 Null 值"选项指定表的 NULL|NOT NULL 约束。该约束只用于定义列级约束，表明是否允许该字段的值为 NULL。当字段定义为 NOT NULL 时，输入数据时系统不接受空值。

选中某一字段时，可以在查询窗口下方"列属性"中设置该字段的其他属性，如图 8.3 所示。

其中部分选项含义如下：

1）默认值或绑定：指定数据表的 DEFAULT 约束。该约束只用于定义列级约束，表示没有输入该列的值时使用该项的值。例如"民族"字段的默认值为"汉族"，可省去重复录入操作。STUDENT 表中 SSEX 字段默认值为'男'，如图 8.4 所示。

对于 decimal 或 numeric 类型的字段，可以设置精度和小数位数。

2）精度：指定 decimal 或 numeric 数据的整数部分与小数部分（不含小数点）的长度之和。

3）小数位数：指定 decimal 或 numeric 数据小数点后的长度。如图 8.5 所示。

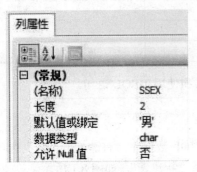

图 8.4　设置字段默认值

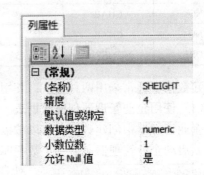

图 8.5　设置字段精度和小数位数

4）标识规范：对于整数类型字段，表示指定该字段是否为标识列。例如流水号、图书编号等都是连续编排序号的，可被定义为标识列，此时列值是由系统自动产生的，能唯一标识表中一行。定义时"（是标识）"选项应设置为"是"，同时还应指定标识种子（起始值）及标识增量（步长），如图 8.6 所示。

5）计算列规范：用于设置通过公式由其他列的值计算出来的字段值，如图 8.7 所示。

指定 SNO 作为主键实际上是定义表的 PRIMARY KEY 约束。该约束既可用于列级约束，也可用于表级约束。用于指明表在某一列或多个列的组合上的取值不能为 NULL，也不允许重复，以此来保证实体完整性。一个表中只能定义一个 PRIMARY KEY 约束。在企业管理器中可通过两种方式进行设置，即单击鼠标右键选择"设置主键"或单击工具栏中图标，如图 8.8 所示。当主键为多列组合时，应配合 Shift 或 Ctrl 键操作。

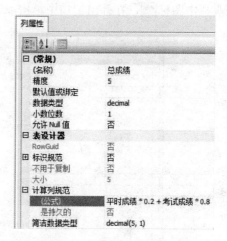

图 8.6　设置字段为标识列　　　　　　　　图 8.7　设置字段为计算列

（3）每列定义编辑完成后，单击 ![图标]图标，在"选择名称"对话框中输入表名"STUDENT"即可，如图 8.9 所示。

重复以上步骤，依次创建 COURSE 表和 SC 表。

图 8.8　设置主键　　　　　　　　　　　　图 8.9　保存表

其中，COURSE 表中指定 CNAME 为唯一键实际上是定义表的 UNIQUE 约束。该约束既可用于列级约束，也可用于表级约束，用于指明表在某一列或多个列的组合上的取值必须唯一。与 PRIMARY KEY 约束不同的是，一个表中允许定义多个 UNIQUE 约束，且允许出现一个 NULL 值。在企业管理器中通过以下步骤设置：单击鼠标右键选择"索引/键"，或单击工具栏中图标 ![图标]，在弹出窗口中单击"添加"按钮，如图 8.10 所示。主要选项含义如下：

1）类型：指定要设置的是唯一键还是索引，关于索引的概念我们将在后续章节介绍。

2）列：指定要设置为唯一键的列名及排序规则，默认为升序。

3）名称：指定唯一键的名称，默认值为"IX_表名"。

另外，SC 表中指定 SCORE 的取值范围实际上是定义表的 CHECK 约束。该约束既可用于列级约束，也可用于表级约束。CHECK 约束用来检查字段值允许的范围，以此来保证域完整性。在企业管理器中通过以下步骤进行设置：单击鼠标右键选择"CHECK 约束"，或单击工具栏中图标▦，在弹出窗口中单击"添加"按钮，如图8.11所示。

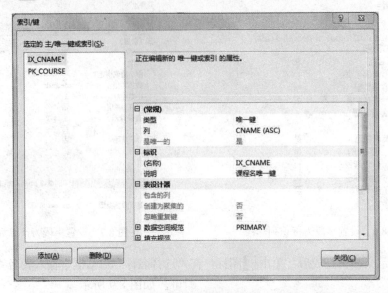

图8.10　创建唯一键

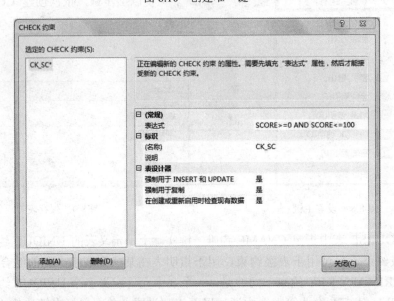

图8.11　创建 CHECK 约束

以上创建了 CJGL 数据库下的三个表 STUDENT、COURSE 和 SC，而表间数据是有关联的，例如 SC 表中的 SNO 与 STUDENT 表中的 SNO 相关联，CNO 与 COURSE 表中的 CNO 相关联。这种关联是通过设置表的 FOREIGN KEY 约束来实现的。该约束指定某一列或多列作为外键，其中包含外键的表称为从表，包含外键所引用的主键或唯一键的表称为主表。系统保证从表在外键上的取值要么是主表中某一个主键有效值，要么取 NULL 值，以确保实体的参照完整性。FOREIGN KEY 既可用于列约束，也可用于表约束。建立 FOREIGN KEY 约束的过程如下：单击鼠标右键选择"关系"，或单击工具栏中图标ᐊᔆ，在弹出窗口中单击"添加"按钮，如图8.12所示。

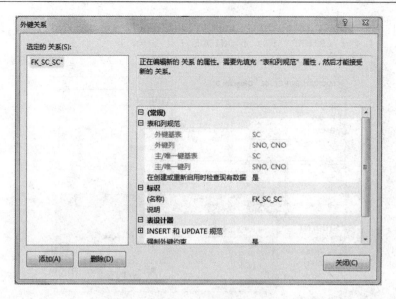

图 8.12　创建 FOREIGN KEY 约束

单击"表和列规范"右侧⊡按钮，在弹出窗口中设置外键的相关属性，如图 8.13 所示。

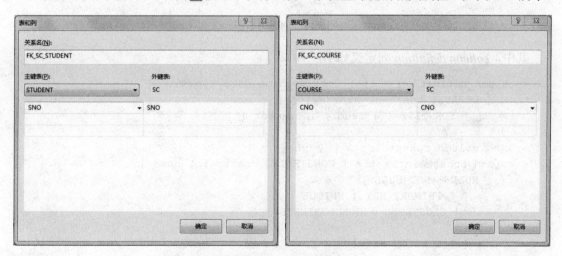

图 8.13　创建 FOREIGN KEY 约束

在 SC 表中添加两个外键之后，就可以在数据库中建立关系图，以图形的方式显示数据库各表间的参照关系。操作步骤如下：展开 CJGL 数据库，右键单击"数据库关系图"按钮，在快捷菜单中选取"新建数据库关系图"，在向导中添加以上三个表，并保存为 Diagram_0，如图 8.14 所示。

8.2.2　使用 T-SQL 语句创建数据表

在查询窗口中使用 T-SQL 语言中的 Create Table 语句创建数据表，语法格式如下：

```
CREATE TABLE
    [ database_name.[ owner ] .| owner.] table_name
    ( { < column_definition >
      | column_name AS computed_column_expression
```

```
| < table_constraint > ::= [ CONSTRAINT constraint_name ] }
  | [ { PRIMARY KEY | UNIQUE } [ ,…n ]
)
```

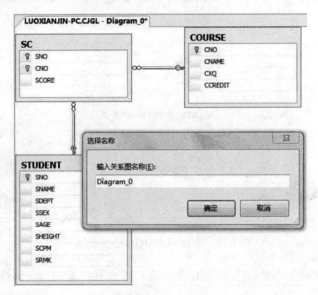

图 8.14　创建关系图

其中，*column_definition* 列定义如下：

```
< column_definition > ::= { column_name data_type }
   [ [ DEFAULT constant_expression ]
     | [ IDENTITY [ ( seed , increment ) ] ]
   ]
   [ < column_constraint > ] [ …n ]
< column_constraint > ::= [ CONSTRAINT constraint_name ]
   { [ NULL | NOT NULL ]
     | [ { PRIMARY KEY | UNIQUE }
       [ CLUSTERED | NONCLUSTERED ] ]
     ]
     | [ [ FOREIGN KEY ]
       REFERENCES ref_table [ ( ref_column ) ] ]
     | CHECK
     ( logical_expression )
   }
```

table_constraint 表级约束定义如下：

```
< table_constraint > ::= [ CONSTRAINT constraint_name ]
   { [ { PRIMARY KEY | UNIQUE }
     [ CLUSTERED | NONCLUSTERED ]
   ]
   | FOREIGN KEY  [ ( column [ ,…n ] ) ]
     REFERENCES ref_table [ ( ref_column [ ,…n ] ) ]
   | CHECK
   ( search_conditions )
   }
```

参数说明：

（1）*database_name.[owner]*：数据库名.[所有者名]。如果在当前数据库中创建表，且默认所有者就是 dbo，则可省去数据库名和所有者名。

（2）*table_name*：新表的名称。表名必须是合法标识符，最多可有 128 个字符，同一数据库中数据表不允许重名。

（3）*column_name*：表中的列名，表中每列之间用逗号隔开。列名以字母开头，可含字母、数字、#、$、_等，长度小于 128 字符，同一表中不许有重名列，定义表时须指明字段的数据类型和长度。如果使用 *AS computed_column_expression* 定义列，则该列为计算列，由同一表中的其他列通过表达式 *computed_column_expression* 计算得到。

（4）*DEFAULT*：指定列的默认值，通过 constant_expression 进行设定。

（5）*IDENTITY*：指定列为标识列。*seed*（种子）为初始值，*increment*（增量）为步长值，如果二者都未指定，则取默认值（1，1）。

（6）*column_constraint*：列级约束，只与当前列有关，在该列数据类型之后说明，包括 NULL|NOT NULL 约束、PRIMARY KEY 约束、UNIQUE 约束、FOREIGN KEY 约束和 CHECK 约束。其中，关键字 CLUSTERED|NONCLUSTERED 表示为 PRIMARY KEY 或 UNIQUE 约束创建聚集或非聚集索引。PRIMARY KEY 约束默认为 CLUSTERED，UNIQUE 约束默认为 NONCLUSTERED。有关聚集索引的概念将在后续章节中介绍。一列可以使用多个列级约束，各个约束之间用空格隔开。

（7）*table_constraint*：表级约束，涉及该表的多个列，在所有列定义之后说明，包括列级约束中除 NULL | NOT NULL 约束以外的其他类型约束。特别是当以多列定义 PRIMARY KEY 约束和 UNIQUE 约束时，必须定义为表级约束。一个表可以有多个表级约束，各个约束之间用逗号隔开。

【例 8.1】　创建一个"用户"表，表中包含三列：用户编号、密码、权限。

```
CREATE TABLE 用户
(
 用户编号 char(6),
 密码 char(6),
 权限 tinyint
)
```

【例 8.2】　创建一个"成绩"表，表中包含四列：学号、平时成绩、考试成绩、总成绩，其中总成绩的计算方法为 20%平时成绩+80%考试成绩。

```
CREATE TABLE 成绩
(
 学号 char(6),
 平时成绩 tinyint,
 考试成绩 tinyint,
 总成绩 AS 平时成绩*0.2+考试成绩*0.8
)
```

【例 8.3】　创建"报名"表，流水号从 1 起，步长为 1，顺序编号。

```
CREATE TABLE 报名
(
```

```
流水号 int identity(1,1),
姓名 varchar(12),
考试等级 char(10)
)
```

【例 8.4】 创建 CJGL 数据库下的 STUDENT 表。

```
CREATE TABLE STUDENT_1
(
SNO char(8) NOT NULL PRIMARY KEY,
SNAME varchar(20) NOT NULL ,
SDEPT char(4) ,
SSEX char(2) NOT NULL CHECK(SSEX IN('男','女')) DEFAULT '男',
SAGE int NOT NULL ,
SHEIGHT numeric(4, 1) ,
SCPM bit ,
SRMK text
)
```

【例 8.5】 创建 CJGL 数据库下的 COURSE 表。

```
CREATE TABLE COURSE_1
(
CNO char(6) PRIMARY KEY ,
CNAME varchar(20) NOT NULL UNIQUE ,
CXQ tinyint ,
CCREDIT tinyint
)
```

【例 8.6】 创建 CJGL 数据库下的 SC 表。

SC 表中，主键包含两列（SNO+CNO），因此主键必须定义为表级约束，即 PRIMARY KEY（SNO，CNO），而外键可通过以下三种形式创建：

第一种，以列级约束形式定义外键。

```
CREATE TABLE SC_1
(
SNO char(8) REFERENCES STUDENT(SNO) ,
CNO char(6) REFERENCES COURSE(CNO) ,
SCORE numeric(4, 1) CHECK(SCORE>=0 and SCORE<=100) ,
PRIMARY KEY(SNO,CNO)
)
```

第二种，以表级约束形式定义外键。

```
CREATE TABLE SC_2
(
SNO char(8) ,
CNO char(6) ,
SCORE numeric(4, 1) CHECK(SCORE>=0 and SCORE<=100) ,
PRIMARY KEY(SNO,CNO),
FOREIGN KEY(SNO) REFERENCES STUDENT(SNO),
FOREIGN KEY(CNO) REFERENCES COURSE(CNO)
)
```

以上两种方式创建的主键及外键是由系统自动命名的，通过企业管理器查看表的属性，我们会发现无论是关系名、**CHECK** 约束名还是索引名、键名的最后部分都是随机字符串，这对用户引用和管理带来很大的不便，因此，创建时最好由用户按一定规则自行命名。以自定义约束名形式定义外键的语法格式如下：

```
CREATE TABLE SC_3
(
SNO char(8) ,
CNO char(6) ,
SCORE numeric(4, 1) ,
CONSTRAINT PK_SC_3 PRIMARY KEY(SNO,CNO) ,
CONSTRAINT FK_S_3 FOREIGN KEY(SNO) REFERENCES STUDENT(SNO) ,
CONSTRAINT FK_C_3 FOREIGN KEY(CNO) REFERENCES COURSE(CNO) ,
CONSTRAINT CK_SCORE_3 CHECK(SCORE>=0 and SCORE<=100)
)
```

8.3　数据表的修改和删除

对于一个已存在的数据表，在使用过程中如果发现表结构不合理，应对其进行修改。可进行的操作包括：增加列、删除列、修改列的属性（包括列名、列类型、是否为空、默认值等）及增加、删除约束等。

如果数据表不再使用，应将其删除以节省存储空间。注意：不能删除系统表和外键约束所参照的表。如果要删除的表是被参照表，应先删除其他表中的外键约束，或先删除其他表，然后再删除该表。删除一个表时，表的定义、所有数据及表的约束等均将删除。

8.3.1　使用企业管理器修改和删除数据表

在企业管理器中修改和删除数据表可按以下步骤进行：

（1）启动企业管理器，展开"数据库"节点下 CJGL 数据库，展开"表"，选择要修改或删除的数据表，单击右键，在快捷菜单中选择"设计"，如图 8.15 所示。

（2）增加列：在表设计器窗口中空白处输入列名及其属性，如图 8.16 所示。

（3）删除列：在图 8.16 中，选中要删除的列，单击右键，在快捷菜单中选择"删除列"即可。其他修改操作也可通过类似方式完成，不再赘述。

图 8.15　修改表结构

（4）删除表。在图 8.15 中选择"删除"，在弹出的对话框中单击"确定"按钮，如图 8.17 所示，即可进行删除表操作。

图 8.16　增加列

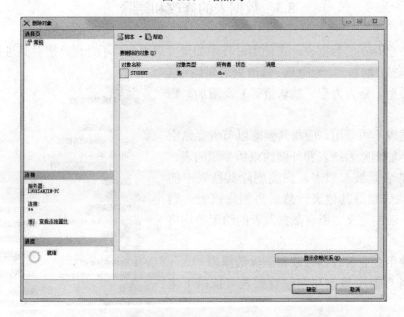

图 8.17　删除表

　　如果表中存在依赖关系，例如外键关系，则删除不成功，如图 8.18 所示。此时，若想删除表，需要先删除各种依赖关系和约束。

图 8.18　删除表不成功提示

8.3.2　使用 T-SQL 语句修改和删除数据表

在查询窗口中使用 T-SQL 语言中的 Alter Table 语句修改数据表，语法格式如下：

```
ALTER TABLE table_name
{ [ ALTER COLUMN column_name
    { new_data_type [ ( precision [ , scale ] ) ]
      [ NULL | NOT NULL ]
    ]
  | ADD
    { [ < column_definition > ]
    | column_name AS computed_column_expression
    } [ ,…n ]
  | [ WITH CHECK | WITH NOCHECK ] ADD
    { < table_constraint > } [ ,…n ]
  | DROP
    { [ CONSTRAINT ] constraint_name
        | COLUMN column_name } [ ,…n ]
  | { CHECK | NOCHECK } CONSTRAINT
    { ALL | constraint_name [ ,…n ] }
}
```

其中 column_definition，column_constraint，table_constraint 与 Create Table 语句中类似，不再赘述。

参数说明：

（1）ALTER COLUMN：修改表中某一列。允许修改的列类型不包括 text、image、ntext 或 timestamp，也不允许是计算列。new_data_type 用于指定列的新的类型。

（2）ADD：添加一个或多个列定义、计算列定义或者表约束。WITH CHECK | WITH NOCHECK 用于指定表中的数据是否用新添加的或重新启用的 FOREIGN KEY 或 CHECK 约束进行验证。如果没有指定，对于新约束，假定为 WITH CHECK，对于重新启用的约束，假定为 WITH NOCHECK。

（3）DROP：指定从表中删除 constraint_name 或者 column_name。分别对应 DROP CONSTRAINT 和 DROP COLUMN。CHECK | NOCHECK 指定启用或禁用 constraint_name。如果禁用，将来插入或更新该列时不用该约束条件进行验证，此选项只能与 FOREIGN KEY 和 CHECK 约束一起使用。

在查询窗口中使用 T-SQL 语言中的 Drop Table 语句删除数据表，语法格式如下：

```
DROP TABLE table_name
```

【例 8.7】　为 STUDENT 表增加"CLASS_NO"列和"ADDRESS"列，对"SAGE"列增加一个名为"ck_age"的约束，要求年龄范围在 17～30 岁之间，并忽略对原有数据的约束检查。

```
ALTER TABLE STUDENT ADD CLASS_NO char(4),ADDRESS varchar(20)
ALTER TABLE STUDENT
WITH NOCHECK ADD CONSTRAINT ck_age CHECK(SAGE>=17 and SAGE<=30)
```

【例 8.8】　删除［例 8.5］中的新添加的列和约束。

```
ALTER TABLE STUDENT DROP COLUMN CLASS_NO,ADDRESS
```

```
ALTER TABLE STUDENT DROP CONSTRAINT ck_age
```

【例 8.9】 将 STUDENT 表中的 SNAME 列加宽到 24 位字符宽度，SAGE 列的数据类型改为 smallint，且允许为空。

```
ALTER TABLE STUDENT ALTER COLUMN SNAME varchar(24) NOT NULL
ALTER TABLE STUDENT ALTER COLUMN SAGE smallint NULL
```

【例 8.10】 将 STUDENT 表中的 SNO 列加宽到 10 位字符宽度。

在查询窗口中执行下列语句：

```
ALTER TABLE STUDENT ALTER COLUMN SNO char(10) NOT NULL
```

出现如图 8.19 所示的错误。

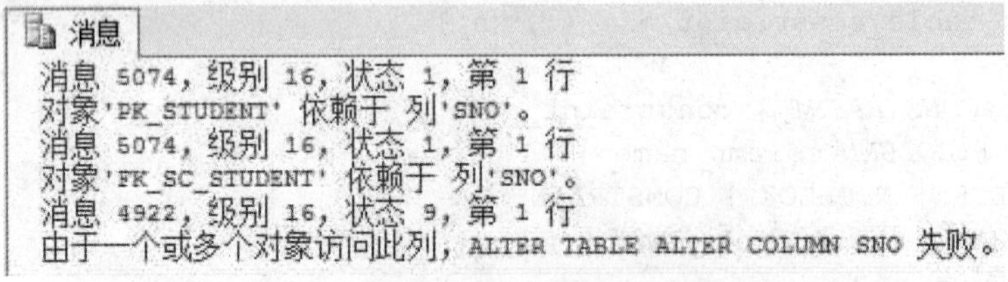

消息
消息 5074，级别 16，状态 1，第 1 行
对象'PK_STUDENT' 依赖于 列'SNO'。
消息 5074，级别 16，状态 1，第 1 行
对象'FK_SC_STUDENT' 依赖于 列'SNO'。
消息 4922，级别 16，状态 9，第 1 行
由于一个或多个对象访问此列，ALTER TABLE ALTER COLUMN SNO 失败。

图 8.19 执行非法的 ALTER TABLE 语句错误提示

请读者注意：ALTER COLUMN 语句不能用在 PRIMARY KEY 或[FOREIGN KEY] REFERENCES 约束中的列。

【例 8.11】 创建 CJGL 数据库下的“报名”表。

```
DROP TABLE 报名
```

“报名”表中的数据和表结构定义都不复存在。

8.4 表数据的操纵

数据表创建结束后就可以对表中数据进行操作，操作时必须遵从表中各列的属性及表的各种约束。这些操作包括记录的插入、删除和修改。

8.4.1 使用企业管理器操纵表数据

应特别注意的是，插入数据时如果表之间存在参照关系即存在外键的话，应先输入参照的父表数据，然后输入从表（外键所在表）的数据。对于 CJGL 数据库中的 STUDENT、COURSE 和 SC 表，应先输入 STUDENT 表和 COURSE 表的数据，然后才能输入 SC 表的数据。

INSERT 和 UPDATE 规范
更新规则
不执行任何操作
删除规则
不执行任何操作
强制外键约束
级联
强制用于复制
设置 Null
设置默认值

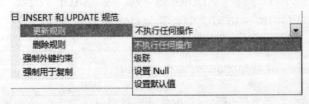

图 8.20 INSERT 和 UPDATE 规范

删除和修改数据时，对主表数据的操纵将如何影响从表数据，主要与创建外键时的选项设置有关，如图 8.20 所示。

当“更新规则”选择“级联”时，则改变主表 SNO 的列值，系统将自动更新 SC 表中对应 SNO 列的值。类似地，当“删除规则”选择“级联”时，删除主表中某些 SNO 列的值，系统将自动删除 SC 表中对应 SNO 列。通过这种机制，不仅保证了数据库

中数据的一致性，而且大大提高了程序员的工作效率。

在企业管理器中操纵 STUDENT 表数据可以按以下步骤进行：

（1）启动企业管理器，展开"数据库"节点下 CJGL 数据库，展开"表"，选择要进行数据操纵的表，单击右键，在快捷菜单中选择"编辑前 xxx 行"，如图 8.21 所示。注：此处"xxx"的值可通过"工具"→"选项"→"SQL Server 对象资源管理器"→"命令"下"表和视图选项"进行设置。

（2）进入数据录入窗口后即可逐行输入数据，如图 8.22 所示。

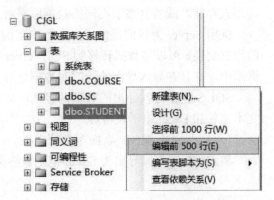

图 8.21　编辑前若干行

| LUOXIANJIN-PC.CJGL - dbo.STUDENT | | | | | | | |
SNO	SNAME	SDEPT	SSEX	SAGE	SHEIGHT	SCPM	SRMK
001	赵一	电力	男	20	173.5	NULL	六级
002	孙二	动力	女	19	165.3	NULL	班长
003	张三	英语	男	21	180.5	NULL	
004	李四	数学	男	22	178.3	NULL	留级
005	王唯一	电力	女	20	160.2	NULL	
*	NULL	NULL	NULL	NULL	NULL	NULL	NULL	NULL

图 8.22　插入数据

注意，如果出现了输入数据违反了约束，或类型不匹配，或数据宽度与列属性不一致等情况时，系统会停止操作并提示错误信息，此时应更正为正确数据方可继续。

（3）正常录入数据后关闭窗口，完成数据的插入。

（4）在数据录入窗口中可以直接对数据进行修改。

（5）通过单击记录指针 ▶※ 选中要操作的记录，单击右键，在快捷菜单中选择"删除"，即可完成数据的删除，如图 8.23 所示。

| LUOXIANJIN-PC.CJGL - dbo.STUDENT | | | | | | | |
SNO	SNAME	SDEPT	SSEX	SAGE	SHEIGHT	SCPM	SRMK
001	赵一	电力	男	20	173.5	NULL	六级
002	孙二	动力	女	19	165.3	NULL	班长
003	张三	英语	男	21	180.	执行 SQL(X)		
004	李四	数学	男	22	178.	剪切(T)		
005	王唯一	电力	女	20	160.	复制(Y)		
006	王胜利	数学	男	21	170.	粘贴(P)		
007	付丽	英语	女	21	162.	删除(D)		
008	张佳	数学	男	21	162.	窗格(N)		
009	黄河	电力	男	18	171.			
010	李柔	电力	女	19	167.	清除结果(L)		兵
*	NULL	NULL	NULL	NULL	NULL	NULL	NULL

图 8.23　删除数据

通过快捷菜单中的"第一个"、"下一个"等选项也可以实现记录的定位。

8.4.2　数据的导入/导出

上一节介绍了如何逐条地加入记录，这种方式录入的速度慢，只适合原始数据的录入。

实际应用中，不同系统中分散着大量数据，这些数据以 Access、Excel 电子表格、文本文件等形式存储，或者分布于不同的数据库平台，如 Oracle、Foxpro 等。

SQL Server 为我们提供了强大、丰富的数据导入导出功能，用以实现不同数据库平台间的数据交换，可以将数据转移到 SQL Server 中，也可以将 SQL Server 中的数据转移到其他数据库中，并且在导入导出的同时对数据进行灵活处理。

SQL Server 导入导出的数据源包括：文本文件、ODBC 数据源、OLE DB 数据源、ASCII 文本文件和 Excel 电子表格等。

1. 导出 SQL Server 数据库中的数据

将 CJGL 数据库导出为 Excel 电子表格文件的步骤如下：

图 8.24　导出数据

（1）启动数据转换服务。两种方式：第一种方式，单击"开始"→"程序"→"Microsoft SQL Server 2008"→"导入和导出数据"；第二种方式，启动企业管理器，右键单击 CJGL 数据库，在快捷菜单中选择"任务"，在其子菜单中选择"导出数据"，如图 8.24 所示。

（2）在"SQL Server 导入和导出向导"窗口中单击"下一步"，进入"选择数据源"窗口，如图 8.25 所示。

1）数据源：选择要导出的数据来源。系统提供了多种数据源类型，例如"Oracle Provider for OLE DB"、".Net Framework Data Provider for odbc"等，用户根据需要进行选择。这里我们选择"SQL Server Native Client 10.0"。

2）服务器名称：选择当前能访问的 Microsoft SQL Server 服务器名称。这里选择本地服务器。

3）身份验证：使用 Windows 或 Microsoft SQL Server 身份验证。后者需要输入用户名和密码。

4）数据库：要导出的数据库，这里选择"CJGL"。

（3）单击"下一步"按钮，进入"选择目标"窗口，如图 8.26 所示。其中"目标"选择"Microsoft Excel"，选择 Excel 文件路径及版本。注意：在创建或执行向导的过程中，不要打开正在作为源或目的使用的 Microsoft Excel 文件，因为会导致"文件正在使用"的错误。

（4）单击"下一步"按钮，选择"复制一个或多个表或视图的数据"，单击"下一步"按钮，进入"选择源表和源视图"窗口，如图 8.27 所示。在"源"栏选择要导出的表和视图，"目标"栏处会出现相同表名，可以手工修改名称。单击"预览"按钮可预览结果，如果在导出时需要对数据进行转换，可单击"编辑映射"按钮，在弹出的窗口中设置转换规则。

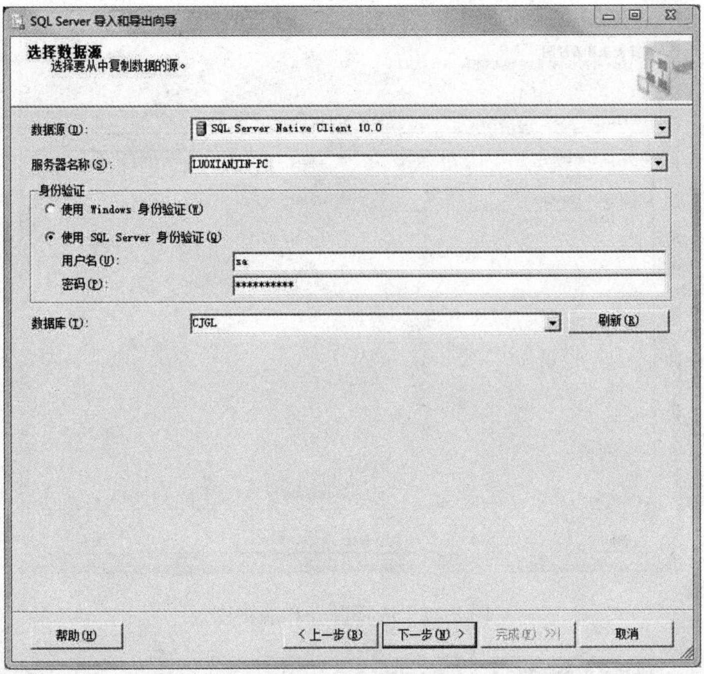

图 8.25　选择数据源

图 8.26　选择目标

（5）单击"下一步"按钮，进入"查看数据类型映射"窗口，如图 8.28 所示。同时，应选择向导处理转换问题的方式。

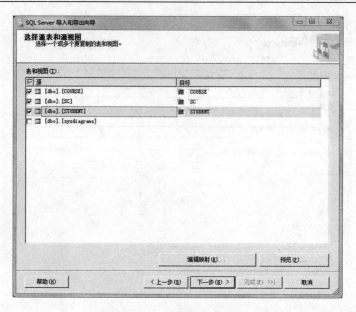

图 8.27　选择源表和源视图

图 8.28　查看数据类型映射

（6）单击"下一步"按钮，进入"保存并运行包"窗口，如图 8.29 所示。同时，应选择向导处理转换问题的方式。

完成上述步骤后立即运行，也可将 SSIS 包保存方便将来执行，用于实现隔一段时间自动导出数据，此时可设置包保护级别。

（7）单击"下一步"按钮，浏览导出信息的摘要。

（8）单击"完成"按钮，立即执行包，在"状态"区域中显示创建表及插入记录的步骤和状态，执行后单击"完成"按钮，如图 8.30 所示。

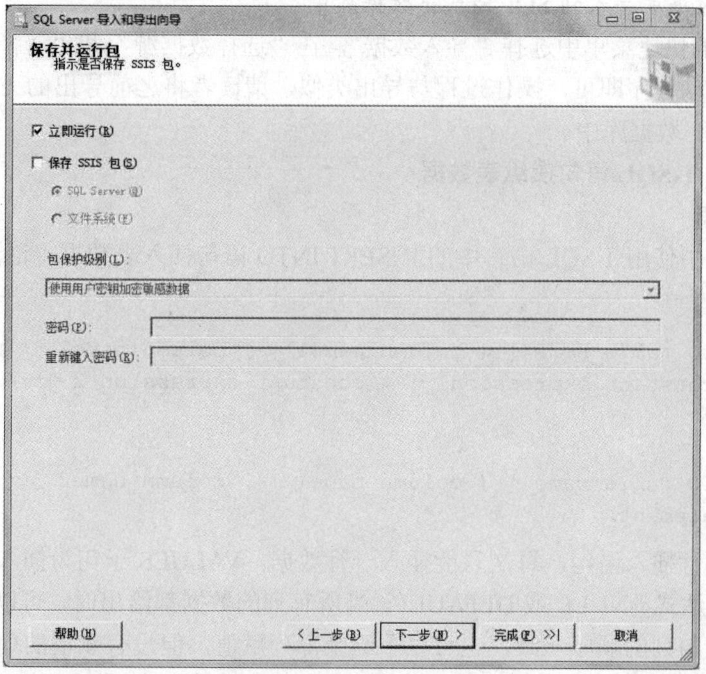

图 8.29　保存并运行包

图 8.30　执行包

整个导出过程结束后，会在图 8.25 中选定的路径下新建一个 Excel 文件，该文件包含三个工作表，分别以 CJGL 数据库的三个表命名。每个工作表的标题对应表的字段名，工作表的内容为表中所有数据。请读者自行练习将数据以其他类型的文件导出，保存在某一目录下。

2. 将其他数据库导入到 SQL Server 数据库中

在图 8.24 的快捷菜单中选择"导入数据"，在"选择数据源"和"选择目标"窗口中选择相应类型的驱动程序即可，操作过程与导出类似，请读者将之前导出的 Excel 文件和文本文件导入到 CJGL 数据库中。

8.4.3 使用 T-SQL 语句操纵表数据

1. 插入数据

在查询窗口中使用 T-SQL 语言中的 INSERT INTO 语句插入表数据，语法格式如下：

格式一：

```
INSERT INTO table_name [ ( column_name1 [ , column_name2 ]…) ]
VALUES ( constant_expression1 [ , constant_expression 2 ]…)
```

格式二：

```
INSERT INTO table_name [ ( column_name1 [ , column_name2 ]…) ]
select_statement
```

格式一为单行插入语句，每次只能插入一行数据。VALUES 子句为插入行指定对应各列的值，可以为表达式、NULL 或 DEFAULT。当所有列的数据都给出时，可以省略列名，但要求数据顺序必须与列的顺序一致，也可以不给全部列赋值，但没有赋值的列必须允许为空；当只给出部分列数据时，必须指定对应列名，没有给出的数据将以 NULL（允许列为空）或默认值（指定 DEFAULT）填充。

格式二为多行插入语句，每次可以插入多行数据，这些数据是查询语句的结果集，本节暂不介绍这种方式，请读者参考后续章节。

【例 8.12】 添加数据到一行中的所有列。向 STUDENT 表中添加如下一行数据：

SNO	SNAME	SDEPT	SSEX	SAGE	SHEIGHT	SCPM	SRMK
011	赵琳	英语	女	21	170.5	1	NULL

可采用以下两种方式：

（1）添加部分列数据方式：

```
INSERT INTO STUDENT(SNO, SNAME, SDEPT, SSEX, SAGE, SHEIGHT, SCPM)
VALUES( '011' , '赵琳' , '英语' , '女' , 21 , 170.5 , 1 )
```

（2）添加全部列数据方式，无须指定列名：

```
INSERT INTO STUDENT
VALUES( '011' , '赵琳' , '英语' , '女' , 21 , 170.5 , 1 , NULL)
```

【例 8.13】 添加数据到一行中的部分列。向 STUDENT 表中添加如下一行数据：

SNO	SNAME	SSEX	SAGE
011	赵琳	女	21

```
INSERT INTO STUDENT(SNO, SNAME, SSEX, SAGE)
VALUES( '011' , '赵琳', '女' , 21 )
```

查看表数据，新记录的 SDEPT、SHEIGHT、SCPM、SRMK 列值均为 NULL。

2. 更新数据

在查询窗口中使用 T-SQL 语言中的 UPDATE 语句更新表数据，语法格式如下：

```
UPDATE table_name
SET column_name = expression | DEFAULT | NULL
[WHERE search_condition]
```

WHERE 子句给出条件限定要修改的行，当省略 WHERE 子句时，将对表中所有数据进行修改。修改的列名及其列值由 SET 子句给出，其列值有三种：表达式、DEFAULT（列已指定默认值）和 NULL（列允许为空）。

【例 8.14】 修改 [例 8.11] 中新记录的列 SDEPT、SHEIGHT 和 SCPM 的值，分别为 '英语'、170.5 和 1。

```
UPDATE STUDENT
SET SDEPT = '英语',
    SHEIGHT = 170.5,
    SCPM = 1
WHERE SNAME = '赵琳'
```

【例 8.15】 将 STUDENT 表中所有学生的 SAGE 都加 1。

```
UPDATE STUDENT
SET SAGE = SAGE + 1
```

3. 删除数据

在查询窗口中使用 T-SQL 语言中的 DELETE 语句删除表数据，语法格式如下：

```
DELETE FROM table_name
[WHERE search_condition]
```

WHERE 子句给出条件限定要删除的行，当省略 WHERE 子句时，将删除表中所有数据，只保留表结构。

【例 8.16】 删除 STUDENT 表中所有 "数学" 系的学生。

```
DELETE FROM STUDENT
WHERE SDEPT = '数学'
```

【例 8.17】 删除 STUDENT 表中所有学生。

```
DELETE FROM STUDENT
```

SQL Server 提供了一种删除表中所有记录的快速方法：TRUNCATE TABLE 语句。因为 TRUNCATE TABLE 语句不记录日志，只记录整个数据页的释放操作，而 DELETE 语句对每一行修改都记录日志，所以 TRUNCATE TABLE 语句的删除速度总比没有指定条件的 DELETE 语句快。但应注意在使用 TRUNCATE TABLE 语句之前先对数据库进行备份，数据库备份的内容将在第 10 章介绍。

[例 8.17] 中的操作也可通过以下语句实现：*TRUNCATE TABLE STUDENT*。

8.5 索　引

在日常生活中我们会经常遇到索引，例如图书目录、词典索引等。索引是数据库随机检索的常用手段，建立索引是加快查询速度的有效手段。用户可根据应用环境的需要，在基本表上建立一个或多个索引。

8.5.1　索引的概念

索引是表中某列（或某些列）的值以某种顺序（升序或降序）排列后与其行记录的存储位置的指向指针之间的对照表。

例如，STUDENT 表中各行的记录指针如表 8.12 所示。

当我们需要查找某一身高的学生记录时，由于身高列的值是无序的，因此只能采用顺序查找的方式逐行扫描表中记录，最坏情况下需要访问表中所有记录，当表记录数很大时，这种方式带来的后果是灾难性的。

表 8.12　　　　　　　　　　　　　　STUDENT 表记录指针

记录指针号	SNO	SNAME	SDEPT	SSEX	SAGE	SHEIGHT	SCPM
1	001	赵一	电力	男	20	173.5	1
2	002	孙二	动力	女	19	165.3	0
3	003	张三	英语	男	21	180.5	1
4	004	李四	数学	男	22	178.3	0
5	005	王唯一	电力	女	20	160.2	0
6	006	王胜利	数学	男	21	170.8	1
7	007	付丽	英语	女	22	162.4	1
8	008	张佳	数学	女	21	162.6	0
9	009	黄河	电力	男	18	171.8	0
10	010	李柔	电力	女	19	167.2	0

我们可以采用另外一种方式，将表中身高值进行升序排列后与对应的记录指针号进行对照，如表 8.13 所示。

表 8.13　　　　　　　　　　　　　身高的升序值与记录指针号的对照表

身高升序值	160.2	162.4	162.6	165.3	167.2	170.8	171.8	173.5	178.3	180.5
记录指针号	5	7	8	2	10	6	9	1	4	3

表 8.13 可看作一个身高索引，显然通过索引可以在这个有序表中采用折半查找等方式快速定位表记录，从而提高查询效率。

SQL Server 中表的存储由数据页和索引页两部分组成，数据按输入的先后顺序存储在数据页中，而索引是一个树状数据结构存储在索引页中，索引页上的指针指向数据页。

1．索引的结构

索引的结构是一种树结构，索引的每页称为一个索引节点。树的顶层节点称为根节点或根级，最底层节点称为叶节点或叶级，在根节点和叶节点之间的是中间节点，中间或底层的每页都有指针指向前一页和后一页，形成双向链表。数据结构从根节点开始，以左右平衡方式排列数据，非常适合数据检索。

2. 索引的优缺点

索引的优点：

（1）大大加快数据的检索速度；

（2）创建唯一性索引，保证数据库表中每一行数据的唯一性；

（3）加速表和表之间的连接，特别是在实现数据的参考完整性方面；

（4）在使用分组和排序子句进行数据检索时，可以显著减少查询中分组和排序的时间。

索引的缺点：

（1）索引需要占物理空间；

（2）创建和维护索引需要耗费时间，且随数据量的增加而增加；

（3）当对表中的数据进行增加、删除和修改的时候，索引也要动态的维护，增加了系统负担，降低了数据的维护速度。

8.5.2　索引的类型

按索引的列数是单列还是多列，可分为：

（1）单索引：以表中某一列建立的索引，如按 SNO 进行索引；

（2）复合索引：以表中多列建立的索引，如按 SAGE+SNAME 进行索引。

按索引的关键字值是否重复，可分为：

（1）唯一索引：索引值没有重复，如 SNO 索引；

（2）非唯一索引：索引值允许重复，如 SHEIGHT 索引。

按索引的顺序和数据库的存储顺序是否相同，可分为：

（1）聚集索引（CLUSTERED）：也叫簇索引，会改变表中记录的物理存储顺序，记录按索引的顺序排序后重新存储到磁盘的数据页上；

（2）非聚集索引（NONCLUSTERED）：不改变表中记录的物理存储顺序，系统采用索引结构来表示行的逻辑顺序。

为了理解什么是"聚集索引"和"非聚集索引"，我们首先来看一个例子。实际上，汉语字典的正文本身就是一个聚集索引。比如，我们要查"安"字，就会很自然地翻开字典的前几页，因为"安"的拼音是"an"，而按照拼音排序汉字的字典是以英文字母"a"开头并以"z"结尾的，那么"安"字就自然地排在字典的前部。如果翻完了所有以"a"开头的部分仍然找不到这个字，那么就说明字典中没有这个字；同样，如果要查"张"字，也会自然地翻到字典的最后部分，因为"张"的拼音是"zhang"。也就是说，字典的正文部分本身就是一个目录，不需要再去查其他目录就可以找到要查找的内容。正文内容本身就是一种按照一定规则排列的目录，称为"聚集索引"。每个表只能有一个聚集索引，因为目录只能按照一种方法进行排序。

但如果遇到不认识的字，不知道它的发音，就不能按刚才的方法找到这个字，而需要根据"偏旁部首"进行查找，再根据这个字后的页码直接翻到字典的某一页。但这种结合"部首目录"和"检字表"而查到的字的排序并不是真正的正文的排序方法，比如查找"张"字，我们可以看到在查部首之后的检字表中"张"的页码是 672 页，检字表中"张"的上面是"驰"字，但页码却是 63 页，"张"的下面是"弩"字，页码是 390 页。很显然，这些字并不是真正的分别位于"张"字的上下方，你所看到的连续的"驰、张、弩"三字实际上就是他们在非聚集索引中的排序，是字典正文中的字在非聚集索引中的映射。我们可以通过这种方式来找到所需要的字，但它需要两个过程，先找到目录中的结果，然后再翻到对应的页码。我们把这种目录纯粹是目录，正文纯粹是正文的排序方式称为"非聚集索引"。

表 8.14 总结了何时使用聚集索引或非聚集索引。

表 8.14　　　　　　　　　　　　　聚集索引和非聚集索引使用原则

动 作 描 述	使用聚集索引	使用非聚集索引
列经常被分组排序	应	应
返回某范围内的数据	应	不应
一个或极少不同值	不应	不应
小数目的不同值	应	不应
大数目的不同值	不应	应
频繁更新的列	不应	应
外键列	应	应
主键列	应	应
频繁修改索引列	不应	应

8.5.3　使用企业管理器管理索引

在企业管理器中可以利用表设计窗口中的"索引/键"管理索引，在图 8.9 中选择"类型"为"索引"即可，其他设置与创建唯一键类似，请读者参考 8.2.1 节，此处不再赘述。

注意：创建索引时应定义索引名称、索引是否为聚集索引（当表中尚未创建聚集索引时）、是否为唯一值等，同时，在同一个表中不允许出现重复的索引名。

8.5.4　使用 T-SQL 语句管理索引

在查询窗口中使用 T-SQL 语言中的 Create Index 语句创建索引，语法格式如下：

```
CREATE [ UNIQUE ] [ CLUSTERED | NONCLUSTERED ]
INDEX index_name
ON { table | view } ( column [ ASC | DESC ] [ ,…n ] )
```

参数说明：

（1）UNIQUE：为表或视图创建唯一索引。若列包含重复行，则不允许创建。

（2）CLUSTERED：创建的索引为聚集索引。

（3）NONCLUSTERED：创建的索引为非聚集索引。

（4）index_name：创建的索引名称。

（5）ASC | DESC：索引列的值按升序或降序排序，默认设置为 ASC（升序）。

在查询窗口中使用 T-SQL 语言中的 Drop Index 语句删除索引，语法格式如下：

```
DROP INDEX 'table.index | view.index' [ ,…n ]
```

DROP INDEX 语句不适用于通过定义 PRIMARY KEY 或 UNIQUE 约束创建的索引，若要删除该类索引，必须通过 ALTER TABLE 删除约束。

【例 8.18】　为 STUDENT 表的 SNAME 列创建索引 STUDENT_IX_SNAME。

```
CREATE INDEX STUDENT_IX_SNAME ON STUDENT(SNAME)
```

【例 8.19】 删除［例 8.18］中创建的索引。

DROP INDEX STUDENT.STUDENT_IX_SNAME

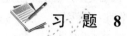 习　题　8

1. 简述 SQL Server 2008 的数据类型，对"身份证号"应选择哪种数据类型。

2. 设计表时主要考虑的因素有哪些？

3. 设计表时可定义的约束类型有哪些？在 CJGL 数据库的 STUDENT 表中增加一个"身份证号"列时，为了限制它的唯一性应使用什么约束？

4. 如何修改表中某些列的名称、列的类型等属性？如何删除列上的约束？

5. 如何修改表中某些行的数据？

6. 默认情况下，创建的索引是聚集索引还是非聚集索引，索引的优缺点有哪些？建立时应遵循什么原则？

7. 创建数据库 scd（参数自定），scd 中包含以下系、学生、班级表：

student（学号，姓名，年龄，班号）、class（班号，专业名，系名，入学年份）、department（系号，系名）。各表的数据如表 8.15、表 8.16、表 8.17 所示。

表 8.15	学　生　表		
student 表数据			
学号	姓名	年龄	班号
2008101	张山	18	101
2008102	李斯	16	102
2008103	王玲	17	111
2008105	李飞	19	112

表 8.16	班　级　表		
class 表数据			
班号	专业名	系名	入学年份
101	软件	计算机	2005
102	微电子	计算机	2006
111	无机化学	化学	2004
112	高分子化学	化学	2006

表 8.17	系　表
department 表数据	
系号	系名
001	数学
002	计算机
003	化学

（1）使用企业管理器创建以上各数据表，在定义中要求为每列选择合适的数据类型和长度，并设置合适的约束。即声明：每个表的主键和可能的外键；学生姓名列不能为空；系部系名不能为空，且唯一；学生年龄介于 15 到 40 岁之间，默认值 18。

（2）使用企业管理器和 T-SQL 语句完成下列功能：学校新增物理系，编号 006，经济系，编号 008；将入学年份在 2004 年以前的班级删除；将"张山"转到化学系 111 班；将每个学生的年龄增加 1 岁。

（3）使用企业管理器删除 student 表中的"年龄"字段，增加"出生日期"字段；在 class

表中增加"班长"列，并检查该班长学号是否为 student 表中的学生。

（4）为 class 表建立一个 CHECK 约束，检查入学年份是否小于 2008。

（5）为 student 表的"班号"与"姓名"这两列组合创建一个升序的非聚集索引。

（6）为 department 表的系名建立一个唯一索引。

8. 使用企业管理器在 ZYGL 数据库中创建职员表、部门表、工资表，如表 8.18、表 8.19、表 8.20 所示。

表 8.18　　　　　　　　　　　　　　职　员　表

列名	数据类型	宽度	是否允许空值	说　明
员工号	CHAR	3	×	主键
姓名	CHAR	8	×	
性别	CHAR	2	×	检查是否为'男'或'女'
出生日期	SMALLDATETIME	4	√	
手机号码	CHAR	11	√	
工龄	TINYINT	1	√	应在 0～35 范围内
部门号	CHAR	2	√	要求参照部门表的部门号
备注	TEXT	16	√	

表 8.19　　　　　　　　　　　　　　部　门　表

列名	数据类型	宽度	是否允许空值	说　明
部门号	CHAR	2	×	主键
部门名	CHAR	10	×	
电话	CHAR	4	√	

表 8.20　　　　　　　　　　　　　　工　资　表

列名	数据类型	宽度	是否允许空值	说　明
员工号	CHAR	3	×	要求参照职员表的员工号
基本工资	DECIMAL（7，2）	5	√	
津贴	DECIMAL（5，2）	5	√	
三金扣款	DECIMAL（6，2）	5	√	
应发工资	DECIMAL（7，2）	5	√	公式为基本工资+津贴
实发工资	DECIMAL（7，2）	5	√	公式为基本工资+津贴−三金扣款

各表的数据如表 8.21、表 8.22、表 8.23 所示。

表 8.21　　　　　　　　　　　　　职　员　表　数　据

员工号	姓名	性别	出生日期	手机号码	工龄	部门号	备注
001	刘裕	男	1970-9-8	13971234567	12	01	爱好书法
002	张建英	女	1976-8-4	13887654321	10	01	厨艺高超

续表

员工号	姓名	性别	出生日期	手机号码	工龄	部门号	备注
003	余贺	男	1975-6-9	13882134567	11	02	
004	李方梯	男	1965-7-5	13992365488	30	01	01 负责人
005	王紫	女	1983-5-28	15903698528	5	01	
006	月亮	男	1968-6-1	15991485216	25	02	02 负责人
007	袁弦	女	1985-9-3	13871524783	3	01	
008	黎冰清	女	1980-12-5	13885643218	8	02	擅长钢琴

表 8.22　　　　　　　　　　　　　部 门 表 数 据

部门表数据		
部门号	部门名	电话
01	销售部	8004
02	采购部	8006

表 8.23　　　　　　　　　　　　　工 资 表 数 据

工资表数据					
员工号	基本工资	津贴	三金扣款	应发工资	实发工资
001	1660	500	268.8	2160	1891.2
002	1560	380	300.5	1940	1639.5
003	1680	610	330.7	2290	1959.3
004	1730	680	380.8	2410	2029.2
005	1450	430	258.3	1880	1621.7
006	1850	710	480.3	2560	2079.7
007	1420	310	269.5	1730	1460.5
008	1520	380	263.8	1900	1636.2

（1）使用企业管理器创建工资发放记录表，表结构如表 8.24 所示。

表 8.24　　　　　　　　　　　　　工资发放记录表

列名	数据类型	宽度	是否允许空值	说　　明
发放编号	INT	4	×	主键，标识列，种子初始值为 200801，步长为 1
发放年月	SMALLDATETIME	4	×	
员工号	CHAR	3	×	外键，且参照职员表的员工号
实发工资	DECIMAL（7，2）	5	√	

（2）使用 T-SQL 语句对职员表任意插入一行数据，然后修改这条数据，最后再删除。

（3）使用 T-SQL 语句对工资发放记录表任意插入一行数据，然后修改这条数据，最后再删除。

（4）将职员表的部门号与姓名这两列组合创建一个升序的非聚集索引。

第9章 数据查询与视图

SQL 语言最主要的功能是数据库查询，它是数据库其他操作（如统计、插入、修改、删除）的基础，也是 DBMS 的核心功能之一。使用 SQL 语句将要连接的表、查询所需的字段、筛选记录的条件、记录分组的依据、排序的方式以及查询结果的显示方式，写在一条 SQL 语句中，就可以完成数据的查询。

9.1 SELECT 语句概述

T-SQL 语言提供 SELECT 语句进行查询，该语句具有十分灵活的使用方式和丰富的功能，可以从表或视图中迅速、方便地检索数据，其一般格式为：

```
SELECT select_list
[ INTO new_table ]
FROM table_source
[ WHERE search_condition ]
[ GROUP BY group_by_expression ]
[ HAVING search_condition ]
[ ORDER BY order_expression [ ASC | DESC ] ]
```

其中，*select_list* 定义如下：

```
< select_list > ::={ *  | { table_name | view_name | table_alias } .*
                    | { column_name | expression } [ [ AS ] column_alias ]
                    | column_alias = expression } [ ,…n ]
```

参数说明：

（1）INTO：指定将查询结果存入新表 *new_table* 中。

（2）WHERE：指定查询条件 *search_condition*。

（3）GROUP BY：指定将查询结果按 *group_by_expression* 进行分组。

（4）HAVING：与 GROUP BY 联合使用，指定分组条件 *search_condition*。

（5）ORDER BY：指定查询结果按 *order_expression* 进行排序。

（6）*：指定在 FROM 子句内返回表和视图的所有列。

（7）{ table_name | view_name | table_alias } .*：指定将*的作用域为指定的表或视图。

（8）column_name：指定返回的列名，特别是在多表查询时应明确列的来源。

（9）expression：指定列名、常量、函数及由运算符连接的列名、常量和函数的任意组合，或者是子查询。

（10）column_alias：指定查询结果集内列名的别名。

SELECT 语句既可以完成简单的单表查询，也可以完成复杂的多表查询和嵌套查询。整个 SELECT 语句的含义是：根据 WHERE 子句的条件表达式，从 FROM 子句指定的基本表或视图中找出满足条件的记录，再按照 SELECT 子句中的 *select_list*，选出记录中的列值、或计算值、或汇总值形成的查询结果。

9.2　单　表　查　询

单表查询是指仅涉及一个表的查询。

9.2.1　选择表中若干列

如果用户只对表中部分列感兴趣，查询时可不使用 WHERE 子句，选择表中的全部列或部分列，也称作投影查询。基本语法为：

```
SELECT [ ALL | DISTINCT ] [ TOP n [ PERCENT ]] < select_list >
FROM table_source
```

参数说明：

（1）ALL：指定在结果集中可以显示重复行。ALL 是默认设置。

（2）DISTINCT：指定在结果集中去除重复行，只显示唯一行。

（3）TOP n [PERCENT]：指定只从查询结果集中输出前 n 行。n 是介于 0 和 4294967295 之间的整数。如果还指定了 PERCENT，则只从结果集中输出前百分之 n 行，此时 n 必须是介于 0 和 100 之间的整数。如果查询包含 ORDER BY 子句，将输出由 ORDER BY 子句排序的前 n 行（或前百分之 n 行）。

1.　查询指定列

各列的先后顺序可与表中顺序不一致，用户根据应用需要改变显示顺序，各列间用逗号分隔。

【例 9.1】　查询全体学生的学号、姓名和年龄。

```
SELECT SNO, SNAME, SAGE
FROM STUDENT
```

单击常用工具栏中的 新建查询(N) 按钮，在查询窗口中编辑 SQL 语句，单击 执行(X) 按钮，查询结果显示在下方窗口中，如图 9.1 所示。

2.　查询全部列

选择表中所有列，可以有两种方法。一种方法是在 SELECT 关键字后面列出所有列名，如果列的显示顺序与表中顺序相同，可以用"*"代替列名。

【例 9.2】　查询全体学生的情况。

图 9.1　[例 9.1] 的查询结果

```
SELECT SNO,SNAME,SDEPT,SSEX,SAGE,SHEIGHT,SCPM,SRMK
FROM STUDENT
或 SELECT * FROM STUDENT
```

3.　查询结果中包含计算项

查询结果不仅可以是表中列的值，也可以是表达式值。表达式可以包含算术表达式、常量或函数。

【例 9.3】　查询全体学生的姓名及出生年份（假设当前年份为 2009 年）。

```
SELECT SNAME, 2009-SAGE
FROM STUDENT
```

执行结果如图 9.2 所示。

【例 9.4】 查询全体学生的姓名，并将姓和名分别显示。

```
SELECT SNAME, SUBSTRING(SNAME,1,1), SUBSTRING(SNAME,2,2)
FROM STUDENT
```

执行结果如图 9.3 所示。

	SNAME	(无列名)
1	赵一	1989
2	孙二	1990
3	张三	1988
4	李四	1987
5	王唯一	1989
6	王胜利	1988
7	付丽	1987
8	张佳	1988
9	黄河	1991
10	李柔	1990

图 9.2 ［例 9.3］的查询结果

	SNAME	(无列名)	(无列名)
1	赵一	赵	一
2	孙二	孙	二
3	张三	张	三
4	李四	李	四
5	王唯一	王	唯一
6	王胜利	王	胜利
7	付丽	付	丽
8	张佳	张	佳
9	黄河	黄	河
10	李柔	李	柔

图 9.3 ［例 9.4］的查询结果

其中，SUBSTRING 函数为系统标量函数，其作用是截取字符串的子串，具体语法请参考表 8.7。查询时使用的其他系统函数请参考 8.1.3 节。

4. 查询结果中的列标题显示

在图 9.2 和 9.3 中，查询结果的列标题含（无列名），对于其他用户来说很难理解它的涵义。因此，通过指定别名来改变查询结果的列标题，这对于显示包含计算项的查询结果尤为有用。可以使用以下两种格式指定别名：

（1）<列名> [AS] <列标题> 其中 AS 可省略

（2）<列标题> = <列名>

【例 9.5】 对例 9.4 中的查询结果指定列标题。

	学生姓名	姓	名
1	赵一	赵	一
2	孙二	孙	二
3	张三	张	三
4	李四	李	四
5	王唯一	王	唯一
6	王胜利	王	胜利
7	付丽	付	丽
8	张佳	张	佳
9	黄河	黄	河
10	李柔	李	柔

图 9.4 ［例 9.5］的查询结果

```
SELECT SNAME AS 学生姓名, SUBSTRING(SNAME,1,1) AS 姓,
SUBSTRING(SNAME,2,2) AS 名 FROM STUDENT
或 SELECT 学生姓名=SNAME, 姓=SUBSTRING(SNAME,1,1),
名=SUBSTRING(SNAME,2,2) FROM STUDENT
```

执行结果如图 9.4 所示。

5. 查询结果中消除重复行

本来并不相同的记录，投影到指定的某些列上后，可能包含很多重复行。默认情况下为 ALL，即保留表中的重复行。如果想去掉结果表中的重复行，必须使用 DISTINCT 关键字。

【例 9.6】 对比以下两条查询语句的执行结果，理解 DISTINCT 的作用。

① SELECT SDEPT，SSEX FROM STUDENT

② *SELECT DISTINCT SDEPT, SSEX FROM STUDENT*

执行结果如图 9.5 所示。

6. 限制结果集的返回行数

使用 TOP n [PERCENT] 关键字进行限制。

【例 9.7】 查询 STUDENT 表中前 6 个学生的情况。

SELECT TOP 6 * FROM STUDENT
或 SELECT TOP 60 PERCENT * FROM STUDENT

执行结果如图 9.6 所示。

	SDEPT	SSEX
1	电力	男
2	动力	女
3	英语	男
4	数学	男
5	电力	女
6	数学	男
7	英语	女
8	数学	女
9	电力	男
10	电力	女

	SDEPT	SSEX
1	电力	男
2	电力	女
3	动力	女
4	数学	男
5	数学	女
6	英语	男
7	英语	女

	SNO	SNAME	SDEPT	SSEX	SAGE	SHEIGHT	SCPM	SRMK
1	001	赵一	电力	男	20	173.5	NULL	六级
2	002	孙二	动力	女	19	165.3	NULL	班长
3	003	张三	英语	男	21	180.5	NULL	
4	004	李四	数学	男	22	178.3	NULL	留级
5	005	王唯一	电力	女	20	160.2	NULL	
6	006	王胜利	数学	男	21	170.8	NULL	

图 9.5 ［例 9.6］的查询结果   图 9.6 ［例 9.7］的查询结果

7. 替换显示结果的内容

在对表进行查询时，有时对所查询的某些列希望得到的是一种概念而不是具体的数据。例如，查询学生成绩时按相应等级进行替换。

要替换查询结果中的数据，则要使用 CASE 表达式，格式为：

```
CASE
    WHEN 条件1 THEN 表达式1
    WHEN 条件2 THEN 表达式2
    ……
    ELSE 表达式n
END
```

【例 9.8】 查询 SC 表中学生成绩，对其成绩按以下规则进行
替换：成绩 90～100 为"优秀"，80～89 为"良好"，70～79 为
"中等"，60～69 为"及格"，<60 为"不及格"。

SELECT 学号=SNO,课程号=CNO,成绩=SCORE,等级=
CASE
 WHEN SCORE<60 THEN '不及格'
 WHEN SCORE>=60 AND SCORE<=69 THEN '及格'
 WHEN SCORE>=70 AND SCORE<=79 THEN '中等'
 WHEN SCORE>=80 AND SCORE<=89 THEN '良好'
 ELSE '优秀'
END
FROM SC

执行结果如图 9.7 所示。

	学号	课程号	成绩	等级
1	001	C01	80.0	良好
2	001	C04	58.0	不及格
3	002	C03	75.0	中等
4	002	C04	87.0	良好
5	003	C06	60.0	及格
6	004	C05	89.0	良好
7	005	C04	50.0	不及格
8	006	C02	90.0	优秀
9	007	C01	86.0	良好
10	007	C04	70.0	中等
11	008	C01	85.0	良好
12	008	C05	70.0	中等
13	009	C02	78.0	中等
14	009	C03	89.0	良好
15	010	C01	84.0	良好
16	010	C04	94.0	优秀
17	010	C06	98.0	优秀

图 9.7 ［例 9.8］的查询结果

9.2.2   选择表中若干行

查询时使用 WHERE 子句，选择表中满足条件的若干行，也称作选择查询。基本语法为：

```
SELECT select_list FROM table_source
WHERE search_condition
```

其中，*search_condition* 为查询条件，既可以是单一条件，也可以是由算术运算符、比较运算符、逻辑运算符或函数组成的复杂条件。常用的查询条件如表 9.1 所示。

表 9.1   常用的查询条件

查　询　条　件	运　算　符
比较	=、>、<、>=、<=、<>或!=等；
确定范围	BETWEEN AND，　NOT BETWEEN AND
确定集合	IN，　NOT IN
字符匹配	LIKE，　NOT LIKE
空值	IS NULL，　IS NOT NULL
多重条件	AND，　OR

1.　比较运算符

【例 9.9】　查询选修课程号为'C01'的学生的学号和成绩。

```
SELECT SNO, SCORE FROM SC
WHERE CNO='C01'
```

【例 9.10】　查询成绩高于 85 分的学生的学号、课程号和成绩。

```
SELECT SNO, CNO, SCORE FROM SC
WHERE SCORE>85
```

2.　确定范围

BETWEEN…AND…和 NOT BETWEEN…AND…可以用来查找列值在（或不在）指定范围内的记录，其中 BETWEEN 后为下限，AND 后为上限。

【例 9.11】　查询年龄在 20～23 岁（含 20 岁和 23 岁）之间的学生姓名、系别。

```
SELECT SNAME, SDEPT FROM STUDENT
WHERE SAGE BETWEEN 20 AND 23
```

3.　确定集合

谓词 IN 可以用来查找列值属于指定集合的记录。与之对应的是谓词 NOT IN，用于查找列值不属于指定集合的记录。IN 最主要的作用是用于子查询。

【例 9.12】　查询选修 C01 或 C02 的学生的学号、课程号和成绩。

```
SELECT SNO, CNO, SCORE FROM SC
WHERE CNO IN('C01', 'C02')
```

4.　字符匹配

谓词 LIKE 主要用来进行模糊查询，匹配某一查询字符串，语法格式如下：

```
[NOT] LIKE '字符串'
```

其含义是查找指定列值与字符串相匹配的记录，字符串也可以含有通配符"%"和"_"，其中"%"（百分号）代表任意长度字符串，"_"（下划线）代表任意单个字符，包括汉字。例如，"a%b"表示以 a 开头，以 b 结尾的任意长度的字符串，如 ab，acb，acdb 等都满足该匹配串；而"a_b"表示以 a 开头，以 b 结尾的长度为 3 的任意字符串，如 acb，adb 等都满足该匹配串，而 acdb 不满足。

还有另外两个通配符"[ ]"和"[^]"，其中"[ ]"指定范围（[a-f]）或集合（[abcdef]）中的任何单个字符，"[^]"指定不属于指定范围（[a-f]）或集合（[abcdef]）的任何单个字符。例如，"[M-Z]INger"表示以 INger 结尾，以从 M 到 Z 的任何单个字母开头的字符串；"M[^c]%"表示以字母 M 开头，并且第二个字母不是 c 的字符串。

【例 9.13】 查询所有姓张的学生的学号和姓名。

SELECT SNO, SNAME FROM STUDENT WHERE SNAME LIKE '张%'

【例 9.14】 查询姓名中第二个汉字是"一"的学生的学号和姓名。

SELECT SNO, SNAME FROM STUDENT WHERE SNAME LIKE '_一%'

5. 涉及空值

谓词 IS [NOT] NULL 可以用来判断某属性列的值是否为空（NULL），NULL 不代表零，也不代表空格，而是代表"不知道"或者"没有被赋值"。注意：IS 不能用等号（=）代替。

【例 9.15】 查询没有备注信息的学生情况。

*SELECT * FROM STUDENT*
WHERE SRMK IS NULL

执行结果如图 9.8 所示。

6. 多重条件

逻辑运算符 AND 和 OR 可用来联结多个查询条件，AND 优先级高于 OR。

【例 9.16】 查询电力专业所有男生的情况。

	SNO	SNAME	SDEPT	SSEX	SAGE	SHEIGHT	SCPM	SRMK
1	003	张三	英语	男	21	180.5	NULL	NULL
2	005	王唯一	电力	女	20	160.2	NULL	NULL
3	006	王胜利	数学	男	21	170.8	NULL	NULL
4	007	付丽	英语	女	22	162.4	NULL	NULL
5	008	张佳	数学	女	21	162.6	NULL	NULL
6	009	黄河	电力	男	18	171.8	NULL	NULL

图 9.8 ［例 9.15］的查询结果

*SELECT * FROM STUDENT*
WHERE SDEPT='电力' AND SSEX='男'

【例 9.17】 查询选修 C01 或 C02 且分数大于 85 分的学生的学号及成绩。

SELECT SNO, SCORE FROM SC
WHERE (CNO='C01' OR CNO='C02') AND SCORE>85

IN 谓词实际上是多个 OR 运算符的缩写，因此上例中的查询也可以写成如下等价形式：

SELECT SNO, SCORE FROM SC
WHERE CNO IN ('C01','C02') AND SCORE>85

9.2.3 聚集函数

计算诸如平均值和总和的函数被称为聚集函数（Aggregate Functions）。使用聚集函数时，系统对整个表或表的某个组中的列进行汇总、计算，然后为它创建相应字段的单个的值。

在 SELECT 语句中可以单独使用聚集函数，也可以与语句 GROUP BY 联合使用，列的数据类型决定了在这个列上可以使用的聚集函数类型。表 9.2 中列出了聚集函数的作用以及与数据类型间的关系。

表 9.2　　　　　　　　　　　常 用 的 聚 集 函 数

函　　数	作　　用	数　据　类　型
COUNT	统计列中元组的个数	任意类型
MIN	求一列值中的最小值	除 bit 以外的数据类型
MAX	求一列值中的最大值	
SUM	计算一列值的总和	只能用于数值型字段，如 int、decimal、float、money 等
AVG	计算一列的平均值	

1.　COUNT 函数

【例 9.18】　查询电力系学生的总人数。

```
SELECT COUNT(*) FROM STUDENT
WHERE SDEPT = '电力'
```

【例 9.19】　查询选修了课程的学生人数。

```
SELECT COUNT(DISTINCT SNO)
FROM SC
```

学生每选修一门课程，在表 SC 中都有一条相应的记录。一个学生可能选修多门课程，因此为避免重复计算学生人数，必须在 COUNT 函数中使用 DISTINCT 关键字。

2.　MAX 函数和 MIN 函数

【例 9.20】　查询课程号为'C01'的学生成绩的最高分和最低分。

```
SELECT MAX(SCORE) 最高分, MIN(SCORE) 最低分
FROM SC
WHERE CNO = 'C01'
```

3.　SUM 函数和 AVG 函数

【例 9.21】　查询课程号为'C01'的学生成绩的总分和平均分。

```
SELECT SUM(SCORE) 总分, AVG(SCORE) 平均分
FROM SC
WHERE CNO = 'C01'
```

9.2.4　查询结果分组

[例 9.18]中使用聚集函数统计电力系学生人数，通过修改 WHERE 子句中的查询条件可以统计其他系的学生人数，但这需要执行多条语句，非常不方便。那么如何通过一条 SQL 语句就能统计所有系的学生人数呢？

在 SELECT 语句中使用 GROUP BY 子句可以将查询结果分组，并返回行的汇总信息，即对于 GROUP BY 子句中定义的每个组，各返回一个结果。此时，SELECT 子句中的列名必须为分组列或列函数。基本语法为：

```
[ GROUP BY [ ALL ] group_by_expression [ ,…n ]
[ WITH { CUBE | ROLLUP } ] ]
```

其中，WITH CUBE 或 WITH ROLLUP 用于在查询结果中附加汇总结果。

1. GROUP BY 基本用法

【例 9.22】 查询各系学生人数。

```
SELECT SDEPT 系别, COUNT(*) 人数 FROM STUDENT
GROUP BY SDEPT
```

该语句对查询结果按 SDEPT 的值分组，具有相同 SDEPT 值的记录为一组，然后对每一组使用 COUNT 函数统计学生人数。执行结果如图 9.9 所示。

【例 9.23】 查询各门课程的平均成绩和选修人数。

```
SELECT CNO 课程号, AVG(SCORE) 平均分, COUNT(*) 选修人数
FROM SC
GROUP BY CNO
```

执行结果如图 9.10 所示。

	系别	人数
1	电力	4
2	动力	1
3	数学	3
4	英语	2

图 9.9 ［例 9.22］的查询结果

	课程号	平均分	选修人数
1	C01	83.750000	4
2	C02	84.000000	2
3	C03	82.000000	2
4	C04	71.800000	5
5	C05	79.500000	2
6	C06	79.000000	2

图 9.10 ［例 9.23］的查询结果

【例 9.24】 查询各系男生人数、女生人数。

```
SELECT SDEPT 系别 , SSEX 性别 , COUNT(*) 人数
FROM STUDENT
GROUP BY SDEPT , SSEX
```

执行结果如图 9.11 所示。

	系别	性别	人数
1	电力	男	2
2	数学	男	2
3	英语	男	1
4	电力	女	2
5	动力	女	1
6	数学	女	1
7	英语	女	1

图 9.11 ［例 9.24］的查询结果

2. 使用 ROLLUP 和 CUBE 子句

使用 WITH ROLLUP 和 WITH CUBE，可以对 GROUP BY 分组汇总生成超级组。WITH ROLLUP 指定在结果集内不仅包含由 GROUP BY 提供的统计行，还包含第一列各种取值的汇总行，WITH CUBE 对 GROUP BY 子句各列的所有可能组合均产生汇总行。

【例 9.25】 查询各系男生人数、女生人数、各系人数和总人数。

```
SELECT SDEPT 系别 , SSEX 性别 , COUNT(*) 人数
FROM STUDENT
GROUP BY SDEPT , SSEX
WITH ROLLUP
```

执行结果如图 9.12（a）所示，对比图 9.11 可以看到除按 SDEPT，SSEX 汇总数据以外，

还按 SDEPT 产生了更多的汇总行。假如将第一列改为 SSEX，执行后结果如图 9.12（b）所示。请读者自行分析原因。

【例 9.26】 除［例 9.25］的查询要求外，还需汇总男生总数和女生总数。

```
SELECT SDEPT 系别 , SSEX 性别 , COUNT(*) 人数
FROM STUDENT
GROUP BY SDEPT , SSEX
WITH CUBE
```

执行结果如图 9.13（a）所示，对比图 9.12（a）可以看到增加了两行汇总数据，分别表示男生和女生总数。同样，将第一列改为 SSEX，执行后结果如图 9.13（b）所示。

	系别	性别	人数
1	电力	男	2
2	电力	女	2
3	电力	NULL	4
4	动力	女	1
5	动力	NULL	1
6	数学	男	2
7	数学	女	1
8	数学	NULL	3
9	英语	男	1
10	英语	女	1
11	英语	NULL	2
12	NULL	NULL	10

(a)

	性别	系别	人数
1	男	电力	2
2	男	数学	2
3	男	英语	1
4	男	NULL	5
5	女	电力	2
6	女	动力	1
7	女	数学	1
8	女	英语	1
9	女	NULL	5
10	NULL	NULL	10

(b)

图 9.12 ［例 9.25］的查询结果
(a) 第一列为 SDEPT；(b) 第一列为 SSEX

	系别	性别	人数
1	电力	男	2
2	数学	男	2
3	英语	男	1
4	NULL	男	5
5	电力	女	2
6	动力	女	1
7	数学	女	1
8	英语	女	1
9	NULL	女	5
10	NULL	NULL	10
11	电力	NULL	4
12	动力	NULL	1
13	数学	NULL	3
14	英语	NULL	2

(a)

	性别	系别	人数
1	男	电力	2
2	男	数学	2
3	男	英语	1
4	男	NULL	5
5	女	电力	2
6	女	动力	1
7	女	数学	1
8	女	英语	1
9	女	NULL	5
10	NULL	NULL	10
11	NULL	电力	4
12	NULL	动力	1
13	NULL	数学	3
14	NULL	英语	2

(b)

图 9.13 ［例 9.26］的查询结果
(a) 第一列为 SDEPT；(b) 第一列为 SSEX

3. 使用 HAVING 子句

使用 GROUP BY 子句对数据进行分组后，还可以使用 HAVING 子句筛选返回的结果集，此时查询结果中只包含满足 HAVING 条件的组。HAVING 子句与 WHERE 子句类似，均用于设置限定条件，它们的区别在于：WHERE 子句的作用于对查询结果进行分组之前，即在分组之前过滤数据，将不符合 WHERE 条件的行去掉，条件中不能包含聚集函数；而 HAVING 子句作用于分组之后，即在分组之后筛选满足条件的组，条件中一般包含聚集函数。简而言之，WHERE 子句显示特定的行，HAVING 子句显示特定的组。

【例 9.27】 查询平均成绩 80 分以上的学生学号和平均成绩。

```
SELECT SNO , AVG(SCORE) AS 平均成绩
FROM SC
GROUP BY SNO
HAVING AVG(SCORE)>=80
```

该语句先使用 GROUP BY 子句按 SNO 进行分组，然后对每一组使用 AVG 函数计算平均值，最后使用 HAVING 子句指定选择组的条件，只有满足条件（即平均成绩 80 分以上）的组才被显示，执行结果如图 9.14（a）所示。对照不使用 HAVING 子句的执行结果图 9.14（b），可以看到平均成绩小于 80 的组未被显示。

9.2.5 查询结果排序

实际应用中经常要使用 ORDER BY 子句对查询结果按一个或多个属性列排序，默认为升序。对于空值，如果按升序排列，则含空值的记录将最后显示，否则最先显示。

【例 9.28】 查询全体学生的情况，查询结果按所在系的系号升序排列，同系学生按年龄降序排列。

```
SELECT * FROM STUDENT
ORDER BY SDEPT , SAGE DESC
```

	SNO	平均成绩
1	002	81.000000
2	004	89.000000
3	006	90.000000
4	009	83.500000
5	010	92.000000

（a）

结果 消息

	SNO	平均成绩
1	001	69.000000
2	002	81.000000
3	003	60.000000
4	004	89.000000
5	005	50.000000
6	006	90.000000
7	007	78.000000
8	008	77.500000
9	009	83.500000
10	010	92.000000

（b）

图 9.14 ［例 9.27］的查询结果

（a）使用 HAVING 子句；（b）不使用 HAVING 子句

不能对数据类型为 text 或 image 的列使用 ORDER BY。同样，在 ORDER BY 列表中也不允许使用子查询、聚集和常量表达式；不过，可以在聚集或表达式的选择列表中使用用户指定的名称。

【例 9.29】 查询学生的学号和平均分，且按平均分降序排列。

```
SELECT SNO , AVG(SCORE) AS 平均成绩
FROM SC
GROUP BY SNO
ORDER BY 平均成绩 DESC
```

ORDER BY 还可以和 COMPUTE BY 子句连用，对结果排序的同时还产生附加的汇总行。

【例 9.30】 查询电力系学生的学号、姓名、年龄，并产生一个学生总人数行。

```
SELECT SNO , SNAME , SAGE
FROM STUDENT
WHERE SDEPT = '电力'
COMPUTE COUNT(SNO)
```

结果 消息

	SNO	SNAME	SAGE
1	001	赵一	20
2	005	王唯一	20
3	009	黄河	18
4	010	李柔	19

	cnt
1	4

图 9.15 ［例 9.30］的查询结果

执行结果如图 9.15 所示。

从图 9.15 可以看出，COMPUTE 子句在明细数据后产生了一个汇总行，其列名是系统自定的，对于 COUNT 函数为 cnt，对于 AVG 函数是 avg，对于 SUM 函数是 sum 等。

【例 9.31】 将学生按专业名排序，并汇总各专业人数和平均身高。

```
SELECT SDEPT , SNO , SNAME , SAGE , SHEIGHT
FROM STUDENT
ORDER BY SDEPT
COMPUTE COUNT(SNO),AVG(SHEIGHT) BY SDEPT
```

执行结果如图 9.16 所示。

9.2.6 查询结果生成新表

实际应用中使用 INTO 子句将查询的结果集保存为一个新表，供以后使用。

【例 9.32】 由 STUDENT 表创建“电力系学生”表，包括学号、姓名、年龄、身高。

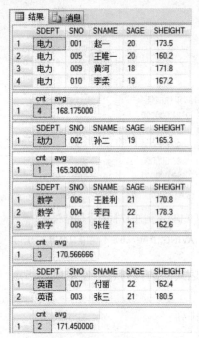

图 9.16　［例 9.31］的查询结果

```
SELECT SNO , SNAME , SAGE , SHEIGHT
INTO 电力系学生
FROM STUDENT
WHERE SDEPT = '电力'
```

在企业管理器中查看"电力系学生"表，表中列名、数据类型、长度等与 STUDENT 表一致。

9.2.7　联合查询

使用 UNION 子句可以将多个 SELECT 语句查询结果合并成一个结果集。

【例 9.33】　将 STUDENT 表中数学系学生和"电力系学生"表数据合并。

```
SELECT SNO , SNAME , SAGE , SHEIGHT
FROM STUDENT
WHERE SDEPT = '数学'
UNION
SELECT * FROM 电力系学生
```

在使用 UNION 子句时要求所有查询中的列数、列的顺序必须相同，且列的类型必须兼容。

9.3　多　表　查　询

实际应用中，数据往往需要同时在相关联的多个表中得到。例如，需要查询电力系所有学生的成绩。多表查询是指同时涉及两个以上的表的查询，又称为连接查询。连接查询是关系数据库中最主要的查询，包括内连接、外连接和自连接。

9.3.1　内连接

连接查询中用来连接多个表的条件称为连接条件，连接的表名之间用逗号隔开。内连接使用比较运算符根据每个表共有的列的值匹配两个表中的行。其一般格式为：

```
[<表名 1>.]<列名 1>  <比较运算符>  [<表名 2>.]<列名 2>
```

当比较运算符为"="时，称为等值连接，当比较运算符为">"、"<"、">="、"<="、"!= "时称为非等值连接。一般来说，连接条件中的各连接字段类型必须是可比的。

【例 9.34】　查询每个学生的情况及选修课程的情况。

学生情况存放在 STUDENT 表中，学生选课情况存放在 SC 表中，因此查询涉及两个表，而表 STUDENT 和表 SC 之间的联系通过相同属性 SNO 来实现。

```
SELECT STUDENT.*, SC.* FROM STUDENT, SC
WHERE STUDENT.SNO = SC.SNO
```

执行结果如图 9.17 所示。

【例 9.35】　查询选修了"电磁场"课程且成绩在 85 分以上的学生学号、姓名、课程名和成绩。

```
SELECT STUDENT.SNO, SNAME, CNAME, SCORE
FROM STUDENT, COURSE, SC
```

WHERE STUDENT.SNO = SC.SNO AND COURSE.CNO = SC.CNO AND CNAME = '电磁场' AND SCORE>=85

	SNO	SNAME	SDEPT	SSEX	SAGE	SHEIGHT	SCPM	SRMK	SNO	CNO	SCORE
1	001	赵一	电力	男	20	173.5	NULL	六级	001	C01	80.0
2	001	赵一	电力	男	20	173.5	NULL	六级	001	C04	58.0
3	002	孙二	动力	女	19	165.3	NULL	班长	002	C03	75.0
4	002	孙二	动力	女	19	165.3	NULL	班长	002	C04	87.0
5	003	张三	英语	男	21	180.5	NULL	NULL	003	C06	60.0
6	004	李四	数学	男	22	178.3	NULL	留级	004	C05	89.0
7	005	王唯一	电力	女	20	160.2	NULL	NULL	005	C04	50.0
8	006	王胜利	数学	男	21	170.8	NULL	NULL	006	C02	90.0
9	007	付丽	英语	女	22	162.4	NULL	NULL	007	C01	86.0
10	007	付丽	英语	女	22	162.4	NULL	NULL	007	C04	70.0
11	008	张佳	数学	女	21	162.6	NULL	NULL	008	C01	85.0
12	008	张佳	数学	女	21	162.6	NULL	NULL	008	C05	70.0
13	009	黄河	电力	男	18	171.8	NULL	NULL	009	C02	78.0
14	009	黄河	电力	男	18	171.8	NULL	NULL	009	C03	89.0
15	010	李柔	电力	女	19	167.2	NULL	学习标兵	010	C01	84.0
16	010	李柔	电力	女	19	167.2	NULL	学习标兵	010	C04	94.0
17	010	李柔	电力	女	19	167.2	NULL	学习标兵	010	C06	98.0

图 9.17 ［例 9.34］的查询结果

在 SELECT 子句中，SNO 前的 "STUDENT." 称为列前缀，用来说明该列来自哪个表，以消除歧义。当列名在所有表中都是唯一的时，则可省略列前缀。

连接运算中有两种特殊情况，一种为自然连接，另一种为广义笛卡尔乘积。在［例 9.33］中，查询结果包含重复的属性 STUDENT 表的 SNO 列和 SC 表的 SNO 列，如果将其中某一重复属性列去掉则为自然连接。而广义笛卡尔乘积是指不带连接条件的连接，即两个表中元组的交叉组合，其查询结果会产生一些没有意义的元组。连接查询实际上是先把要连接的表作笛卡尔积，然后用 WHERE 子句选择满足条件的行，最后用 SELECT 投影要返回的列。

对［例 9.34］用自然连接查询，语句如下：

```
SELECT STUDENT.SNO, SNAME, SSEX, SAGE, SDEPT, CNO, SCORE
FROM STUDENT, SC
WHERE STUDENT.SNO = SC.SNO
```

内连接也可使用 [INNER] JOIN ON 子句实现，其一般格式为：

```
FROM <表名 1> [INNER] JOIN <表名 2>
[ON <条件表达式>]
```

【例 9.36】 用 JOIN 子句实现［例 9.34］。

```
SELECT STUDENT.*, SC.* FROM STUDENT JOIN SC
ON STUDENT.SNO = SC.SNO
```

【例 9.37】 用 JOIN 子句实现［例 9.35］。

```
SELECT STUDENT.SNO, SNAME, CNAME, SCORE
FROM STUDENT JOIN SC ON STUDENT.SNO = SC.SNO JOIN COURSE ON COURSE.CNO = SC.CNO
WHERE CNAME = '电磁场' AND SCORE>=85
```

9.3.2 外连接

仅当至少有一个同属于两表的行符合连接条件时，内连接才返回行。内连接消除与另一个表中的任何行不匹配的行，而外连接会返回 FROM 子句中提到的至少一个表或视图的所有行，只要这些行符合任何 WHERE 或 HAVING 搜索条件。外连接包括左外连接、右外连接和全外连接。其一般格式为：

```
FROM <表名1> LEFT | RIGHT | FULL [OUTER] JOIN <表名2>
  [ON <条件表达式>]
```

（1）左外连接的结果集包括 LEFT OUTER 子句中指定的左表的所有行，而不仅仅是连接列所匹配的行。如果左表的某行在右表中没有匹配行，则在相关联的结果集行中右表的所有选择列表列均为 NULL。

（2）右外连接是左外连接的反向连接，返回右表的所有行，如果右表的某行在左表中没有匹配行，则将为左表返回 NULL。

（3）全外连接返回左表和右表中的所有行。当某行在另一个表中没有匹配行时，则另一个表的选择列表列均为空值。如果表之间有匹配行，则整个结果集行包含基表的数据值。全外连接是左外连接和右外连接的并集。

【例 9.38】 查询课程被选修的情况，要求包含学号、课程号、课程名，同时还需显示无人选修的课程。

SC 表中尚有一门课程 C07 无人选修，如果采用内连接，则不会显示未被选修的课程。使用外连接，语句如下：

SELECT SC.SNO , COURSE.CNO , CNAME
FROM SC RIGHT JOIN COURSE ON COURSE.CNO = SC.CNO

执行结果如图 9.18 所示。

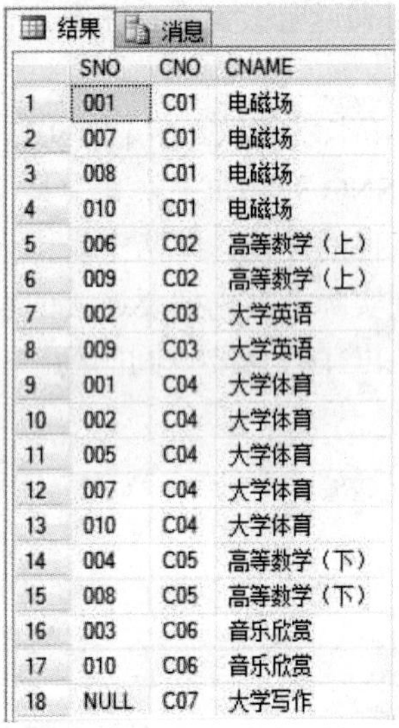

图 9.18 中 SNO 列为 NULL 的行表示该课程无人选修。上述语句等效于：

SELECT SC.SNO , COURSE.CNO , CNAME
FROM COURSE LEFT JOIN SC ON COURSE.CNO = SC.CNO

其他外连接情况与［例 9.38］类似，请读者自行验证，在此不再赘述。

	SNO	CNO	CNAME
1	001	C01	电磁场
2	007	C01	电磁场
3	008	C01	电磁场
4	010	C01	电磁场
5	006	C02	高等数学（上）
6	009	C02	高等数学（上）
7	002	C03	大学英语
8	009	C03	大学英语
9	001	C04	大学体育
10	002	C04	大学体育
11	005	C04	大学体育
12	007	C04	大学体育
13	010	C04	大学体育
14	004	C05	高等数学（下）
15	008	C05	高等数学（下）
16	003	C06	音乐欣赏
17	010	C06	音乐欣赏
18	NULL	C07	大学写作

图 9.18 ［例 9.38］的查询结果

9.3.3 自连接

将一个表与它自身进行连接，称为自连接。使用自连接时需为表指定两个别名，且对列的引用都要用别名限定。

【例 9.39】 查询与"赵一"同一专业的学生姓名。

SELECT DISTINCT A.SNAME
FROM STUDENT A JOIN STUDENT B ON A.SDEPT = B.SDEPT AND B.SNAME = '赵一'

9.4 嵌 套 查 询

在 SQL 语言中，一个 SELECT-FROM-WHERE 语句称为一个查询块。将一个查询块嵌套在另一个查询块的 WHERE 子句或 HAVING 子句的条件中的查询称为嵌套查询。外层查询称为父查询（或主查询），内层查询称为子查询（或从查询），先处理子查询，再处理父查询。子查询可以嵌套多层，子查询的结果集又成为父查询的条件。

9.4.1　简单嵌套查询

简单嵌套查询中子查询的结果只有一个值，其结果值直接提供给外层查询，使用比较运算符进行比较。

【例 9.40】　查询课程号为'C01'且成绩高于学号为'010'的所有学生的学号和成绩。

首先查询课程号为'C01'且学号为'010'的学生成绩，然后将结果返回给外层查询。

```
SELECT SNO, SCORE FROM SC
WHERE CNO = 'C01' AND SCORE >
   (SELECT SCORE FROM SC
     WHERE CNO = 'C01' AND SNO = '010')
```

【例 9.41】　查询课程号为'C01'且成绩在平均分以上的学生的学号和姓名。

```
SELECT STUDENT.SNO, SNAME FROM STUDENT, SC
WHERE STUDENT.SNO = SC.SNO AND CNO = 'C01' AND SCORE >
         (SELECT AVG(SCORE) FROM SC
              WHERE CNO = 'C01')
```

9.4.2　带 IN 谓词的嵌套查询

子查询的结果值多于一个，将结果集提供给外层查询，使用 [NOT] IN 谓词判断外层查询的某个值是否在这个结果集中。

【例 9.42】　查询选修了课程的学生情况。

首先查询选修了课程的学生学号，然后将结果集返回给外层查询。

```
SELECT * FROM STUDENT
WHERE SNO IN (SELECT DISTINCT SNO FROM SC)
```

【例 9.43】　查询所有课程中不及格的学生的学号、姓名和所在院系。

```
SELECT SNO , SNAME , SDEPT FROM STUDENT
WHERE SNO IN (SELECT DISTINCT SNO FROM SC
                WHERE SCORE < 60 )
```

【例 9.44】　查询选修学分值大于 3 的课程的学生的学号、姓名和所在院系。

```
SELECT SNO , SNAME , SDEPT FROM STUDENT
WHERE SNO IN (SELECT SNO FROM SC
                WHERE CNO IN (SELECT CNO FROM COURSE
                                WHERE CCREDIT > 3 )
                )
```

[例 9.44] 也可以用连接查询完成，请读者自行思考。

9.4.3　带 SOME | ANY | ALL 谓词的嵌套查询

SOME、ANY、ALL 均为 SQL 的逻辑运算符，请读者参考 8.1.2 节。SOME 和 ANY 的涵义相同，即如果在一系列比较中，有些为 TRUE，则为 TRUE，早期的 SQL 版本只允许使用 ANY，后来引入了 SOME，同时保留了 ANY；ALL 的涵义为如果在一系列比较中，全部都为 TRUE，则为 TRUE，否则只要有一个为 FALSE，则为 FALSE。

【例 9.45】　查询比所有电力系学生年龄都大的学生。

```
SELECT * FROM STUDENT
WHERE SAGE > ALL(SELECT SAGE FROM STUDENT
```

```
                        WHERE SDEPT = '电力')
```

该语句等效于：

```
SELECT * FROM STUDENT
WHERE SAGE > (SELECT MAX(SAGE) FROM STUDENT
                    WHERE SDEPT = '电力')
```

【例 9.46】 查询课程号为'C02'的成绩不低于'C01'的最低成绩的学生。

```
SELECT * FROM SC
WHERE CNO = 'C02' AND SCORE >= SOME(
                            SELECT SCORE FROM SC
                            WHERE CNO = 'C01')
```

9.4.4 带 EXISTS 谓词的嵌套查询

EXISTS 是 SQL 的逻辑运算符，涵义是如果子查询包含一些行，则为 TRUE。子查询是一个受限的 SELECT 语句，不允许有 COMPUTE 子句和 INTO 关键字。EXISTS 只查找满足条件的记录，一旦找到第一个匹配的记录就停止查找。

【例 9.47】 查询没有选课的学生情况。

```
SELECT * FROM STUDENT
WHERE NOT EXISTS(SELECT * FROM SC
                    WHERE SC.SNO = STUDENT.SNO)
```

【例 9.48】 查询选修了所有课程的学生情况。

```
SELECT * FROM STUDENT
WHERE NOT EXISTS(SELECT * FROM COURSE
                    WHERE NOT EXISTS (
                        SELECT * FROM SC
                        WHERE SNO = STUDENT.SNO AND CNO = COURSE.CNO)
                    )
```

9.5 视　　图

9.5.1 视图的概念

视图是从一个或多个表或视图中导出的表，是一个"虚表"，其结构和数据建立在对基本表的查询基础之上。和基本表一样，视图也包括多个被定义的列和多个数据行，但视图中的数据并不以视图结构存储在数据库中，而是存储在视图所引用的表中，并且在引用视图时动态生成。对视图的操作与对表的操作一样，可以对其进行查询、修改（有一定的限制）、删除。对视图中的数据进行修改时，相应的基本表的数据也会发生变化，同时，若基本表的数据发生变化，则这种变化也可以自动地反映到视图中。

使用视图有以下优点：

（1）视点集中。视图集中即用户只关心感兴趣的某些特定数据，这样通过只允许用户看到视图中所定义的数据而不是视图引用表中的数据，提高了数据的安全性。

（2）简化操作。视图大大简化了用户对数据的操作。视图本身就是一个复杂查询的结果集，这样在每一次执行相同的查询时，不必重写这些复杂的查询语句，只要一条简单的查询视图语句即可。视图向用户隐藏了表与表之间的复杂的连接操作。

（3）定制数据。视图能够实现让不同的用户以不同的方式看到不同或相同的数据集。当有许多不同用户共享同一数据库时，这显得极为重要。

（4）合并分割数据。有些情况下，由于表中数据量太大，故在表的设计中常将表进行水平分割或垂直分割，但表的结构变化却会对应用程序产生不良的影响。如果使用视图就可以重新保持原有的结构关系，从而使外模式保持不变，原有的应用程序仍可以通过视图来重载数据。

（5）安全性。视图可作为一种安全机制，用户通过视图只能查看和修改他们所能看到的数据，其他数据库或表不可见也不可以访问。如果某一用户想要访问视图的结果集，必须得到其访问权限。视图所引用表的访问权限与视图权限的设置互不影响。

在使用视图的时候，需要注意以下限制：

（1）视图数据的更改。当用户更新视图中的数据时，其实更改的是其对应的数据表的数据。无论是对视图中的数据进行更改，还是在视图中插入或者删除数据，都是类似的道理。但是，不是所有视图都可以进行更改。比如下面这些视图，就不能够直接对其内容进行更新，否则，系统会拒绝这种非法操作。

在视图中使用 GROUP BY 子句，对视图内容进行汇总，则用户不能更新视图。主要原因是对查询结果汇总后，视图会丢失这条记录的物理存储位置，系统也就无法找到需要更新的记录。

在视图中不能使用 DISTINCT 关键字。比如，如果不使用 DISTINCT 关键字，视图查询出的记录有 250 条，而使用 DISTINCT 关键字后，重复记录被删除，只显示不重复的 50 条记录。此时，视图中的一条记录，在基础表中可能对应有几十条记录，若用户要修改其中的数据，系统不知道其到底更改哪条记录。

在视图中使用 AVG、MAX 等聚集函数，也不能对其进行更新。这是数据库为了保障数据一致性所添加的限制条件。由此可见，视图虽然方便、安全，但其仍然不能完全替代表。当需要对表中数据进行更新时，往往更多地是通过对表的操作来完成。

（2）定义视图的查询语句中不能使用某些关键字。视图是一组查询语句，换句话说，视图是封装查询语句的一个工具。在创建视图的查询语句中，不能使用 INTO 关键字，也不能使用 ORDER BY 排序语句。

（3）要对某些列取别名，并保证列名的唯一。在表进行连接查询时，如果不同表的列名相同，只需要加上列前缀即可，不需要另外对列命名。但是，在创建视图时就会出现问题，数据库会出现"duplicate column name"错误提示，警告用户有重复的列名。

在查询语句中，可能会比较频繁地使用算术表达式或函数，在查询的时候，可以不取"别名"，由系统自动命名。但在创建视图时，系统不会自动命名。

从以上两个例子中，我们可以看出，虽然视图是对 SQL 语句的封装，但两者仍然有差异。创建视图的查询语句必须要遵守一定的规则。

（4）权限上的双重限制。为了保障基础表数据的安全性，在创建视图的时候，权限控制比较严格。

一方面，若用户需要创建视图，则必须要有数据库视图创建的权限，这是视图建立时必须遵循的一个基本条件。比如有些数据库管理员虽然具有表的创建、修改权限，但这并不表示这个数据库管理员就有建立视图的权限。恰恰相反，在大型数据库设计中，往往会对数据库管理员进行分工。建立基础表的就只负责建立基础表，负责创建视图的就只有创建视图的权限。

其次，在具有创建视图权限的同时，用户还必须具有访问对应表的权限。比如某个数据库管理员，已经有了创建视图的权限。此时，若需要创建一张员工工资信息的视图，还不一定成功，还需要这个数据库管理员具有与工资信息相关的基础表的访问权限，否则建立视图也会以失败告终。

此外，还包括只能在当前数据库中创建视图、不能在视图上创建索引等限制。可见，视图虽然灵活、安全、方便，但其仍然有比较多的限制条件。一般来说，在报表、表单等工作上适合使用视图，可以重复利用其 SQL 语句；而在基础表的操作上，包括记录的更改、删除或者插入，往往是直接对基础表进行更新。

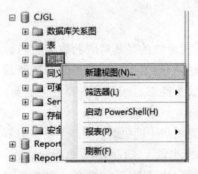

图 9.19　新建视图

9.5.2　使用企业管理器管理视图

创建视图前，必须保证所涉及的表或其他视图已经存在，而且用户需具有查询表和视图的权限。在企业管理器中创建视图步骤如下：

（1）启动企业管理器，展开"数据库"节点下 CJGL 数据库，右键单击"视图"，在快捷菜单中选择"新建视图"选项，如图 9.19 所示。

（2）弹出窗口如图 9.20 所示，共有四个区：表区、列区、SQL Script 区、数据结果区（此时窗口中的四个区都是空白的）。

图 9.20　创建视图窗口

（3）单击图标▦，或在表区单击右键，选择"添加表"，打开添加表对话框，如图 9.21 所示。

（4）在"添加表"对话框中选择要添加的表或视图，单击"添加"按钮，选择的表自动添加在表区，相应的脚本显示在 SQL Script 区。如图 9.22 所示。

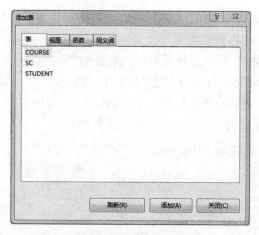

图 9.21 添加表对话框

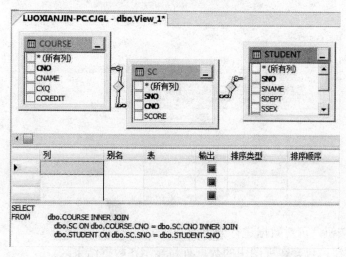

图 9.22 添加表到视图中

（5）关闭"添加表"对话框，选择表区的表中要输出的字段，也可以在列区的"列"栏中选择字段，SQL Script 区中的脚本也随之变化，如图 9.23 所示。

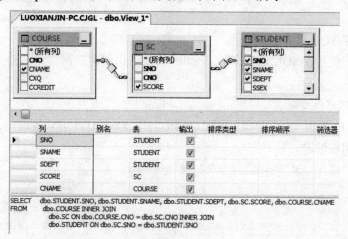

图 9.23 选择字段

STUDENT 表和 SC 表通过 SNO 列进行关联，系统默认的查询类型为内连接，也可以通过右键单击表区的表间连线将查询类型更改为左外连接或右外连接，对应的选项分别是"选择所有行：来自 STUDENT"和"选择所有行：来自 SC"。

（6）在列区中设置列的别名、排序类型和顺序、筛选器等，例如查询所有课程成绩 80 分以上的电力系学生，且按学号升序排列，则可指定 SNO 排序类型为"升序"，SDEPT 规则为"='电力'"，SCORE 规则为">=80"，如图 9.24 所示。

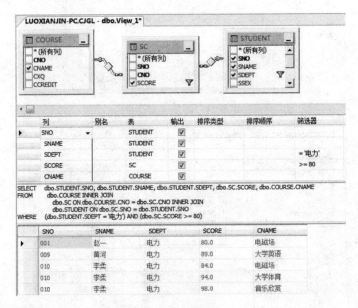

图 9.24　设置规则

（7）单击 ⃔≣ 按钮，可对数据进行分组。

（8）单击 ❗ 按钮，包含在视图中的数据行将显示在数据结果区。

（9）单击 🖫 按钮，输入视图名称 View_1，单击"保存"按钮完成视图的创建。另外，可以直接在 SQL Script 区中输入查询语句，视图内容由该查询语句产生。

（10）展开"视图"，选择 View_1，可以对视图进行操作。对视图的操纵和表类似，不再详述。

9.5.3　使用 T-SQL 语句管理视图

在查询窗口中使用 T-SQL 语言中的 Create View 语句创建视图，语法格式如下：

```
CREATE VIEW view_name
AS select_statement
```

注意：在 SELECT 语句中，不能使用 COMPUTE、COMPUTE BY 等语句，不能使用 INTO 关键字，不能使用临时表。

【例 9.49】　使用 T-SQL 语句创建 9.5.2 节中的视图。

```
CREATE VIEW VIEW2
AS
SELECT STUDENT.SNO, STUDENT.SNAME, STUDENT.SDEPT, SC.CNO,SC.SCORE
FROM STUDENT , SC
```

```
WHERE STUDENT.SNO = SC.SNO AND STUDENT.SDEPT = '电力' AND SC.SCORE >= 80
```

修改视图与修改表一样都使用 ALTER 语句。其语法为:

```
ALTER VIEW view_name
AS select_statement
```

删除视图使用 DROP 语句。其语法为:

```
DROP VIEW view_name
```

【例 9.50】　修改 [例 9.49] 中的视图,要求查询所有课程成绩 80 分以下的学生。

```
ALTER VIEW VIEW2
AS
SELECT STUDENT.SNO, STUDENT.SNAME, STUDENT.SDEPT, SC.CNO,SC.SCORE
FROM STUDENT , SC
WHERE STUDENT.SNO = SC.SNO AND SC.SCORE < 80
```

【例 9.51】　删除 [例 9.50] 中的视图。

```
DROP VIEW VIEW2
```

9.5.4　使用视图管理数据

视图与表具有相似的结构,向视图查询、插入、更新、删除数据时,实际上对视图所引用的表执行上述操作。

1. 查询视图

【例 9.52】　查询平均成绩在 75 分以上的学生学号和平均成绩。

本查询可通过 8.4 节介绍的嵌套查询完成,也可以通过视图来实现。首先创建学生平均成绩视图 SC_AVG,再对该视图进行查询。

```
CREATE VIEW SC_AVG( XH , PJZ )
AS
SELECT SNO , AVG(SCORE)
FROM SC
GROUP BY SNO
```

其中,XH 为学号,PJZ 为平均成绩。以下是查询语句:

```
SELECT * FROM SC_AVG
WHERE PJZ >= 75
```

从本例可以看出,创建视图可以向最终用户隐藏复杂的表,简化用户的程序设计,由此可知,视图可以通过创建视图时指定限制条件和指定列来限制用户对基本表的访问,从而提高数据的安全性。

使用视图时,若其关联的基本表中添加了新字段,则必须重新创建视图才能查询到新的字段。如果与视图关联的表或视图被删除,则该视图将不能再使用。

2. 插入数据

向视图插入数据实质是向其所引用的基本表中插入数据,所以必须确认那些包括在视图列但属于表的列允许 NULL 值或 DEFAULT 值。同时,一条语句只能对属于同一个表的列执行操作。

【例 9.53】　创建视图 SC_CJ,用于查询学生的学号、姓名、系别、年龄、性别、课程号及成绩，并插入一条记录（'011'，'吴明'，'数学'，20，'男'，'011'，'C02'，90）。

```
CREATE VIEW SC_CJ(STUDENT_SNO,SNAME,SDEPT,SAGE,SSEX, SC_SNO,CNO,SCORE)
AS
SELECT
STUDENT.SNO,STUDENT.SNAME,STUDENT.SDEPT,STUDENT.SAGE,STUDENT.SSEX, SC.SNO,
SC.CNO,SC.SCORE FROM STUDENT , SC
WHERE STUDENT.SNO = SC.SNO
```

执行以下 INSERT 语句尝试向视图增加记录：

```
INSERT INTO SC CJ
VALUES('011','吴明','数学',20,'男', '011','C02',90)
```

此时系统会提示错误信息。因此要插入这条记录，只能分别执行以下两条语句：

```
INSERT INTO SC_CJ(STUDENT_SNO, SNAME, SDEPT, SAGE, SSEX)
VALUES('011','吴明','数学',20,'男')
INSERT INTO SC_CJ(SC_SNO, CNO, SCORE)
VALUES('011','C02',90)
```

返回查看 STUDENT 和 SC 表中记录，可以看到新记录已添加到上述两表中。

3. 更新数据

与 INSERT 语句一样，使用 UPDATE 语句时被更新的列必须属于同一个表。

【例 9.54】　通过［例 9.53］中创建的视图 SC_CJ，修改"赵一"的'C01'课程成绩为 70 分。

```
UPDATE SC_CJ
SET SCORE = 75
WHERE SNAME = '赵一' AND CNO = 'C01'
```

4. 删除数据

对于依赖于多个基本表的视图，不能使用 DELETE 语句。

【例 9.55】　创建视图 STUDENT_DY，用于查询所有党员学生，并删除女学生。

```
CREATE VIEW STUDENT_DY
AS
SELECT * FROM STUDENT
WHERE SCPM = 1
```

由于 SC 表中 SNO 列参照了 STUDENT 表中的 SNO 列，因此删除前应解除参照关系。执行以下 DELETE 语句删除记录：

```
DELETE FROM STUDENT_DY
WHERE SSEX = '女'
```

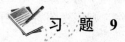

习　题　9

1. 在 CJGL 数据库中实现以下查询：

（1）检索"大学英语"课程的课程号和开课学期；

（2）检索身高在 175cm 以上的男生信息；

（3）查询所有姓"李"的同学的基本情况；

（4）检索平均成绩在 75 分以上的学生姓名、性别和专业；

（5）将所有学生信息按身高逆序排序；

（6）检索至少选修了两门课程的学生学号；

（7）检索同时选修了课程号为'C01'和'C02'这两门课程的学生学号；

（8）查询每门课的最高分的学生姓名；

（9）检索选修课程包含学号为'001'的学生所选课程的学生学号；

（10）创建名为 AVG90 的视图，包含所有平均成绩在 90 分以上的学生信息。

2．在 ZYGL 数据库中实现以下查询：

（1）查询每个职员的所有数据；

（2）查询每个职员的手机号码和工龄；

（3）查询员工号为 001 的职员的手机号码和工龄；

（4）查询职员表中女职工的手机号码和出生日期，并指定列标题为 phoneNO 和 birth_date；

（5）查询所有姓'王'的职员的部门号；

（6）查询所有收入在 2000～3000 之间的职员号；

（7）查询销售部的职员情况；

（8）查询销售部年龄不低于采购部职员年龄的职员姓名；

（9）查询比所有销售部职员收入都高的职员姓名；

（10）查询销售部职员的平均实际收入；

（11）查询销售部总人数；

（12）查询各部门总人数。

第10章　Microsoft.NET 及其开发工具

.NET 平台的使用范围非常广泛，我们有必要对相关基本概念进行学习。通过本章的学习，读者可以理解 Microsoft.NET 的含义、.NET Framework 的组成、公共语言运行库 CLR、类库等相关概念。最后对其开发环境 Visual Studio .NET 2010 IDE 的开发过程进行介绍，便于读者使用。

10.1　Microsoft.NET 概述

10.1.1　Microsoft.NET 是什么

Microsoft.NET（通常简称为.NET）作为微软公司推出的下一代计算计划，是基于 Internet 的新一代开发平台。利用.NET，可以创建和使用基于 XML 的应用程序、进程、Web 站点及服务，它们可以在任何平台或智能设备上共享、组合信息与功能。.NET 的最终目的是让用户能在任何地方、任何时间利用任何设备都能够获取所需要的信息、文件和程序。用户不需要知道这些东西存放在什么地方、如何获取，只需要发出请求，然后等待接收结果即可，所有后台的复杂操作是被完全屏蔽的。如今，.NET 技术及相应产品已经得到了广泛的应用，从中小型的应用程序到大型的企业级应用软件，从桌面应用程序、Web 应用程序、Mobile 应用程序、Web 服务到操作系统开发和嵌入式设备开发等，都能看到.NET 的身影。

我们可以对.NET 从以下两个方面进行理解。首先，.NET 是一个开发平台。它对微软之前的各种主要开发平台进行了集成，提供了一套全新的 Windows 平台实现。例如，在.NET 平台下不仅可以从事 VB、C++程序的开发，而且还可以使用特别为.NET 平台开发的 C#语言进行编程。.NET 平台要做的就是消除互联环境中不同软硬件以及服务的差异，使得不同设备和系统都可以相互通信，使得不同的程序和服务之间都可以相互调用。其次，.NET 是一组规范。.NET 平台本身就基于一系列规范，其中有些规范是由微软以外的其他组织来维护。例如定义诸如 C#、VB.NET 和 IL 语言的规范，定义数据交换格式的规范，如 SOAP 等。

10.1.2　.NET 平台的组成

.NET 平台的组成如图 10.1 所示。最底层的是操作系统，它是各种设备运行的基础。这里说的操作系统不但可以是 Windows 系列操作系统，也可以是其他操作系统。需要说明的是，微软出于商业考虑，并未跨越其他操作系统，但从原理上讲，.NET 跨越平台是完全可行的。微软全新的操作系统（如 Windows 7、Windows 8）中都带有.NET Framework，如果想在其他操作系统上运行.NET 应用程序，需要先在操作系统上安装公共语言运行库。

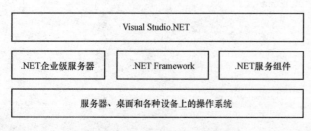

图 10.1　Microsoft.NET 平台的组成

.NET 企业级服务器是.NET 平台的另一个组成部分。这些企业级服务器包括 Application Center、BizTalk Server、Commerce Server、Exchange Server、Host Integration Server、Internet Security and Acceleration Server 和 SQL Server 等。这些服务器都是为支持其他厂商的服务器产品而存在的，如 Oracle 数据库等。.NET Framework 是.NET 平台的核心部分，.NET 应用程序都必须运行在.NET Framework 下。

.NET 服务组件是指 XML Web Service，它是.NET 平台中的关键性技术。Web 服务作为一种全新的开发模式，是构建下一代互联网的关键技术。

Visual Studio .NET 是微软推出的全新的.NET 开发工具，对微软之前的主要开发工具做了全新集成并有了质的飞跃。它内置了支持 Visual Basic .NET、Visual C# .NET、Visual C++ .NET 和 Visual J# .NET 等多种语言，并且各种语言拥有统一的开发环境，可以进行跨语言调试和跨语言调用。需要说明的是 Visual Studio .NET 并不是对 Microsoft Visual C++、Microsoft Visual Basic 等语言的简单集成，Visual C++ .NET、Visual Basic .NET 等语言是基于全新的设计思想开发的。

10.2　Microsoft .NET Framework 介绍

10.2.1　.NET Framework 的组成

Microsoft .NET Framework（通常简称为.NET Framework）是.NET 平台的核心，它主要由两部分组成：公共语言运行库（Common Language Runtime，CLR）和.NET Framework 类库（Framework Class Library，FCL）。.NET Framework 的组成结构如图 10.2 所示。

10.2.2　公共语言运行库

公共语言运行库是.NET 平台下各种编程语言使用的运行时机制，它是.NET 应用程序的执行引擎。公共语言运行库用于运行代码并提供使开发过程更轻松的服务，例如类型检查（Type Checker）、垃圾回收（Garbage Collector）、异常处理（Exception Manager）、向下兼容（COM Marshaler）等。具体来说，公共语言运行库为开发者提供如下服务。

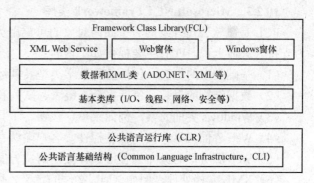

图 10.2　.NET Framework 的组成

（1）语言集成：使用.NET 平台下的语言（如 C#、VB 等）开发的代码，可以在公共语言运行库环境下紧密无缝地进行交叉调用。例如，可以用 VB 声明一个基础类，然后在 C#代码中继承该类。

（2）内存管理：公共语言运行库提供了垃圾回收（Garbage Collector）机制，可以自动管理内存。当对象或变量的生命周期结束后，公共语言运行库会自动释放它们所占用的内存。这种内存管理机制为开发人员屏蔽了复杂的内存管理，可以使其更专注于业务逻辑的设计和开发。

（3）平台无关性：.NET 应用程序在编译的时候并不是直接编译成本地的机器代码，而是编译成中间语言（Intermediate Language，IL）代码。IL 代码、清单和元数据（Metadata）

组成了托管模块，也叫程序集（Assembly）。清单包含了程序集的版本等信息，而元数据则提供所使用语言中的类型、成员、引用的信息。运行时环境使用元数据来实现定位并载入类，在内存中展开对象实例，解决方法调用，产生本地代码，强制执行安全性，并建立运行时环境的边界等功能。这些托管模块必须借助于公共语言运行库中的即时编译器（IL to Native Compilers），并根据本地操作系统和硬件平台，来生成本地机器代码。该过程如图 10.3 所示。

图 10.3　.NET 编程语言编译过程

（4）跨语言处理：处理异常时不用考虑生成异常的语言或处理异常的语言。换句话说，可以在 C#程序中捕获用 Visual Basic.NET 编写的组件中引发的异常。

（5）安全性：托管代码在执行的过程中完全被运行时环境所控制，不能直接访问操作系统。

（6）简单的组件互操作性：运行在公共语言运行库的控制之下的代码称为"托管代码"，运行在公共语言运行库之外的代码称为"非托管代码"。COM、COM+、C++组件、ActiveX 组件和 Win32API 都是非托管代码的示例。公共语言运行库可以保证托管代码和非托管代码之间的互操作性。

10.2.3　Microsoft.NET Framework 类库

FCL 是微软公司开发的一个面向对象的可重用类集合，它为.NET 应用程序的开发提供强力支持。大体上说，FCL 主要提供如下内容：

（1）基础类型的定义，包括各种数学类型及其运算、字符串类型、对象类型等；

（2）数据结构的封装，包括集合、链表、队列和堆栈等；

（3）Windows 界面元素，例如菜单、按钮、工具栏等控件；

（4）Web 界面元素，例如验证控件、客户端缓存等 Web 独有的要素；

（5）Web 服务，为分布式程序设计提供解决方案；

（6）XML 文档处理，例如 XML 文件的定义、读写与解析；

（7）文件输入/输出，包括驱动器、目录、文件、流等；

（8）数据访问，包括数据连接、对数据的增、删、改、查等操作；

（9）异常处理，包括系统、应用程序、安全性限制等引发的异常等。

上述这些类型依靠命名空间（namespace）来进行组织，将多个提供相似功能的类以分层的命名空间结构组织在相关的单元中。为了在程序中能够引用这些类，必须引用这些类所在的命名空间。一个命名空间是一个逻辑的命名系统，用来组织庞大的系统类资源，使开发者使用起来结构清晰、层次分明、使用简单。同时，开发者可以使用自定义的命名空间以解决大型应用中可能出现的名称冲突。例如，全国名字为张三的人有很多，为了区分和引用某个特定、具体的张三，现实生活中就通过指定他所属的不同的省、市、县等来唯一标识，.NET 中的命名空间类似于现实生活中的省、市、县等。

首先，名字同为张三的不同的个体才是程序设计中真正需要使用的，类似于命名空间中的一个个不同的类。其次，张三所属的省、市、县等只是逻辑上的表示，相当于程序中的不同层次的命名空间一样。最后，省、市、县等不同层次的标识构成了一个树形结构，同样程序中的不同层次的命名空间也构成了类似的树形结构。

在 C#中定义命名空间的语法格式如下：

```
namespace SpaceName {
...
}
```

其中，namespace 为声明命名空间的关键字，SpaceName 为命名空间的名称，编程人员可以根据需要进行修改。在整个{ }中的内容都属于名称为 SpaceName 的命名空间的范围，其中可以包含类、结构、枚举、委托和接口等可在程序中使用的类型。

如下代码声明了一个名称为 Space1 的命名空间。

```
using System;
namespace Space1 {
   class Test {
   static void Main(string[] args) {
        Console.WriteLine("My NameSpace Space1");
      }
   }
}
```

其中，using 为关键字。System 为系统提供的一个命名空间，包含了 Microsoft 提供的许多有用的类。整个语句 using System 的作用，就是包括 System 命名空间的所有类。例如，Console 就是 System 命名空间中的一个类。若不使用 using 语句，则上述代码中的 Console 语句应该用 System.Console.代替。

FCL 中的常用命名空间如表 10.1 所示。

表 10.1　　　　　　　　　　　FCL 中常用的命名空间

命 名 空 间	说 明
System	基础数据类型和辅助类
System.Collections	哈希表、可变长数组等
System.Collections.Generic	泛型集合类和接口类
System.Data	ADO.NET 数据访问类
System.IO	文件操作和 I/O 流的类
System.Net	封装了网络协议（如 HTTP）的类
System.Drawing	生成图形输出（GDI+）的类
System.Runtime.Remoting	编写分布式应用程序的类
System.Threading	创建和管理线程的类
System.Web	支持 HTTP 的类
System.Web.Services	编写 Web 服务的类

续表

命　名　空　间	说　　明
System.Web.UI	ASP.NET 使用的基础类
System.Windows.Forms	GUI 应用程序的类
System.Xml	读写 XML 数据的类
System.Linq	LinQ 类和接口

10.2.4　Microsoft .NET Framework 与 Visual Studio.NET 的关系

.NET Framework 是运行.NET 应用程序的基础，而 Visual Studio.NET 是开发.NET 应用程序的集成开发环境（Integrated Development Environment，IDE），Visual Studio.NET 的运行要以.NET Framework 为基础。两者的关系可以比喻为：.NET Framework 是.NET 程序运行的幕后操纵者，而 Visual Studio.NET 是前台具体的操作者，它如同.NET Framework 的外壳一样，如图 10.4 所示。

图 10.4　.NET Framework 与 Visual Studio.NET 的关系

10.3　Visual Studio .NET IDE 简介

10.3.1　.NET 程序开发方式

开发.NET 应用程序可以采用多种方式进行。最简单的方式是采用文本编辑工具（如记事本等）编写程序，然后利用编译命令（如 vbc、csc 等）进行编译即可。若采用该方式，可以不用安装庞大的 Visual Studio .NET IDE，只需要安装.NET Framework，vbc、csc 等编译命令可在.NET Framework 的安装目录中找到。以作者所使用的计算机为例，其安装目录为：C:\WINDOWS\Microsoft.NET\Framework\v4.0.30319。另一种方式是使用 Visual Studio .NET IDE 进行企业级的开发，因其为开发大型应用程序提供了强有力的支持功能，备受大多数开发人员的青睐。Visual Studio.NET IDE 是目前最流行的.NET 应用程序集成开发环境，将代码编辑器、编译器、调试器、图形界面设计器等工具和服务集成在一个环境下，因而能够极大地提高软件开发的效率。

Visual Studio.NET IDE 由微软公司于 2002 年推出第一版，即 Visual Studio.NET IDE 2002。随后推出了各种不同的 IDE 版本，和.NET Framework、CLR 的关系如表 10.2 所示。

表 10.2　　　　Visual Studio IDE、.NET Framework 和 CLR 版本之间的关系

Visual Studio .NET IDE 版本	.NET Framework 版本	CLR 版本	说　　明
Visual Studio .NET IDE 2002	1.0	1.0	含第一个版本的 CLR 和第一个版本的基类库
Visual Studio .NET IDE 2003	1.1	1.1	含对 ASP.NET 和 ADO.NET 的更新
Visual Studio .NET IDE 2005	2.0	2.0	引入新版本的 CLR，并为基类库增添了内容
Visual Studio .NET IDE 2005	3.0	2.0	对.NET Framework2.0 进行更新，添加了 Windows Presentation Foundation（WPF）、Windows Communications Foundation（WCF）、Windows Workflow Foundation（WF）和 CardSpace
Visual Studio .NET IDE 2008	3.5	2.0	添加了新功能，如支持 AJAX 的网站和 LINQ
Visual Studio .NET IDE 2010	4	4	包含新版本的 CLR、扩展的基类库和新功能
Visual Studio .NET IDE 2012	4.5	4	添加了新功能，如支持可选的后台多核 JIT 编译、支持新的 HTML 5 表单类型等

Visual Studio.NET IDE 的版本基本上每两年会更新一次，其总体的优点如下：

（1）"所见即所得"的设计界面，轻松创建简单、易用的应用程序；

（2）集成 30 多种控件，这些控件涵盖 Web 应用、数据库应用、安全验证等领域，使开发工作更加简便、快速；

（3）代码编辑器支持代码彩色显示、智能感知、语法校对等功能；

（4）提供内置的可视化数据库工具，使开发数据库应用程序更加方便；

（5）轻松创建 Windows 界面风格的应用程序。

10.3.2　Visual Studio .NET IDE 2010 开发过程

启动 Visual Studio .NET IDE 2010（简称为 VS2010，以下皆同）后，会出现如图 10.5 所示的起始页。

（1）新建项目。选择菜单中的"文件"→"新建"→"项目"命令，或单击起始页中的"新建项目…"，打开"新建项目"对话框，如图 10.6 所示，在该版本的上方位置可以支持选择不同的.NET Framework 版本。

使用 VS 2010 创建最多的是 Windows 和 Web 应用程序，下面以创建 Windows 应用程序为例说明其创建过程。

在图 10.6 中依次在左侧选择"Windows"，后在中间选择"控制台应用程序"，其余项如"名称（N）"、"位置（L）"和"解决方案名称（M）"默认，如图 10.7 所示。

单击"确定"按钮，即可打开如图 10.8 所示的程序代码编辑界面。

这时，系统自动创建了一个名为 Program.cs 的文件，里面包含了一些由 VS 2010 自动创建的一些代码，如图 10.8 所示。从图中可以看出，一个 C#控制台应用程序主要由以下几个

部分构成：导入其他系统预定义元素部分（借助 using 语句实现）、命名空间的定义、类的定义、主方法及待编写的 C#的代码。

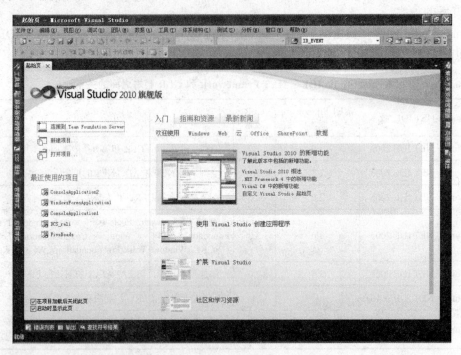

图 10.5　Visual Studio 2010 起始页界面

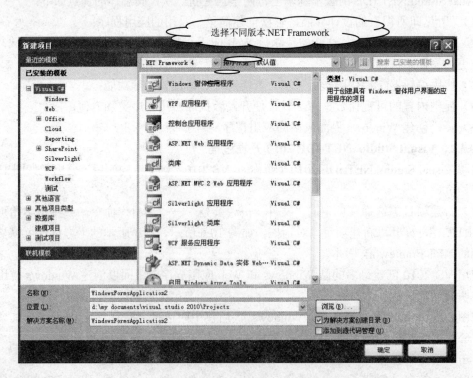

图 10.6　"新建项目"对话框

图 10.7　控制台应用程序的选择

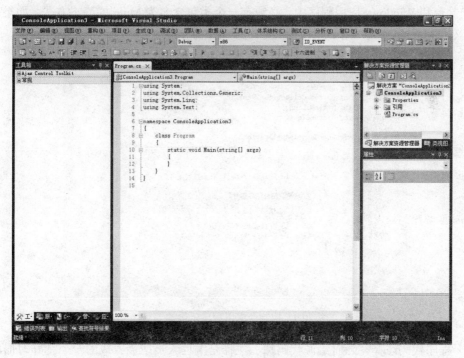

图 10.8　编写控制台应用程序界面

VS 2010 的代码编辑器高效且智能，能提供如下功能。

1）代码分色显示：代码编辑器能够识别 C#语法，对 C#关键字用暗蓝色显示，注释用绿色显示，错误代码用红色显示。

2）自动语法检查：输入代码时，编辑器将自动进行语法检查，在可能产生错误的代码下加下划线，并在"错误列表"中给出相应的提示。

3）智能感知（Intellisense）：代码编辑器会自动列出对象的属性、方法以及方法的参数等。该功能不仅能减少代码输入的工作量，还确保了所输代码的正确性。

（2）Main( )方法

在 Program.cs 的 Main( )方法中输入图 10.9 如下代码，即可完成控制台应用程序的编写。控制台是一个操作系统级别的命令行窗口。利用它，用户可以通过键盘输入文本字符串，并在显示器上将文本显示出来。在 Windows 系列操作系统中，控制台也称为命令提示窗口，可以接受 MS-DOS 命令。

程序功能的实现是通过执行方法代码来完成的，每个方法都是从第一行开始到最后一行结束，中间可以调用其他方法，以完成各种各样的操作。每个应用程序都包含了很多方法，但执行必须有一个起点，也称入口点。图 10.9 中的第 10 行定义了该程序的入口方法 Main( )。其中，static 表示该方法是静态的，void 表示该方法没有返回值，Main 为方法名（C#规定入口的方法名必须为 Main）。注意，Main( )的首字母必须大写，后面的小括号不能省略，小括号内的 String [] args 表示的是入口参数。

Main( )方法的返回值只能是 void 类型或 int 类型。int 类型的返回值表示应用程序结束时的终止状态代码，0 表示成功返回，非 0 值表示错误异常编号。void 类型则没有返回值。每个 C#控制台和 Windows 应用程序中，必须有一个类包含名为 Main 的静态方法。如果有多个类都定义了 Main( )方法，则必须指定其中一个为主方法。

图 10.9　控制台应用程序示例的编写

（3）程序代码注释。随时给源代码加上注释是编程人员应当养成的一个良好习惯，不但可以提高程序的可读性，还便于事后对代码的维护。C#语言中通常有如下三种注释方法：

1）单行注释。以"//"符号开始，本行中位于"//"之后的字符都是注释信息。如图 10.9 中的第 12 行和第 14 行。

2）多行注释。以"/*"作为注释的开始，以"*/"作为注释的结束。在"/*"和"*/"之间的所有文字都注释信息。例如：

```
/**********************************************************
```

这是多行注释，上下共 5 行

```
**********************************************************/
```

多行注释是 C/C++的风格，C#语言中常使用单行注释。

3）XML 注释。在一个代码行上，用"///"开始，其后的任何内容均为注释信息，编译时被提取出来，形成一个特殊格式的文本文件（XML），用于创建文档说明书。

对于初学者来说，在程序设计中经常使用的是前两种注释方式。

（4）程序的运行。控制台应用程序可通过直接按 F5 键运行，也可以通过【调试】→【启动调试（S）】运行，或单击工具栏上的 ▸ 按钮，其运行结果如图 10.10 所示。

图 10.10　示例程序运行结果

（5）控制台的输入与输出。程序中的 Console 是命名空间 System 中的一个类，13 行中 Title 是 Console 类的一个属性，用于设置控制台界面的标题。

Console 类提供了 Write( )方法和 WriteLine( )方法，可自动将各种类型的数据转换为字符串写入标准输出流，即输出到控制台窗口中。Write( )方法和 WriteLine( )方法的区别在于后者在输出数据后，还自动输出一个回车换行符，即将光标自动转到下一行。其用法如图 10.9 示例程序中的 15 行所示。

此外，Console 类的输出方式还可进行格式化的输出，其基本形式为：

```
Console.WriteLine("格式化字符串",参数列表);
```

或者

```
Console.Write("格式化字符串",参数列表);
```

例如下面代码：

```
string[] city=new string[4] { "北京", "上海","南京","青岛"};
Console.WriteLine("虽然{0}是中国的首都,但我喜欢旅游的城市是{1},{2}和{3}。",city[0],city[1],city[2],city[3]);
```

其运行的结果如图 10.11 所示。

图 10.11　控制台格式化输出

　　这种方式中包含两个参数："格式化字符串"和参数列表。"虽然{0}是中国的首都，但我喜欢旅游的城市是{1}，{2}和{3}。"就是格式化字符串，{0}、{1}、{2}、{3}叫做占位符，代表后面依次排列的变量列表，0对应参数列表的第1个参数，1对应参数列表的第2个参数，依次类推，完成格式化输出。

　　Console 类提供了一个 ReadLine( )方法，该方法从标准输入流依次读取从键盘输入的字符，并将被按下的字符立即显示在控制台窗口中，而且在用户按下回车键之前一直等待输入，直到用户按下回车键为止。Console 类提供的另一个方法是 ReadKey( )方法，用于读取用户按下的某一个字符或功能键，并将被按下的键值显示在控制台窗口中，其用法如示例程序中的16 行所示。若不加该行语句，在运行程序时，程序员会发现屏幕一闪就过去了，无法看清楚输出的内容。为了在调试环境下能直接观察输出的结果，一般在 Main( )方法结束之前加上Console.ReadKey( )语句，其意思是读取键盘输入的任意一个字符，按一下键盘上的空格键、回车键或其他任何一个字符键，就又返回到开发环境下了。

　　（6）程序的调试。如果程序在编译时通过，但在运行期间发生异常，程序员可以使用菜单【调试】中的【逐语句】或【逐过程】命令，进行代码级调试。根据需要，可以在合适的位置利用【切换断点】命令设置断点，检查每步使用到的局部变量和堆、堆栈的状态。

　　（7）程序的再次编辑。当程序运行正确无误后会自动保存相关文件，关闭 IDE 即可。从文件系统看，C#每个项目可以由多个文件或文件夹构成，其中扩展名为.sln 的文件是整个解决方案文件，"sln"即 Solution 的缩写。扩展名为.csproj 的文件是项目工程文件，"csproj"即C Sharp Project 的缩写。扩展名为.cs 的文件是 C#的源程序，这些文件都可以从 C#项目中的解决方案资源管理器窗口中看到，其在磁盘上的对应的目录下可查看其源文件。

　　若再次打开 VS2010，可在起始页的"最近使用的项目"中选择打开相应的项目进行编写。

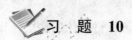 习　题　10

　　1．什么是.NET？

　　2．.NET 平台的主要组成有什么？

　　3．.NET Framework 的主要组成有哪些？

　　4．CLR、FCL、IDE 分别代表的是什么？

　　5．什么是命名空间？其作用如何？

　　6．Main( )方法的作用是什么？

　　7．Console 类属于哪个命名空间？它有哪些方法分别用于输入和输出？

第 11 章　C# 编程基础

　　C#是专门为 Microsoft .NET 设计的编程语言，C#是在 C、C++、Jave 的基础上设计的新型语言，它保留了它们的优点，摒弃了它们的缺点。本章对 C#的基本语法，如变量和常量、数据类型、运算符和表达式、流程控制语句及异常等内容进行介绍。通过本章的学习，读者可以掌握 C#的基本语法，为后续章节的学习奠定基础。

11.1　标 识 符 和 关 键 字

　　标识符（Identifier）是用来给程序中各元素进行定义的名字，如变量名、类名、方法名等。关键字（Keyword）是对 C#编译器具有特殊意义的预定义的保留标识符，不能在程序中用作普通标识符，除非有"@"前缀。

11.1.1　标识符

　　在软件开发中，往往需要对数据对象使用统一的命名规范，通过这种方式可以在软件开发中尽可能减少错误以提高软件的开发效率，方便程序员之间的交流和软件系统的维护。

　　在 C#程序中，标识符最多可由 511 个字符组成，需要遵循如下命名规则：

　　（1）首字符必须是英文字母或下划线"_"。

　　（2）从第二个字符开始，可以使用英文字母、数字和下划线，但不能包含空格、标点符号、运算符号等字符。

　　（3）C#语言对字母大、小写敏感。两个标识符即使是对应的字母大、小写不同，也是完全不同的标识符。

　　（4）不能与关键字重名。但如果在关键字前面加上"@"前缀，也可以成为合法标识符。

　　在实际应用中，为了改善程序的可读性，标识符最好使用具有实际意义的英文单词、词组或它们的缩写，尽可能做到"见名知义"。例如，用 Student_name 表示学生姓名，用 Student_score 表示学生成绩。

　　目前，软件开发中使用较多的标识符命名样式主要有下面三种：

　　（1）Pascal 样式。在 Pascal 命名样式中，直接组合用于命名的英语单词或单词缩写形式，每个单词的首字母大写，其余字母小写。例如 TextBox、FileOpen 等。

　　（2）Camel 样式。除了第一个单词小写外，其余单词的首字母均采用大写形式。例如 myName、myAddress 等。

　　（3）Upper 样式。每个字母均采用大写形式，此种形式一般用于标识具有固定意义的缩写形式。例如 XML、GUI 等。

11.1.2　关键字

　　关键字又称保留字，编译器在扫描源程序时，遇到关键字将做出专门的解释。每个关键字都有特定的含义，如在前面已经使用过的关键字 using、namespace 和 class。C#中的关键字共有 77 个，如表 11.1 所示。

表 11.1　　　　　　　　　　　　C# 关　键　字

abstract	do	in	protected	true
as	double	int	public	try
base	else	interface	readonly	typeof
bool	enum	internal	ref	uint
break	event	is	return	ulong
byte	explicit	lock	sbyte	unchecked
case	extern	long	sealed	unsafe
catch	false	namespace	short	ushort
char	finally	new	sizeof	using
checked	fixed	null	stackalloc	virtual
class	float	object	static	volatile
const	for	operator	string	void
continue	foreach	out	struct	while
decimal	goto	override	switch	
default	if	params	this	
delegate	implicit	private	throw	

在 VS2010 的代码编辑器中输入这些关键字时，其默认的字体颜色是蓝色。

11.2　变量和常量

11.2.1　变量

变量代表内存中具有特定属性的一个存储单元，它用来存放数据，也就是变量的值。在程序运行期间，这些值是可以改变的。变量具有名称、数据类型和值。变量的名称代表一个内存地址，在程序编译时由编译系统给变量名分配。变量的值是需要存放的数据，从变量中取值就是通过变量找到相应的内存地址，从该存储单元中读取变量的值。变量名和变量值的关系如图 11.1 所示。

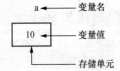

图 11.1　变量名和
变量值的关系

C#规定使用变量前必须先声明。变量的声明同时规定了变量的数据类型和变量名，通常采用如下规则：

数据类型 变量名 1 [, 变量名 2, …, 变量名 n];

其中，方括号[ ]中的内容为可选项，可以省略，也可以根据需要添加。数据类型为 C#提供的标准数据类型，或用户自定义的数据类型。变量名的定义应当符合前述标识符的命名规则。

在 C#语言中，要求对所有用的变量遵循"先定义，后使用"的规则。只有定义了的变量，编译系统才会根据其所属的数据类型分配相应的内存空间，并且编译系统会检查在程序中对该变量进行的运算是否合法。

11.2.2　常量

常量就是其值固定不变的量，且常量的值在编译时就已确定。C#中包括两种常量：字面常量和符号常量。字面常量就是输入到程序中的值，例如 10、"TOM" 等；符号常量与变量类似，也表示内存地址的名称。与变量不同的是，符号常量的值在定义后就不能改变了。

符号常量用关键字 const 来声明，采用如下规则：

const 数据类型 常量名 = 表达式；

其中，数据类型用于声明常量的数据类型，常量名即用户定义的合法标识符名，表达式可以是文本常量，也可以是包含算术运算符、逻辑运算符的表达式。

例如：

```
const double PI=3.1415926;              //正确
const string BOOKNAME=" C# and .NET"    //正确
const int NUM;                          //错误,没有初始化
BOOKNAME=" C# .NET";                    //错误,不能给常量赋值
```

11.3 数 据 类 型

在程序设计中，程序处理的对象是数据，而数据是以某种形式存在的，例如整数、实数、字符等。数据不同的存在形式决定了不同的数据类型，而不同的数据类型又有不同的数据结构和存储方式，并且参与的运算也不同。C#的数据类型继承了 C 和 C++语言的数据类型的表示形式，但又有所改进。C#将所有的数据类型分为两类：值类型和引用类型。

值类型和引用类型的区别在于：值类型的变量直接包含数据，而引用类型的变量是存储对数据的引用（reference），后者称为对象（object）。对于引用类型，同一个对象可能被多个变量引用，因此一个变量的操作可能影响另一个变量对该对象的引用。对于值类型，每个变量都有自己的数据副本，各变量之间的操作互不影响。

C#是面向对象的语言，它的所有数据类型都是类，并且所有的数据类型都是从 System.Object 类派生而来。C#类型系统的这种统一性决定了任何类型的值都可以按照对象处理。引用类型的值都可以简单地被视为属于 object 类型，所以引用类型的值可以当做"对象"来处理；值类型的值也可以按照需要转换为对象，这种转换是通过装箱和拆箱操作来完成的。因此 C#类型系统的统一性使得使用 object 类型的通用库既可以用于引用类型，又可以用于值类型。表 11.2 概括了 C#的类型系统。

表 11.2　　　　　　　　　　　　　　　　C# 类 型 系 统

类　　别		说　　明
值类型	基本类型	有符号整数：sbyte，short，int，long
		无符号整数：byte，ushort，uint，ulong
		Unicode 字符：char
		浮点型：float，double
		高精度小数：decimal
		布尔型：bool
	枚举类型	enum E{...}形式的用户自定义类型
	结构类型	struct S{...}形式的用户自定义类型

类　　别		说　　明
引用类型	类类型	所有其他类型的最终基类型：object
		Unicode 字符串：string
		class C{...}形式的用户自定义类型
	接口类型	interface I{...}形式的用户自定义类型
	数组类型	一维和多维数组，例如 int[ ]和 int [,]
	委托类型	delegate D{...}形式的用户自定义类型

11.3.1　值类型

从表 11.2 可以看出，值类型通常用来表示基本类型，例如整数类型、浮点类型、decimal 型、字符类型、布尔类型等。另外，枚举类型和结构类型也属于值类型。

1. 整数类型

C#定义了 8 种整数类型，它们占用的内存位数各不相同，因此其取值范围也不同。在编写程序的过程中应该考虑数据类型的取值范围，防止数据溢出。表 11.3 列出了这 8 种整数类型占用的内存位数、取值范围、对应的.NET Framework 类型及定义变量的举例。

表 11.3　　　　　　　　　　C# 的 整 数 类 型

整形数据	说明	取值范围	.NET Framework 类型	定义变量举例
sbyte	有符号 8 位整数	$-2^7 \sim (2^7-1)$	System.SByte	sbyte val=−10;
byte	无符号 8 位整数	$0 \sim (2^8-1)$	System.Byte	byte val=10;
short	有符号 16 位整数	$-2^{15} \sim (2^{15}-1)$	System.Int16	short val=−12;
ushort	无符号 16 位整数	$0 \sim (2^{16}-1)$	System.Uint16	ushot val=12;
int	有符号 32 位整数	$-2^{31} \sim (2^{31}-1)$	System.Int32	int val=−12;
uint	无符号 32 位整数	$0 \sim (2^{32}-1)$	System.Uint32	uint val=8;
long	有符号 64 位整数	$-2^{63} \sim (2^{63}-1)$	System.Int64	long val=−6;
ulong	无符号 64 位整数	$0 \sim (2^{64}-1)$	System.Uint64	ulong val=6;

2. 浮点类型和 decimal 类型

浮点类型有两种形式，单精度（float）和双精度（double），两者的区别在于取值的范围和精度不同。需要说明的是，计算机对小数的运算速度远低于整数的运算速度，因此在精度足够的情况下尽量使用单精度类型数据。Decimal 类型是专门用于计算金融和货币方面的数据类型。表 11.4 列出了这 3 种数据类型占用的内存位数、取值范围、精度、对应的.NET Framework 类型及定义变量的举例。

表 11.4　　　　　　　　C#的浮点类型和 decimal 类型数据

整形数据	说明	取值范围	精度（位）	.NET Framework 类型	定义变量举例
float	32 位浮点数	$1.5 \times 10^{-45} \sim 3.4 \times 10^{38}$	7	System.Single	float val=1.2;
double	64 位浮点数	$50 \times 10^{-324} \sim 1.7 \times 10^{308}$	15～16	System.Double	double val=4.6;
decimal	128 位浮点数	$\pm 1.0 \times 10e^{-28} \sim 7.9 \times 10e^{28}$	28～29	System.Decimal	decimal val=−2.3;

3. 字符类型

C#提供了字符类型（char）来处理 Unicode 编码的字符。Unicode 是国际标准化组织指定的采用 16 位二进制表示的字符集，它可以表示世界上大多数语言。字符类型对应的.NET Framework 类型为 System.Char。字符型文本一般用一对单引号（' '）来标识，例如 'A'，'a'。

除了以上形式的字符外，C#还允许使用一种特殊形式的字符常量，即以一个字符"\"开关的字符序列。这种特殊的字符序列称为转义字符，用来在程序中取代特殊的控制字符，它在屏幕上是不能显示的，并且也无法用一般形式的字符表示。C#定义的转义字符如表 11.5 所示。

表 11.5　　　　　　　　　　　　　　转　义　字　符

转义字符	含　　义	转义字符	含　　义
\'	单引号	\r	回车，将当前位置称到本行开头
\"	双引号	\b	退格，将当前位置移动到前一列
\\	反斜杠	\f	换页，将当前位置移动到下一页开头
\0	空字符	\n	换行，将当前位置移动到下一行开头
\a	感叹号	\x	后面跟两个十六进制数字，表示一个 ASCII 字符
\t	水平制表符	\u	后面跟四个十六进制数字，表示一个 Unicode 字符

4. 布尔类型

布尔类型对应的.NET Framework 类型为 System.Boolean。它用来表示"真"和"假"，在 C#中布尔类型值只有两个：true 和 false。这与 C、C++不同，在 C、C++中，0 表示"假"，任何非 0 值都表示"真"。因此要注意，在 C#中布尔类型与整型是完全不同的类型。例如：

```
bool bl=0;                  //错误
bool bl=false;              //正确
```

5. 结构类型

上述几种数据类型都是基本数据类型，可完成基本的数据运算。只有这些基本数据类型是不够的，有时需要将不同类型的数据组合成一个有机的整体，以便于引用。例如，一个学生信息包括学号、姓名、性别、年龄、成绩和住址等。如果用基本数据类型分别表示上述学生信息，则很难完全反映出这些信息的内存联系。C#提供了结构类型来解决这个问题。

声明一个结构类型的一般形式为：

```
struct 结构名称
{成员列表};
```

对于学生信息，C#中定义的结构类型如下所示：

```
struct Student
{
    public int ID;
    public string Name;
    public char Sex;
    public int Age;
```

```
    public float Score;
    public string Address;
}
```

上面的代码定义了一个结构类型，类型名称为 Student，它包含了 6 个成员，其中 public 为各成员的访问权限。上述代码只是定义了一个结构类型，为了在程序中使用该结构类型的数据，还需要定义该结构类型的变量，并在其中存放具体数据。定义结构变量的方法与定义基本类型变量的方法类似。例如：

```
Student stu;
```

stu 是 Student 类型的变量，当存放数据时还需要访问该变量的各个成员。引用结构变量中成员的方法为：

```
结构变量名.成员名
```

例如：

```
stu.ID=1010;
stu.Name="LiMing";
stu.Sex="male";
stu.Age=22;
stu.Score=88.5;
stu.Address="Beijing";
```

结构变量成员的数据类型没有限制，可以是基本数据类型（例如整型、浮点型等），也可以是复杂类型，甚至可以是结构类型。

6. 枚举类型

枚举（enum）类型是一种特殊形式的值类型，它从 System.Enum 继承而来。它为简单类型的常数值提供一种方便记忆的方法。枚举类型定义的一般形式为：

```
enum 枚举名
{枚举列表};
```

枚举值表中列出了所有可用值，这些值称为枚举元素。例如：

```
enum Days {Mon, Tue, Wed, Thu, Fri, Sat, Sun};
```

上例中枚举名为 Days，枚举值一共 7 个，即一周中的 7 天。所有被声明为 Days 类型的变量值只能是 7 天中的某一天。例如，当定义 Days 类型的变量 aDay 后，变量 aDay 的值形式为：

```
Days aDay;
aDay=Days.Wed;
```

在系统默认情况下，枚举类型中所有的枚举元素都是 int 类型，而且第一个枚举元素的值为 0，后面每个枚举元素的值一次递增 1。除默认情况外，还可以为枚举元素直接赋值。例如：

```
enum Days { Mon=1, Tue=2, Wed=3, Thu=4, Fri=5, Sat=6, Sun=7 };
```

在该例子中，强调枚举元素的数值从 1 开始，而不是系统默认的 0。int 类型指定了为每个枚举元素分配存储空间的大小。但是，enum 类型到 int 类型的转换需要显式类型转换。

11.3.2　引用类型

与值类型相比，引用类型不存储实际的数据，而是存储对数据的引用（地址）。具体情况是，当把一个数值保存到一个值类型变量后，该数值被复制到变量中，把一个值类型赋值给一个引用类型时，仅是引用（保存数值的变量地址）被复制，而实际值仍然保留在相同的内存位置。C#提供的引用类型有：类类型、字符串类型、数组、接口类型、委托类型。这里只介绍字符串类型和数组，其余类型在后面章节介绍。

1. 字符串类型

字符串类型是用于直接操作字符串数据的类型，它是 System.String 的别名。具体用法如下：

```
string mystr="BeiJing";
```

合并字符串用连接符"+"，如下所示：

```
string mystr="Beijing"+" and ShangHai";
```

访问字符串中的单个字符可以采用下标法，如下所示：

```
char Firstch=mystr[0];
```

比较两个字符串是否相等，可简单地使用比较运算符"=="：

```
if ( mystr ==yourstr)
......
```

需要说明的是，尽管字符串是一个引用类型，但比较的是字符串的值而不是引用（地址）。

2. 数组

数组是一种数据结构，它包含可以通过计算索引访问的 0 个或多个变量。数组中包含的变量（又称为数组元素）具有相同的类型，这个类型叫做数组的元素类型。C#中的数组包括一维数组、多维数组（矩形数组）和数组的数组（交错数组）。

（1）数组概述。与 C、C++类似，数组中的索引值也是从 0 开始计算；与 C、C++不同，[ ]放在数组类型的后面，而不是放在数组变量名的后面。例如：

```
int [] numbers;                     //不能声明为 int numbers[];
double [] scores;
string [] address;
```

上述代码中第一条语句定义了一个整型数组，第二条语句定义了浮点型数组，第三条语句定义了字符型数组。与 C、C++的另一个不同之处在于，数组的大小不是其类型的一部分。定义数组后在使用它之前必须进行初始化，例如：

```
int [] numbers;
numbers=new int[5]                  //数组有 5 个元素
numbers=new int [10]                //数组有 10 个元素
```

（2）数组的声明。下面的例子分别展示了如何声明一维数组、多维数组和数组的数组。

```
int [ ] numbers;                    //一维数组
string [ , ] names;                 //多维数组,二维
string [ , , ] address;             //多维数组,三维
byte [ ] [ ] scores;                //数组的数组
```

声明数组（如上所示）并没有为它们分配内存空间，在声明数组之后必须对其实例化。例如：

```
int [ ] numbers = new int [5]                    //一维数组
string [ , ] names= new string[5,4]              //二维数组
string [ , , ] address= new string[5,4,3]        //三维数组
byte[ ] [ ] scores=new byte [4] [ ];             //数组的数组
```

矩形数组和交错数组也可以混合使用，例如，下面的代码声明了一个交错数组：

```
int [ ] [ , , ] [,] numbers;
```

（3）数组的初始化。C#将初始值括在大括号{}内来实现对数组的初始化。初始化可以在声明的同时实现初始化，也可以在声明之后单独初始化。需要说明的是，如果在声明时没有初始化数组，则数组成员将自动初始化为该数组类型的默认初始值。例如：

```
int [ ] numbers=new int [5] {1,2,3,4,5};
string [,] address=new int [2,2]{{ "Beijing", "Shanghai"},{"Nanjing",
"Qingdao"}};
```

如果提供了初始值设定项，则可以省略 new 运算符，如下所示：

```
int [ ] numbers={1,2,3,4,5};
string[,] address={{ "Beijing", "Shanghai"},{"Nanjing","Qingdao"}};
```

对于交错数组，可以按照如下的方法初始化：

```
int[][] numbers=new int[2][]{new int[]{1,2,3},new int[]{4,5,6,7,8}};
```

也可省略第一个数组的大小，如下所示：

```
int[][] numbers=new int[][]{new int[]{1,2,3},new int[]{4,5,6,7,8}};
```

或

```
int[][] numbers= {new int[]{1,2,3},new int[]{4,5,6,7,8}};
```

（4）数组成员的访问。类似于 C、C++，C#对数组成员的访问也采用下标法。例如：

```
string[] address={ "Beijing", "Shanghai", "Tianjin"};
address[1]= "Chongqing";
```

上面代码定义了一个名为 address 的字符数组，然后将该数组的第 2 个元素初始化为"Chongqing"。下面的代码声明了一个多维数组，并将位于[1][1]的成员初始化为 10：

```
int[,] numbers={{0,1},{2,3},{4,5},{6,7},{8,9}};
numbers[1,1]=10;
```

下面的代码声明了一个交错数组，它包含两个元素：第一个元素是包含两个整数的数组，第二个元素是包含三个整数的数组。

```
int[][] numbers=new int[][]{new int[] {0,1}, new int[] {2,3,4}};
```

下面的语句给第一个数组的第一个元素赋值为 5，给第二个数组的第二个元素赋值为 6：

```
numbers[0][0]=5;
numbers[1][1]=6;
```

在 C#中，System.Array 是所有数组类型的抽象基础类型，因此可以使用 System.Array 具有的属性及其他类成员。比如可以使用 System.Array 的长度 Length 属性获取数组的长度：

```
int[] numbers={1,2,3,4,5};
int LengthofNumbers=numbers.Length;
```

另外，System.Array 类还提供了许多其他有用的方法/属性，例如用于排序、搜索和复制数组的方法。将数组和循环结合起来，可以有效地处理大批量的数据，大大提高工作效率。下面的例子用 foreach 循环语句访问数组名为 numbers 的数组：

```
int[] numbers={0,1,2,3,4,5,6,7,8,9};
foreach (int i in numbers)
{
    System.Console.WriteLine(i);
}
```

该示例的输出结果如图 11.2 所示：

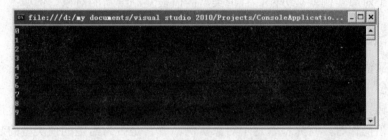

图 11.2　数组和循环的输出

11.3.3　类型转换

1. 隐式转换和显式转换

（1）隐式转换。隐式转换是系统默认的不必加以明显说明就可以进行的转换。隐式转换的注意要点是：

1）字符类型可以隐式转换为整型或浮点型，但不存在其他类型到字符类型的隐式转换。

2）低精度的类型可以隐式转换为高精度的类型，反之会出现异常。例如：

```
int i=5;
long l=i+28765;
```

在上述代码中存在从 int 到 long 的隐式转换，编译器会自动处理。

3）在浮点型和 decimal 类型之间不存在隐式转换，因此在它们之间必须使用显式转换。例如：

```
decimal y=66.6;
double x=(double) y;
y=(decimal) x;
```

（2）显式转换。显式转换又叫强制转换，也就是说显式转换需要指定转换的类型。上面的例子就是采用的显式转换。

2. 数值和字符串的转换

（1）数值转换为字符串。可以采用如下方法转换相应类型的数值为字符串：

```
x.toString();                    //x 为任何类型的数值
```

还可以用空字符串连接数字，将数字转换为字符串。例如：""+99.

（2）字符串转换为数值。

```
x.Parse (String);                //转换为 x 所对应的数据类型的数值
```

其中 x 可以是 byte、int16、int32、int64、UInt16、UInt32、UInt64、Short、Single（指单

精度）、Double、Decimal 等数据类型。另外使用 Convert 类可以将一种值类型转换为另一种值类型。例如：

```
double val1=23.5;
int val2=Convert.ToInt32(val1);
```

3. 装箱和拆箱

装箱和拆箱是 C#类型系统的重要概念。装箱允许将一个值类型转换为引用类型，而拆箱则反之。这种机制形成了值类型和引用类型之间的等价连接，也就是任何类型都可以看作对象。

（1）装箱转换。装箱转换是指将任何值类型隐式地转换为引用类型对象。当一个值类型被装箱时，一个对象实例就被分配，且值类型的值被复制给新的对象。例如：

```
int i=100;
object obj=i;
```

第二行的赋值暗示调用一个装箱操作。i 整型变量的值被复制给 obj 对象。整型变量和对象变量都同时位于栈中，但对象的值则保留在堆中。

（2）拆箱转换。和装箱转换相反，拆箱转换是指将一个对象类型显式地转换成一个值类型。当执行拆箱操作时，首先检查这个对象实例，看它是否为给定的值类型的装箱值，然后把这个装箱的值赋值给值类型的变量。例如：

```
int i=100;
object obj=I;
int k=(int)obj;
```

从上面的代码可以看出，装箱的过程正好是拆箱过程的逆过程。装箱转换和拆箱转换必须遵循类型兼容的原则，否则会引发异常。需要说明的是，频繁的装箱和拆箱会影响程序的性能，因此要慎重使用。

11.4　运算符和表达式

运算符是表达式中用于描述涉及一个或多个操作数的运算，它指明了进行运算的类型。根据运算符所使用的操作数的个数，C#将运算符分为三类：

（1）一元运算符。只使用一个操作数，例如增量运算符（++）、非操作符（!）。

（2）二元运算符。使用两个操作数，例如乘法运算符（*）和除法运算符（/）。

（3）三元运算符。使用三个操作数，例如条件运算符（? :），用于组成条件表达式。

按照运算符的功能划分，C#将运算符分为如下几类：

（1）算术运算符：+、-、*、/、%、++、--。

（2）赋值运算符及其扩展赋值运算符：=、+=、-=、*=、/=等。

（3）关系运算符：>、<、>=、<=、==、! =。

（4）条件运算符：? :。

（5）逻辑运算符：!、&&、||。

（6）其他运算符：下标运算符[]、强制类型转换运算符、内存分配运算符 new 等。

表达式是由操作数和运算符按照一定的语法形式组织成的符号序列。每个表达式都应该有一个值，表达式的值还可以用作其他运算符的操作数，以形成更复杂的表达式。表达式的运算按照运算符的优先顺序从高到低进行，运算符的优先级将在后面介绍。

11.4.1　算术运算符和算术表达式

算术运算符是进行算术运算的操作符，它实现了数学上的基本的算术运算。C#提供的算术操作符有 5 种：

（1）+：加法运算符。

（2）-：减法运算符。

（3）*：乘法运算符。

（4）/：除法运算符。

（5）%：取余运算符。

1. 加法运算符

加法运算符包含两种："+"和"++"。前者是二元运算符，后者是一元运算符。对于"+"运算符，它用于两个操作数相加，返回计算结果，例如：

```
float result=6.5+9;
```

当操作数的类型不同时，C#编译系统会自动进行类型转换，在上面的例子中，先将第二个操作数转换为 float 类型，然后再使用"+"运算符，整个表达式的结果为 float 类型。

运算符"++"有两种形式：前缀形式和后缀形式。两者的区别在于：前缀形式的加法运算时先进行加法然后赋值，后缀形式的加法运算时先赋值然后进行加法运算。例如：

```
int count=60;
int result=++count;
```

在上面的代码中，++count 是先将 count 的值加 1，然后再将值赋值给 result，因此 result 的值为 61。如果将上面代码中的++count 修改为 count++，则 count++是先将 count 的值（此时为 60）赋值给 result，然后再将 count 的值加 1，因此 result 的值为 60，但此时 count 的值为 61。

2. 减法运算符

减法运算符包括两种："-"和"--"。它们的使用规则和加法运算符类似。

3. 乘法运算符和除法运算符

乘法运算符用于执行整数和实数的乘法运算。例如：

```
int result=3*5;
```

除法运算符用于执行整数和实数的除法运算，并且在除法运算过程中，默认的返回值类型与精度最高的操作数类型相同。例如：

```
int result=7/2;
float result=7.0/2;
```

在上面的代码中，第一行中的 result 的值为 3，而第二行代码中 result 的值为 3.5。

4. 取余运算符

"%"运算符用来求除法的余数。C#中的取余运算既可以用于整数类型，也可以用于 decimal 类型和浮点类型。例如：

```
int result=8%3;
float result=8%1.5;
```

上述代码中，第一行中 result 的值为 2，第二行中 result 的值为 0.5。

11.4.2　赋值运算符和赋值表达式

赋值运算符给变量、属性和索引单元赋一个新值。赋值的左操作数必须是变量、属性访问、索引访问等类型的表达式。赋值表达式的结果是赋给左操作数的值，结果和左操作数具有相同的类型，且为数值。如果赋值运算符两边的操作数类型不一致，就需要进行类型转换。

1. 简单赋值

"＝"运算符被称为简单赋值运算符，用于将等号右边的操作数的值赋值给左边的操作数。在简单运算符中，结果与左操作数具有相同的类型，且总是数值。例如：

```
char ch='A';
string s="Welcome to BeiJing";
```

可以用赋值运算符对多个变量进行连续赋值。赋值运算符是右结合的。例如：

```
int x,y,z;
x=y=z=8;                        //运算完后,x,y,z 的结果都是 8
```

需要要说明的是，连续赋值不能用在声明变量和常量的语句中。例如下面的用法就是错误的：

```
int x=y=6;                      //不能在声明变量时连续赋值
```

2. 复合赋值

在赋值运算符"＝"之前加上其他运算符，可以构成复合的赋值运算符。例如：

```
x+=5;                           //等价于 x=x+5
x%=5;                           //等价于 x=x%5
x*=y+1;                         //等价于 x=x*(y+1)
```

11.4.3　关系运算符和关系表达式

关系运算符实际上是逻辑运算的一种。可以把它们理解为一种"判断"，要么为"真"，要么为"假"。关系表达式的返回值总是布尔型。

1. 比较运算

C#提供 6 种比较运算符，如表 11.6 所示。

表 11.6　　　　　　　　　　　　比　较　运　算

比　较　运　算	说　　　明
x==y	如果 x 等于 y，则结果为 true，否则为 false
x!=y	如果 x 不等于 y，则结果为 true，否则为 false
x<y	如果 x 小于 y，则结果为 true，否则为 false
x>y	如果 x 大于 y，则结果为 true，否则为 false
x<=y	如果 x 小于等于 y，则结果为 true，否则为 false
x>=y	如果 x 大于等于 y，则结果为 true，否则为 false

2. is 运算符

is 运算符用于动态地检查运行时两个对象类型是否都引用给定的对象类型，它不执行值的比较。运算"e is T"的结果（e 是一个表达式，T 是一个类型），返回值是一个布尔类型的值，它表示 e 是否能通过引用转换等方式成功地转换成 T 类型。例如，1 is int 的结果为 true，而 1.0 is int 的结果为 false。

3. as 运算符

as 运算符用于通过应用转换或装箱转换将一个值显式地转换成指定的引用类型。如果转换不能成功，结果为 null。例如：

```
object [] arr=new object[1];
arr[0]= "Beijing";
string str=arr[0] as string;
```

4. 关系表达式

用关系运算符把两个表达式连接起来的式子就是关系表达式。关系表达式的值是一个布尔类型的值。关系表达式可作为关系运算符的操作数。

11.4.4　条件运算符和条件表达式

"?:" 运算符称为条件运算符。条件表达式的一般形式为：

表达式 1?表达式 2:表达式 3

它的执行过程是：先求解表达式 1，若值为真则计算表达式 2 的值，此时表达式 2 的值就是整个条件表达式的值；若表达式 1 的值为假，则求解表达式 3，表达式 3 的值是整个条件表达式的值。例如表达式：

```
max=(a>b)?a:b;
```

执行的结果就是将条件表达式的值赋值给 max，即将 a 和 b 中的大者赋给 max。条件运算符的结合方向是 "从右往左"。例如：

```
a>b?a:c>d?c:d
```

等价于 a>b?a：（c>d?c：d）。如果 a=1，b=2，c=3，d=4，则条件表达式的值为 4。

条件表达式中的表达式 1 必须是可以隐式转换为布尔型的表达式，否则会出现编译错误。表达式 2 和表达式 3 的数据类型决定了条件表达式的数据类型，设表达式 2 的数据类型为 X，表达式 3 的数据类型为 Y。若 X 和 Y 类型相同，则此类型为该条件表达式的类型；若存在从 X 到 Y 的隐式转换，但不存在从 Y 到 X 的隐式转换，则 Y 为条件表达式的类型；若存在从 Y 到 X 的隐式转换，但不存在从 X 到 Y 的隐式转换，则 X 为条件表达式的类型。

11.4.5　逻辑运算符和逻辑表达式

1. 逻辑运算符

C#提供了如下 3 种逻辑运算符：

（1）&&：逻辑与。

（2）||：逻辑或。

（3）!：逻辑非。

逻辑与和逻辑或是二元运算符，逻辑非是一元运算符。逻辑运算符的运算结果可以用来表 11.7 表示。

表 11.7　　　　　　　　　　　　　　　　　　逻 辑 运 算

a	b	!a	a&&b	a‖b
true	true	false	true	true
true	false	false	false	true

续表

a	b	!a	a&&b	a||b
false	true	true	false	true
false	false	true	false	false

2．逻辑表达式

用逻辑运算符将关系表达式或逻辑量连接起来的式子就是逻辑表达式。逻辑表达式的值是一个布尔型值。在逻辑表达式的求解中，并不是所有的逻辑运算符都被执行，只是在必须执行下一个逻辑运算符才能求出表达式的解时，才执行该运算符。例如：

（1）a&&b&&c。只有 a 为真才需要判断 b 的值，只有 a 和 b 的值为真才需要判断 c 的值；只要 a 的值为假，就不需要判断 b 和 c 的值，整个表达式的值为假。

（2）a\|\|b\|\|c。只要 a 为真，就不必判断 b 和 c，整个表达式的值为真；只有 a 为假，才判断 b。a 和 b 都为假才判断 c。

11.4.6　其他运算符和表达式

C#还提供了一些特殊的运算符，以完成特殊的任务。

1．new 运算符

new 运算符用于创建类型的新实例。new 运算符表示创建了一个类型的实例，但不表示动态分配内存，这与 c++对指针的操作不同。以下为创建一个对象和数组实例。

```
calss A
{
    ...
}
A a=new A();
int [] arr=new int[20];
```

2．typeof 运算符

typeof 运算符用于获得系统原型对象的类型，它的操作对象只能是类型名或 void 关键字。如果它操作的是一个类型名，则返回的是这个类型的系统类型名，如果它操作的是 void 关键字，则返回的是一个表示"类型不存在"的 System.Type 对象类型 System.Void。例如：

```
Console.WriteLine(typeof(int));
Console.WriteLine(typeof(string));
Console.WriteLine(typeof(double));
```

上面三条语句的输出结果分别为：

```
System.Int32
System.String
System.Double
```

3．checked 和 unchecked 运算符

checked 和 unchecked 运算符用于整型算术运算时控制当前环境中的溢出检查。它们的用法如下所示：

```
checked(表达式)
unchecked(表达式)
```

其中表达式必须为算术表达式。下列运算参与了 checked 和 unchecked 检查：

（1）预定义的"++"和"--"一元运算符，当其操作数类型为整型时；

（2）预定义的"/"等二元运算符，当两个操作数都为整型时；

（3）从一种整型到另一种整型显式数据转换时。

当上述整型运算产生一个目标类型无法表示的大数时，按照下列相应的处理方法进行：

（1）使用 checked。若运算是常量表达式，则产生编译错误：The operation overflow at compile time in checked mode。

若运算是非常量表达式，则运行时会抛出一个溢出异常：OverFlowException 异常。

（2）使用 uchecked。无论运算是否为常量表达式，且没有编译错误或是运行时异常发生，返回值被截掉不符合目标类型的高位。

（3）既未使用 checked 也未使用 unchecked。若运算是常量表达式，默认情况下总是进行溢出检查，与使用 checked 一样，无法通过编译。若运算是非常量表达式，则是否进行溢出检查取决于外部因素，包括编译器状态、执行环境等参数。

11.4.7 运算符的优先级

表达式中运算符的计算顺序由运算符的优先级和结合性决定。当表达式包含多个运算符时，运算符的优先级控制各运算符的计算顺序，即高优先级的先计算，低优先级的后计算。表 11.8 给出了 C#中运算符的优先级和结合性。

表 11.8 　　　　　　　　　　C#运算符的优先级和结合性

类别	运 算 符	结合性	优先级次序
基本	（ ）、x.y、f（x）、a[x]、x++、x--、new、typeof、checked、unchecked	从左往右	高 ↓ 低
一元	!、～、++x、--x、（数据类型）x	从右往左	
乘除	*、/、%	从左往右	
加减	+、-	从左往右	
位移	<<、>>	从左往右	
关系与类型检测	<、>、<=、>=、is、as	从左往右	
相等	==、!=	从左往右	
逻辑与	&	从左往右	
逻辑异或	^	从左往右	
逻辑或	|	从左往右	
条件与	&&	从左往右	
条件或	||	从左往右	
条件	?:	从左往右	
赋值	=、*=、/=、%=、+=、-=、<<=、>>=、&=、^=、|=	从右往左	

当运算符的优先级相同时，运算符的顺序结合性控制运算符的执行顺序。除了赋值运算符外，所有的二元运算符都是从左向右结合，即从左向右执行运算。赋值运算符和条件运算符从右向左结合，即执行从右到左的运算。优先级和顺序结合性都可以用括号控制，即括号内的运算优先进行。

11.5 流 程 控 制 语 句

语句是完成一个完整操作的基本单位。默认情况下语句是顺序执行的，为提高程序的灵活性，还应该能以其他次序来执行语句。流程控制语句用于控制程序中的不同执行顺序。C#定义的流程控制语句包括条件语句、循环语句和跳转语句。

11.5.1 条件语句

条件语句根据表达式的值从多个语句中选择一个语句来执行。选择语句包括 if 语句和 switch 语句。

1. if 语句

if 语句是用来判断所给定的条件是否满足，根据判断的结果（真与假）决定执行给出的两种操作之一。C#提供了三种形式的 if 语句。

（1）if（表达式）语句。当 if 后面的表达式的值为真的时候，才开始执行语句。比如下面的例子，只有当 x 大于 y 的时候才将 x 赋值给变量 z：

```
if(x>y)
    z=x;
```

（2）if（表达式）语句 1 else 语句 2。当 if 后面的表达式的值为真的时候执行语句 1，否则执行语句 2。例如：

```
if(x>y)
    z=x;
else
    z=y;
```

上面的代码是把 x 和 y 中较大的那一个赋值给 z。

（3）嵌套语句。if 语句用法灵活，不但可以单独使用，还可以嵌套使用。对于上述两种用法，表达式（或 else）后面的语句部分本身又可以是 if 语句的上述两种情况之一。例如，下面是学生成绩嵌套语句的例子：

```
if(score>90)
    grade= 'A ';
else if(score>80)
    grade= 'B ';
else if(score>70)
    grade= 'C ';
else if(score>60)
    grade= 'D ';
else
    grade= 'E ';
```

对于上述三种形式的 if 语句，if 后面的表达式一般都为逻辑表达式或关系表达式，表达式的值是一个布尔型值。对于 if 语句的嵌套形式，应当注意 if 和 else 的配对关系。else 总是和它上面的最近的未配对的 if 配对。

2. switch 语句

if 语句只有两个分支可供选择，而 switch 语句是多分支语句。在设计多分支程序时，可以选择之前讲到的 if 或 if-else 语句的嵌套，但对于分支非常多的情况，使用这些语句写成的程序可读性不高，执行效率也偏低，switch 语句的出现为设计多分支程序带来了方便。switch 语句的一般用法如下：

```
switch(表达式)
{
  case 常量表达式 1:语句块 1
                break;
  case 常量表达式 2:语句块 2
                break;
...            ...
  case 常量表达式 n:语句块 n
                break;
  default:     语句块 n+1
                break;
}
```

switch 语句在工作时，首先将其后面的表达式与每个 case 匹配的常量表达式进行比较，如果表达式与该常量匹配则执行该语句，如果与每个常量表达式都不匹配，则执行 default 后的语句。经常和 switch 语句配合使用的是 break 语句。当遇到一个 break 语句时，程序将跳出整个 switch 语句。下面是一个 switch 语句的例子：

```
int i=0;
switch (i)
{
  case 0 :                    //符合表达式值的要求
    a=0;                      //执行
    break;                    //执行,跳出 switch 语句
  case 1 :                    //被跳过
    b=0;                      //不执行
    break;                    //不执行
  case 2 :                    //被跳过
    c=0;                      //不执行
    break;                    //不执行
}
```

需要说明的是，在 C、C++中，允许 switch 语句中的 case 标签后不出现 break 语句，但 C#却不同。当语句块不为空的时候，C#要求每个 case 标签项后必须使用 break 语句或 goto 语句跳出整个 switch 语句，它不允许从一个 case 自动遍历到其他 case。

11.5.2 循环语句

循环语句具备使用循环多次执行同一个任务，直到完成程序的功能。循环语句便于程序的简化，能更好地组织算法。C#主要提供了以下四种循环语句：

（1）while 语句

（2）do-while 语句

（3）for 语句

（4）foreach 语句

1. while 语句

while 语句的一般形式是：

```
while(表达式)
    语句(或语句块)
```

当表达式的值为真的时候，就执行后面的语句（或语句块）。例如，求 1～100 之间的整数之和的代码如下：

```
int sum=0;
int i=j;
while (i<=100)
{
    sum=sum+i++;
}
Console.WriteLine("和为:{0}",sum);
```

2. do-while 语句

do-while 语句的一般形式为：

```
do
    循环体语句(或语句块)
while(表达式)
```

它的执行过程是：先执行一次指定的循环体语句，然后判断表达式，当表达式为真时则返回重新执行循环体语句，如此反复，直到表达式为假，此时循环结束。对于求 1～100 之间整数之和的例子，用 do-while 语句实现如下所示：

```
int sum=0;
int i=1;
do
{
    sum=sum+i++;
}
while(i<=100)
Console.WriteLine("和为:{0}",sum);
```

3. for 语句

for 语句的一般形式为：

```
for(初始化;条件;迭代)
    语句(或语句块)
```

它的执行过程是：首先执行初始化操作，然后判断条件是否满足，如果满足则执行循环体中的语句，最后执行迭代部分。完成一次循环后，重新判断条件是否满足。初始化、条件和迭代三部分可以部分或全部为空（分号";"不能省略）。如果全部为空，则相当于死循环。对于求 1～100 之间整数之和的例子，用 for 语句实现如下所示：

```
int sum=0;
for(int i=0;i<=100;i++)
{
    sum=sum+i;
}
Console.WriteLine("和为:{0}",sum);
```

4. foreach 语句

foreach 语句的一般形式为

```
foreach(类型 标识符 in 表达式)
    语句(或语句块)
```

其中,"类型"和"标识符"用于声明循环变量,"表达式"为操作对象的集合,集合的例子有数组、字符串、ArrayList 类以及用户自定义的集合类等。其执行过程是:逐个提取集合中的元素到"标识符"中,并对集合中的每个元素执行语句序列中的操作。注意,在循环体内不能改变循环变量的值。例如:

```
int[] x = {2,4,6,8,10 };
foreach (int i in x)
    i++;                         //错误,x 中的元素被指派给 i,更改 i 会引发编译错误
```

使用 foreach 语句的特点在于:循环不可能出现计数错误,也不会越界。

下面的 foreach 语句统计一个字符串中字符 s 出现的次数。

```
string s="This is Visual Studio 2010";
int i=0;
foreach(char ch in s)
{
    if(ch=='s')
      i++;
}
```

上述语句执行完毕后,i 的值是 4。

11.5.3　跳转语句

除了上述条件语句和循环语句外,还有一种特殊的控制语句,即跳转语句。跳转语句用于无条件的转移控制。C#中常见的跳转语句包括 break 语句、continue 语句、return 语句和 goto 语句。

1. break 语句

break 语句只能用于 switch、while、do-while、for 或 foreach 语句,它的作用是跳出包含它的上述语句。在前面的 switch 语句中,break 语句的作用是跳出 switch 结构,并且在循环语句中也可以使用,它可以从循环体中跳出,结束循环。

例如在求 1~100 之间整数之和的例子中,如果要求当和大于等于 2000 的时候就结束循环,那么代码如下:

```
int sum=0;
for(int i=0;i<=100;i++)
{
    sum=sum+i;
    if(sum>=2000)
        break;
}
```

2. continue 语句

continue 语句的作用是跳过本次循环中尚未执行的语句,重新开始新一轮的循环。下面的程序用于输出 100 以内的奇数:

```
for(int i=0;i<=99;i++)
{
    if(i%2==0)
```

```
        continue;
    Console.WriteLine("当前输出的奇数为:{0}",i);
}
```

当 i 的值能被 2 整除时，执行 continue 语句结束本次循环（即跳过 Console.WriteLine( )），只有 i 不能被 2 整除时，才执行 Console.WriteLine（），输出执行结果，如图 11.3 所示。

图 11.3　continue 语句示例结果

3.　return 语句

在类中使用 return 语句可以退出类的方法，将控制返回给方法的调用者。如果方法有返回类型，则必须使用 return 语句返回这个类型的值；如果方法没有返回类型，则该语句就不能返回表达式。使用 return 语句的一般形式为：

return　表达式

例如：

```
namespace welcome
{
    class program
    {
        public string show()
        {
            return "welcome to Beijing!";
        }
        static void Main(string[] args)
        {
            program pro=new program();
            Console.WriteLine(pro.show());
        }
    }
}
```

上面的程序在类 program 中创建了一个方法 show()，该方法返回一个字符串。在 Main( ) 方法中创建了此类的对象 pro，利用它调用了方法 show（），并输出 show（）方法的结果。

4.　goto 语句

goto 语句的功能是将控制转移到由标识符指定的语句。

其一般形式为：

goto　标识符；

例如：

```
static void Main(string[] args)
{
```

```
    int i=0;
    goto check;
loop:
    Console.WriteLine(args[i++]);
check:
    if(i<args.Length)
        goto loop;
}
```

需要注意的是，虽然 goto 语句使用比较方便，但是容易引起逻辑上的混乱，因此除了以下两种情况外，其他情况下不要使用 goto 语句。

（1）在 switch 语句中从一个 case 标记跳转到另一个 case 标记时。

（2）从多重循环体的内部直接跳转到最外层的循环体时。

下面的代码说明了如何利用 goto 语句从循环体内直接跳出到循环体的外部：

```
int i=0,j=0;
for(i=0;i<100;i++)
{
    for(j=0;j<100;j++)
    {
        if((j+i)/7==0)
            goto Exit;
    }
}
Exit:
Console.WriteLine("The number i is {0}, j is {1}.",i, j);
```

可见，在特殊情况下，使用 goto 语句还是很方便的。

11.6 异 常 处 理

异常是指在程序运行过程中可能出现的不正常情况。在编写程序时，不仅要关心程序的正确性，还应该检查错误和可能发生的各类不可预知的事件（即异常）。以下情况都有可能引发异常：用户错误的输入、内存不够、磁盘出错等。异常处理是指程序员在程序中可以捕获到可能出现的错误并加以处理，如提示用户通信失败或者退出程序等。

从程序设计的角度来看，错误和异常的主要区别在于：错误是指程序员可以通过修改程序解决或避免的问题，如编译时出现的语法错误、运行程序时出现的逻辑错误等；异常是指程序员可以捕获但无法通过程序加以避免的问题。例如在网络通信程序中，可能由于某个地方网线断开导致通信失败，但"网线断开"这个问题无法通过程序本身来避免，这就是一个异常。

11.6.1 异常处理机制

在 C#程序中进行异常处理是通过 try...catch...finally 语句实现的。它的一般形式如下所示：

```
try{
    ...                              //需要捕获异常的代码
}catch(异常类型 异常变量名)
{
```

```
    …                                   //异常处理代码
}finally
{
    …                                   //异常处理后继续执行的代码
}
```

上面的异常处理语句中的 try、catch、finally 三部分并不必须要求全部出现，可以有 try-catch、try-finally、try-catch-finally 三种形式。

在程序运行正常的时候，执行 try 块内的程序。如果 try 块中出现了异常，程序立即转到 catch 块中执行。一个 try 语句也可以包含多个 catch 块，若有多个 catch 块，则每个 catch 块处理一个特定类型所异常。如果 try 后面有 finally 块，不论是否出现异常，也不论是否有 catch 块，finally 块总是会执行的，即使在 try 内使用跳转语句或 return 语句也不能避免 finally 块的执行。

编写异常处理程序的方法是：将可能抛出异常的代码放入一个 try 块中，把异常处理代码放入 catch 块中。例如：

```
double inputvalue;
try
{
    Console.Write("input:");
    inputvalue=Convert.ToDouble(Console.ReadLine( ));
}catch(Exception e)
{
Console.WriteLine(" {0}",e.Message)            //输出异常信息
}
```

11.6.2　常见的异常类

根据不同的异常类可以采用不同的处理措施。C#提供的常见异常类如表 11.9 所示。

表 11.9　　　　　　　　　　　　C# 常 见 的 异 常 类

异　常　类	说　　明
Exceptoin	所有异常的基类
SystemException	所有运行时生成的错误的基类
IndexOutOfRangeException	仅当错误地对数组进行索引时，才由运行库引发
NullReferenceException	仅当引用空对象时，才由运行库引发
InvalidOperationException	当处理无效状态时，由方法引发
ArgumentException	所有参数异常的基类
ArgumentNullException	由不允许参数为空的方法引发
ArgumentOutOfRangeException	由验证参数是否位于给定的范围内的方法引发
ExternalException	在运行库的外部环境中发生或针对这类环境的异常的基类
COMException	封闭 COM HRESULT 信息的异常

11.6.3　抛出异常

除了在程序运行时处理异常，在一些特殊情况下还可以使用 throw 语句显式地抛出异常，

将异常交给上一层程序来处理。抛出异常的一般形式为：

throw 表达式

当计算表达式时，如果产生异常就会抛出该异常。表达式的值是一个 System.Exception 类型或它的派生类型的值。例如，如果对表达式计算产生的结果为 null，那么抛出的将是一个 NullReferenceException 异常。

throw 也可以不带表达式，此时只能用在 catch 块中。在这种情况下，它重新抛出当前正在由 catch 块处理的异常。

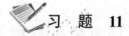 习 题 11

1．简要论述值类型和引用类型有何不同。

2．C#语言中不同整型之间进行转换的原则是什么？

3．求下列表达式的值：

a）x+a%3*（int）（x+y）%2/4，设 x=2.5，a=7，y=4.5。

b）（float）（a+b）/2+（int）x%（int）y，设 a=2，b=3，x=3.5，y=2.5。

4．编写控制台应用程序，从键盘输入三个整数，a、b、c，输出其中最大的数。

5．编写一个控制台应用程序，分别用 while 语句、do-while 语句、for 语句输出 1～10 的平方值。

6．编写控制台应用程序，求 1000 之内的所有"完数"。所谓"完数"是指一个数恰好等于它的所有因子之和。例如，6 是完数，因为 6=1+2+3。

7．考虑如下情形：一个球从 100m 高度自由落下，每次落地后反弹加原高度的一半，再落下，再反弹。缩写控制台应用程序计算它在第 10 次落地时，共经过了多少米？第 10 次反弹多高？

第 12 章　C#面向对象基础

C#是一种面向对象的编程语言，本章将介绍 C#语言面向对象的知识。除了对一般的面向对象的知识，如类、对象、继承和多态等进行介绍外，还对 C#本身所特有的概念，如属性、索引器等进行了阐述。并配备了相关的代码程序，有助于读者对特定概念的理解。

12.1　面向对象编程概述

12.1.1　面向对象编程方法学

C#语言的设计哲学是面向对象编程方法学。面向对象编程将数据和代码看成是相互关联、不可分割的整体，采用信息抽象和数据隐藏技术，用符合人们思维习惯的方法来设计软件，以提高软件的重用性和可维护性。面向对象编程的主要优点如下：

（1）设计和代码易于理解，面向对象的编程方法符合人们的思维习惯。

（2）代码可重用性高，能够直接利用他人已经设计并编写成功的程序。

（3）可扩展性好，能够由基本而通用的解决方案派生出新的解决方案。

12.1.2　面向对象的程序设计步骤

面向对象的程序设计步骤大致包含以下几点：

1．类的认定

关于类的认定还没有严格的准则，但有些经验准则可以参考，例如：

（1）对于问题空间中自然出现的实体，用类进行模型化。

（2）将方法设计成单用途的。

（3）如果需要对已有方法进行扩展，就设计一个新的方法。

（4）避免冗长的方法。

（5）把那些为多个方法或某个子类所需要的数据，存储在实例变量中。

（6）为类库设计，不要只为用户或用户目前的应用设计。

2．类的设计

在任何的面向对象应用中，类实例是系统的主要部分，而且如果采用纯面向对象的方法，那么整个系统就是由类实例组成的。因此，每个独立的类的设计对整个应用系统都有影响。在进行类的设计时，应考虑下面一些因素：

（1）类的公共接口的单独成员应该是类的操作符。

（2）类 A 的实例不应该直接发送消息给类 B 的成员。

（3）操作符是公共的当且仅当类实例的用户可用。

（4）属于类的每个操作符要么访问要么修改类的某个数据。

（5）类必须尽可能少地依赖其他类。

（6）两个类之间的互相作用应该是明显的。

（7）采用子类继承超类的公共接口，开发子类成员为超类的具体实现。

（8）继承结构的根类应该是目标概念的抽象模型。

3．**类层次结构的组织**

支持重用是面向对象程序设计的主要任务，继承机制支持两种层次的重用。

（1）在高层设计阶段，使用继承机制可以开发出有意义的高级抽象，进而有助于重用。继承关系的重用性使得设计者能够在抽象中识别一般性，并从一般性中产生高级抽象。通过识别这种一般性，并把它从较高的抽象中移出来，它就在当前或今后的设计中变成可重用。

（2）在详细设计阶段，继承性支持将已有的类作为新定义类的重用基础，可以把已有的部分代码复制到新的子类中并修改，以适应其新的目的。继承性在已有类和新类之间建立了一种依赖关系，子类的新代码不引起旧代码失效，继承的代码被自动地包含在新定义中，并作为新类的定义被编译。对已有类的任何修改都被归并到下次编译的新类中。

4．**类模块之间的接口技术**

接口使得程序的可移植性和可扩展性更强。例如，可以通过继承机制实现类之间的接口。

5．**对类库和应用构架的支持**

类库中的类就好像是一般建筑预制件，可以复杂到整个单元居室，也可以简单到梁柱，规格比较标准，容易被独立使用。但需要应用开发人员自己根据应用特征进行组装，因此类库本身并不是重用的基本单位。

相对地，构架则是以构件之间有密切的联系为特征，面向特定的应用范畴，以整个构架而不是其中的单个构件来体现它的能量，因此构架本身是重用的基本单位，一旦与应用特征相符，就可以整体被重用。所以，基于构架的设计是面向对象程序设计的理想目标。

12.2　类和对象

12.2.1　类和对象的关系

类是面向对象的程序设计的基本组成单位。类是一种抽象的数据类型，现实生活中的任何东西都可以抽象成一个类。类的定义由三个重要项组成：属性、操作和约束。属性是类或对象的特征，操作则是类或对象能够执行的动作，约束则是类或对象必须遵循的参数。例如，我们把人用类来描述，那么这个类具有一些属性，如年龄、性别、受教育程度等，同时这个类也需要一组操作，如说话、跑步、睡觉等。最后这个类要具有一组约束，如规定人一定要吃饭、睡觉等。

对象就是类的实例。例如，针对人定义一个类，而张三、李四等都是人这个类的实例，也就是对象。总之，类是对具有相同数据和特性的"一组对象"的抽象，而对象是类的具体实例。在 C#中，对象的类型定义为"类（class）"，并且总是先定义一个"类"类型，然后用它去定义若干个相同类型的对象，即"对象"就是"类"类型的变量。

12.2.2　类的定义

类是一种数据结构，它可以封装数据成员、函数成员和其他的类。类是从实际对象中抽象出来的一种完整自包含的数据结构，它封装了一类对象共有的属性和功能。C#中的一切类型都是类，所有的语句都必须位于类内部。任何数据类型使用之前都必须先声明。一个类一旦被成功地声明后，就可以当做一种新类型来使用。C#中使用关键字 class 来定义类，格式如下：

```
[修饰符] class <类名> [:<基类或接口>]
{
    [类体]
}[;]
```

[]表示内容是可选的，<>表示内容是必需的。修饰符、类体和"；"都是可选的，关键字 class 和类名是必需的，"基类或接口"部分也是可选的，但如果"基类或接口"存在，则"基类或接口"是必需的。下面给出了一个最简单的类的定义：

```
class person
{
}
```

12.2.3 类的成员和访问控制

1. 类的成员

定义在类体内的元素都是类的成员。类的成员主要包含两类：数据成员和函数成员。数据成员是描述状态的，函数成员是描述操作的。类的数据成员包括：

（1）字段：字段是类内定义的成员变量，用来存储描述类的特征的值。

（2）常量：常量是类的常量成员。

类的函数成员主要包括：

（1）方法：用于实现类执行计算和操作，方法是以函数的形式来定义的。

（2）属性：属性是字段的自然扩展，也具有数据类型，访问属性和字段的语法也一样。但与字段不同，属性不表示存储位置，属性具有访问器，访问器指定在它们的值被读取或写入时需要执行的语句。

（3）索引器：提供了一种通过索引的方式访问类的数据方法。

（4）事件：用于定义可由类生成的通知或消息。

（5）运算符：用于定义对该类的实例进行运算的运算符，可以对预定义的运算符进行重载。

（6）构造函数和析构函数：构造函数是名称和类名相同的方法，类可以有多个接受不同参数的构造函数。构造函数在类的实例初始化时被执行，它使得开发人员可以设置默认值、限制实例化以及编写灵活便于阅读的代码。下面代码定义了一个没有参数的构造函数：

```
class Person
{
    publis Person()
    {
        Console.WriteLine("this is a new class.");
    }
}
```

同样也可以定义其他构造函数：

```
publis Person(string name)
{
    Console.WriteLine("this is a new class named {0}.",name);
}
```

析构函数也是一类特殊的方法，其名称由类名前加上"～"构成，它用于回收对象中无用的资源。C#中一个类只能有一个析构函数，并且析构函数是自动执行的，因为.NET Framework 的垃圾回收机制决定何时回收对象中的资源。析构函数的定义方式如下：

```
class Person
{
    ~Person()
    {
    }
}
```

开发人员可以在～Person( )中编写代码，但通常是不必要的，因为.NET Framework 会代替开发人员完成资源的释放工作。

2. 访问控制

访问控制的主要作用是指定类和类的成员的可访问性，它是通过访问控制修饰符来定义的，具体来说，访问控制修饰符包含如下几种：

（1）public：可以从任何程序集访问该类，这是限制最少的一种访问方式。

（2）protected：为了方便派生类的访问，又希望成员对于外界是隐藏的，这时可使用 protected 修饰符。

（3）private：仅限于类中的成员可以访问，从类的外部访问其私有成员是不合法的。

（4）internal：同一程序集中的类能访问。

（5）protected internal：这是唯一能使用多个修饰符的情况。只有当前程序集或从基类派生出来的类型能访问。

上述五种访问修饰符都可以用于类的成员，如果在声明类的成员时没有出现访问修饰符，则默认成员是私有的。对于类而言，如果类不是在某个类内部声明的，那么这个类就是顶级类。顶级类只能使用 public 和 internal 两种修饰符，并且它们的含义如下：

（1）public：所修饰的顶级类的可访问域是它所在的程序和任何引用该程序的程序。

（2）internal：所修饰的顶级类的可访问域是定义它的程序。

12.3　属 性 和 索 引 器

面向对象编程的封装性原则决定了类中的数据成员是不能直接访问的。不能直接访问的原因很简单：能直接访问类的数据成员的前提是必须充分了解类的实现细节，而这于隐藏设计细节的思想相悖，会限制代码的可重用性和维护性。另外，如果直接访问类的数据成员，则类的数据安全性得不到保障，导致加大调试程序的难度。

为了保证数据成员不被外界直接访问，最好的做法是将数据成员的访问方式都设置为 private。那么在 C#中又是如何实现对数据成员的访问的呢？C#定义了一种名为属性的访问器来访问数据成员。

12.3.1　属性

属性提供了对类或对象性质的访问，是对现实世界中实体特征的抽象。类的属性成员用来描述对象的特征，属性本身不存储任何数据，它只是提供了一种数据交换的方式。属性成员是对变量成员的扩展，它更好地体现了类的封装性。属性的声明方式如下：

```
[修饰符]<类型><属性名>
{
    [get {<get 访问器体>}]
    [set {<set 访问器体>}]
}
```

"修饰符"是可选的，可以是 public、private、static、protected、internal、vritual、override、abstract 等。其中 vritual、static、override 和 abstract 不能同时使用。属性名的命名规则和字段成员的命名规则相同，但是属性名的第一个字母通常都大写。

C#中的属性通过 get 和 set 访问器来进行属性值的读写。get 和 set 访问器是可选的，它们分别是由关键字 get 和 set，以及位于一对大括号内的"get 访问器体"和"set 访问器体"代码组成。根据 get 和 set 访问器的存在情况，属性可分为如下几种类型：

（1）只读（read-only）属性：只有 get 访问器属性。

（2）只写（write-only）属性：只有 set 访问器属性。

（3）读写（read-write）属性：同时具有 get 和 set 访问器的属性。

下例是 Person 类中属性的声明：

```
public class Person
{
    private int age;
    private string name;
    ...
    public string Name                              //定义属性成员 Name
    {
        get
            {return name;}
        set
            {
            if(name != value)
                name=value;
            }
        ...
    }
    ...
}
```

从上面的例子可以看出，"get 访问器体"必须用 return 语句来返回，且返回值的类型必须可以隐式转换为属性类型。set 访问器相当于一个具有单个属性类型值参数和 void 返回类型的方法，用于处理外部的写入值。set 访问器带有一个特殊的关键字 value，value 就是 set 访问函数的隐式参数，在 set 访问器中通过 value 将外部的输入传递进来，然后赋值给类中的某个成员变量（本例中的 name）。

在 C#中可以通过属性成员的访问函数来访问类中的某个变量，这样就可以通过属性成员把类本身和调用该类的程序分割开，实现面向对象封装性的要求。Person 类的成员变量 name 外部是可以访问的，但属性 Name 具有 public 的访问权限，外部可以访问属性 Name。因此外部程序可以通过对 Name 属性的访问得到 Person 类中私有成员变量 name 的值。

外部程序访问如下：

```
Person myPerson=new Person();
string myName=myPerson.Name;
```

而不能进行如下操作：

```
string myName=myPerson.name;
```

假设程序中已经实例化了一个对象 myPerson，可以使用下列语句对私有变量 name 进行赋值：

```
myPerson.Name="Tom";
```

程序在运行时若发现成员变量 name 未被赋值，则会自动执行 set 访问器，将"Tom"赋值给 myPerson 中的私有变量 name。如果此时再执行：

```
string myName=myPerson.Name;
```

则 myName 的值就是"Tom"。

12.3.2　索引器

一个类往往包含数组类型的对象，而索引器（indexer）正好提供了一种通过索引方式访问类的数据信息的方法。C#中的索引器的工作方式与属性类似，它们的不同之处在于：索引器用来访问数组类型的对象元素，而属性用来访问类中的私有成员变量。在定义索引器的时候也要用到 get 访问器和 set 访问器。与属性不同，索引访问器访问的对象是对象中各元素的值，而不是特定的私有成员变量。定义索引器时不需要给出名称，只要使用关键字 this 即可，它用于引用当前的对象实例。

索引器的定义如下：

```
[修饰符]<类型>this[<参数列表>]
{
    [get {<get 访问器体>}]
    [set {<set 访问器体>}]
}
```

与属性的定义不同，索引器的名称必须用关键字 this，this 后面一定有一对方括号，且方括号内至少要有一个参数。修饰符可以是 new、public、private、protected、internal、virtual、override、abstract 和 sealed 等。索引器可以方便地实现对数组的访问，例如下面的程序：

```
using System;
class Person
{
    private string[] name;              //定义私有成员变量数组
    public Person()
    {
        name=new string[]{"Tom","Jack","Rose","John"};
    }
    public string this [int index]      //定义索引器
    {
        get
        {
            return name[index];
        }
        set
```

```
                {
                    name[index]=value;
                }
        }
        public int GetNameNum()
        {
            return name.Length;           //得到数组 name 的长度
        }                                  //Person 类定义结束
    public class PersonApp
    {
        public static void Main()
        {
            Person myPerson=new Person();
            for(int i=0;i<myPerson.GetNameNum();i++)
                Console.WriteLine("{0}", myPerson[i]);      //使用索引器
        }
    }                                              //PersonApp 类的结束。
```

程序的运行结果如图 12.1 所示。

图 12.1　索引器示例运行结果

从上面的例子可以看出，索引器的使用很简单，只需在对象名后面加上索引操作符和索引即可。由于在类 Person 中数组 name 的访问属性为 private，所以无法在类 PersonApp 中使用 myPerson.name[i]形式访问数组中的元素。若要直接使用该形式，则必须把 name 数组的访问属性修改为 public，但这有悖于数据的隐藏性质。

12.4　方　　法

方法又称为函数，是用来完成某些操作的算法。在面向对象的语言中，类或对象是通过方法与外界交互的。因此，方法是类与外界交互的基本方式。

12.4.1　方法的声明

C#中方法的声明如下所示：

[修饰符]<返回类型><方法名>([<形式化参数列表>])
{
    <方法体>
}

"返回类型"和"方法名"是必需的，"形式化参数列表"是用来指定方法的参数，是可选的；"方法体"是必需的，但可以为空。"修饰符"是可选的，除了访问控制修饰符外，它

还包括如下几种修饰符：

（1）static：该方法是类的一部分，而不是类实例的一部分，静态方法只能对静态成员进行访问。

（2）vritual：指示该方法可以在子类中被覆盖，它不能与 static 或 private 一同使用。

（3）override：指示该方法覆盖了基类中的同名方法，这样它就能定义子类特有的行为，基类中被覆盖的方法必须是 virtual 方法。

（4）new：允许继承类中的一个方法"隐藏"基类中同名的非 virtual 方法。它会取代原方法，而不是覆盖。

（5）sealed：指示禁止派生类覆盖此方法。

（6）abstract：指示该方法不包含具体实现细节，且必须由子类来实现。

（7）extern：指示该方法是在外部实现的。

12.4.2　返回类型和形式化参数

1. 返回类型

方法的返回类型可以是任何的基本类型或者是自定义类型。如果方法没有返回类型，则必须使用 void 作为返回类型。如果方法的返回类型不是 void，则在方法中必须包含一个 return 语句，且 return 返回的类型要和方法返回的类型相一致。

2. 形式化参数

在大多数情况下，C#程序中的方法都带有参数。C#程序中有四种类型的参数传递方法：

（1）值类型参数：当用值类型参数时，编译程序将实参的副本传递给方法的形参，被调用的方法不会修改内存中的实参值。默认情况下，基本数据类型都是值类型参数。

（2）引用类型参数：引用类型参数不会开辟新的内存区域，而是向方法传递实参在内存中的地址。因此调用带引用类型的参数，可以改变调用方法的实参。在定义和调用引用型参数时，必须在实参和形参前加关键字 ref。

（3）输出类型参数：输出类型参数仅用于从方法传递出一个结果，它用关键字 out 表示。输出类型参数也不开辟新的内存区域。

（4）数组类型参数：如果形参中包含有数组类型的参数，则它必须位于形参列表的最后面，而且参数只允许是一维数组。数组类型参数用关键字 params 表示。

12.4.3　方法的重载

在面向对象的语言中，允许一个类中定义多个方法名相同，方法之间参数个数和参数顺序不同（称为参数列表不同）的方法，这种情况称为方法的重载。注意，这里没有提到返回值不同的情况，也就是说，在 C#中不允许存在方法名和参数列表相同，返回值不同的方法。

下面举例说明方法的重载。例如求两个整数相加的和，可以写出如下的方法：

```
static int Add(int x, int y)
{
return x+y;
}
```

上述方法是针对 int 类型数据设计的方法，如果调用时使用了非 int 类型参数则会出现错误。因此可以针对不同类型的数据，分别编写求和的方法，把他们定义在一个类中，如下所示：

```
using System;
using System.Collections.Generic;
using System.Text;
namespace OverloadTest
{
    class OLTest
    {
        public OLTest()                               //构造函数
        {
            Console.WriteLine("测试方式的重载！");
        }
        public void TestMethod()
        {
            Console.WriteLine("1+2={0}", Add(1,2));
            Console.WriteLine("1.1+2.1={0}", Add(1.1,2.2));
        }
        static double Add(double x, double y)
        {
            return(x+y);
        }
        static int Add(int x, int y)
        {
            return(x+y);
        }
    }                                                 //类 OLTest 定义结束
    class Program
    {
        static void Main(string[] args)
        {
        //创建 OLTest 类的实例并调用方法 TestMethod
        OLTest myOLTest = new OLTest();
        myOLTest.TestMethod();
        Console.ReadKey();
        }
    }                                                 //类 Program 定义结束
}                                                     //命名空间定义结束
```

程序运行的结果如图 12.2 所示：

图 12.2　重载方法的测试结果

从上面例子的结果可以看出，依据不同的参数列表的匹配程度，编译器正确地选择了最合适的方法进行调用。

12.5　接　　口

接口是面向对象编程的一个重要概念，它主要负责功能的定义而不负责功能的实现，功能的实现是由类来完成。因此，可以通过接口对类的构成进行限制。

12.5.1　接口的声明

在 C#中，接口用关键字 interface 来声明，接口的定义形式如下：

```
[接口修饰符]interface<接口名>[:<基接口列表>]
{
    <接口体>
}[;]
```

"接口修饰符"是可选的，只允许使用 new、public、protected、internal 或 private。关键字 interface 和"接口名"是必需的，基接口部分也是可选的，如果它存在，则"基接口列表"不能为空；"接口体"是必需的，定义在一对大括号之间，但可以为空。

对于接口中定义的成员有如下要求：

（1）接口的成员必须是方法、属性、事件或索引器。接口不能包含常量、字段、运算符、构造函数、析构函数以及任何类的静态成员。

（2）接口不提供对它所定义成员的实现，实现则由继承接口的类来完成。

（3）接口成员都是 public 类型，但不能使用 public 修饰符。接口成员不能包含除 new 之外的其他任何修饰符。

下面是接口的例子：

```
interface IPerson
{
    string Name
    {
        get;
        set;
    }
}
```

12.5.2　接口的实现

在类中继承接口也叫做对接口的实现。在 C#中，一个类虽然只能继承一个基类，但可以实现任意数量的接口。下面的例子说明了接口的实现。

```
using System;
using System.Collections.Generic;
using System.Text;
namespace InterfaceTest
{
    interface IPerson
    {
        String Name
        {
            get;
            set;
```

```
        }
    }                                           //接口定义结束
    class Person:IPerson
    {
        private int age;
        private string name;
        ...
        public string Name
        {
            get
                {return name;}
            set
            {
                if(name !=value)
                    name=value;
            }
        }                                       //属性定义结束
    }                                           //类定义结束
}                                               //命名空间定义结束
```

需要说明的是，如果 Person 类没有实现的话，就会出现编译上的错误。另外，Person 中的属性 Name 必须声明为 public，否则也会出错。

12.6　继　承　与　多　态

12.6.1　继承

继承是面向对象编程中非常重要的概念。继承可以在类之间建立一种交互关系，新定义的派生类可以继承已有基类的特征和能力，从而高效完成系统开发的可能性。继承的引入，使得新类可以继承其他类的变量、方法和属性。被继承的类称为基类（base class），继承自基类的新类称为派生类（derived class），派生类也可以成为其他类的基类。在 C#中派生类只能从一个基类继承，即 C#不支持多重继承，这一点与 Java 相同，而和 C++不同。

类的继承在声明类的时候指定，形式如下：

```
[类修饰符]class<类名>:<基类>
{
    <类体>
}[;]
```

声明子类时，将类的基类名放在被声明的类名后面，中间用冒号"："分隔。下面举例说明继承的概念。

在前面的例子中，已经创建了一个 Person 类。假设由于需要又要创建一个表示学生的 Student 类，一个表示教师的 Teacher 类。实际上，不管是学生还是教师，他们都需要吃饭、睡觉。这些相同点是由于他们都是人（Person 类）所决定的，因此可以先创建一个 Person 类，让 Person 类拥有 Eat 和 Sleep 方法，而让 Student 类和 Teacher 类都继承自 Person 类。如果 Person 类的 Eat 和 Sleep 方法具有 public 或 protected 访问控制权限，则 Student 类和 Teacher 类将继承这两个方法。同时 Student 类和 Teacher 类可以定义自己的方法，例如 Student 类的考试方法（Exam( )）以及 Teacher 类的教学方法（Teaching( )）等。这三个类的继承关系如图

12.3 所示。

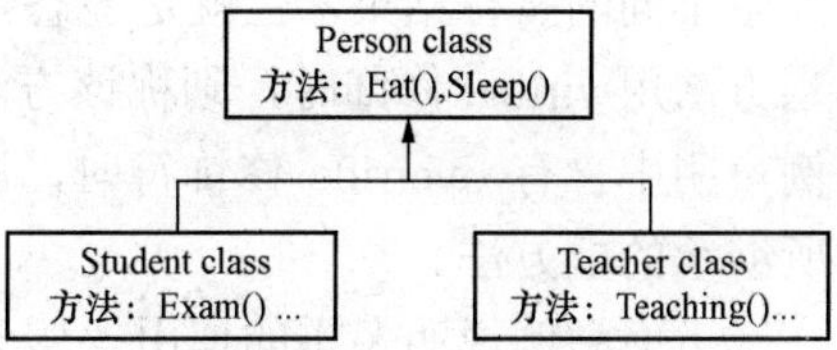

上述三个类的代码如下所示：

图 12.3　类的继承关系

```csharp
pubic class Person                      //基类
{
    private int age;
    private string name;
    ...
    public string Name
    {
        get
            {return name;}
        set
        {
            if(name !=value)
                name=value;
        }
    }                                   //属性定义结束
    public void Eat()                   //定义方法 Eat
    {
        ...
    }
    public void Sleep()                 //定义方法 Sleep
    {
        ...
    }
    ...
}                                       //Person 类定义结束

public class Student:Person             //派生类 Student
{
    ...
    public void Exam()
    {
        ...
    }
    ...
}                                       //类 Student 定义结束

public class Teacher:Person             //派生类 Teacher
{
    ...
    public void Teaching()
    {
        ...
    }
    ...
}                                       //类 Teacher 定义结束
```

12.6.2　多态

在具有继承关系的类中，不同对象的相同名称的函数成员可以有不同的实现，因而可以产生不同的执行结果，也就是多态。与多态相关的有两个关键字，它们是 vritual 和 override。当方法用 virtual 修饰时，则称该方法为虚方法，表示子类可以重写该方法的实现。当一个实例声明中含有 override 修饰符时，则称该方法为重写方法，重写方法用相同的方法名称重写所继承的虚方法。

下面举例说明多态的使用。假设存在三个类：Animal、Dog 和 Bird。Animal 类是 Dog 和 Bird 类的基类，它有一个名为 Speak 的方法。对于 Dog 类而言，Speak 方法为 "barking"；对于 Bird 类而言，Speak 方法为 "chittering"。如果没有多态，不同动物都调用方法 Speak 而想发出不同的声音显然是不可能的。下面给出上面三个类的代码：

```
using System;
namespace PolymorphismTest
{
    public class Animal
    {
        public virtual void Speak()
        {
        }
    }                                    //类 Animal 定义结束

    public class Dog:Animal
    {
        public override void Speak()
        {
            Console.WriteLine("barking");
        }
    }                                    //类 Dog 定义结束

    public class Bird:Animal
    {
        public override void Speak()
        {
            Console.WriteLine("chittering");
        }
    }                                    //类 Bird 定义结束

    class PloymorphismExp
    {
        static protected void AnimalSpeak(Animal animal)
        {
            animal.Speak();
        }
        static void Main(string[] args)
        {
            Dog dog=new Dog();
            Bird bird=new Bird();
            AnimalSpeak(dog);
            AnimalSpeak(bird);
            Console.ReadKey();
        }
```

```
    }                                    //类 PloymorphismExp 定义结束
}                                        //命名空间定义结束
```

上述代码的运行结果如图 12.4 所示。

图 12.4　多态性例子结果

从图中的结果可以看出，不同对象的动物其 Speak( )方法的执行结果也各不相同。

12.7　委　托　与　事　件

12.7.1　委托

1. 委托定义

委托这个词在生活中经常遇到，例如委托律师打官司，委托房地产公司购买房子，委托保险代理人办理保险等。简单地说，委托就是把事情交给别人去办。C#中的委托和生活中的委托很相似，如果将一个方法委托给一个对象，那么这个对象就可以全权代理这个方法的执行。

委托用在 C#中的主要作用就是引用方法，委托的使用与方法一样，也具有参数和返回值。当方法和委托的参数和返回值相匹配时，任何方法都可以分配给委托。一旦给委托分配了方法，委托将与该方法具有完全相同的行为。

委托使用关键字 delgegate 来声明，格式如下：

```
[修饰符]delegate <返回类型><委托名>([形式化参数表])
```

"修饰符"是可选的，关键字 delegate、"返回类型"和"委托名"都是必需的，"形式化参数表"用来指定委托所表示的方法的参数，也是可选的。委托的"修饰符"包括 new 和访问控制符。一个方法能否交给委托取决于它是否满足下面两个条件：

- 两者必须具有相同的参数数目，并且参数类型相同，顺序相同，参数修饰符也相同。
- 两者的返回类型相同。

2. 委托调用

下面的代码是没有使用委托的例子：

```
using System;
namespace DelegateTest
{
    class Person
    {
        public void GetMoney(string name)
        {
```

```
            Console.WriteLine("委托律师为{0}打官司要贷款",name);
        }
    }                                               //类 Person 定义结束

    class Program
    {
        static void Main(string[] args)
        {
            Person person1=new Person();
            person1.GetMoney("张三");                 //未使用委托
            Console.ReadKey();
        }
    }                                               //类 Program 定义结束
}                                                   //命名空间定义结束
```

上述代码的执行结果如图 12.5 所示：

图 12.5　未使用委托的结果

若要通过使用委托执行方法，首先需要将定义的委托实例化。实例化委托就是将其指向某个方法，即调用委托的构造函数，并将相关联的方法作为参数传递的方法。然后通过调用委托，执行相关方法。具体代码如下所示：

```
using System;
namespace DelegateTest
{
    class Person
    {
        public void GetMoney(string name)
        {
            Console.WriteLine("委托律师为{0}打官司要贷款",name);
        }
        public void GetHonor(string name)
        {
            Console.WriteLine("委托律师为{0}打官司挽回名誉",name);
        }
    }                                               //类 Person 定义结束

    class Program
    {
        public delegate void LawyerDelegate(string str);     //定义委托
        static void Main(string[] args)
        {
```

```
        LawyerDelegate lawyer1, lawyer2;                //委托的对象
        Person person1=new Person();                    //Person 类的对象
        //实例化委托,将对象 person1 中的方法交给委托的对象
        lawyer1=new LawyerDelegate(person1.GetMoney);
        lawyer2=new LawyerDelegate(person1.GetHonor);
        //调用委托
        lawyer1("张三");
        lawyer2("李四");
        Console.ReadKey();
    }
}                                                        //类 Program 定义结束
}                                                        //命名空间定义结束
```

上述使用委托的代码执行结果如图 12.6 所示。

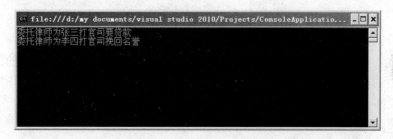

图 12.6　使用委托的结果

　　上面的例子是定义了两个委托对象,并为每个委托对象指定了一个方法。那么能否给一个委托指定多个方法呢? 当然可以,只要参数相同,返回类型相同的方法都可以使用同一个委托。在上述代码中,将类 **Program** 中的内容代换为如下的代码:

```
class Program
{
    public delegate void LawyerDelegate(string str);   //定义委托
    static void Main(string[] args)
    {
        LawyerDelegate lawyer1;                         //委托的对象
        Person person1=new Person();                    //Person 类的对象
        //实例化委托,将对象 person1 中的方法交给委托的对象
        lawyer1=new LawyerDelegate(person1.GetMoney);
        lawyer1 += person1.GetHonor;
        //调用委托
        lawyer1("张三");
        Console.ReadKey();
    }
}                                                        //类 Program 定义结束
```

　　上述代码中,通过 "+=" 操作符将对象 person1 的方法 GetHonor 加入到委托 lawyer1 中,其执行结果如图 12.7 所示。

12.7.2　事件

　　事件是 C#中的另一个高级概念,使用方法和委托密切相关。事件在日常生活中的例子也很多,如奥运会参加百米赛跑的田径运动员听到枪声,立即开始比赛,其中枪声就是事件,

而运动员开始比赛就是这个事件发生后引发的动作。不参加比赛的运动员或者其他人对枪声事件没有反应。再如考场上老师说开始考试，学生即开始答卷，其中老师说开始考试就是事件，学生开始答卷是这个事件引发的动作。老师是事件的发布者，学生是事件的订阅者。C#中事件的处理与通常见到的事件具有相同的处理方式。

图 12.7　同一个委托执行多个方法

从程序员的角度分析上面的例子，当裁判员枪声响起时，发生了一个事件，裁判员通知该事件的发生，参加比赛的运动员则仔细听枪声是否发生，运动员是该事件的订阅者，没有参加比赛的运动员则不会注意，即没有订阅该事件。C#中事件的处理步骤如下所示：

（1）定义事件；

（2）订阅该事件；

（3）事件发生时通知订阅者发生的事件。

1）定义事件。由于事件（event）是一种使类或对象能够提供通知的成员，不论是哪种应用程序编程模型，事件在本质上是利用委托来实现的。因此定义事件时，首先定义委托，然后根据委托来定义事件。定义事件的语法如下：

[修饰符]event<事件类型><事件名>

事件的"修饰符"可以是访问控制 new、static、virtual、override、sealed、abstrat 等修饰符。"事件类型"必须是委托类型，而且该委托类型必须具有至少与事件本身一样的可访问性。

下面定义了事件发布者 Judgement 类，并在其内部利用委托 delegateRun 定义 eventRun 事件。

```
class Judgement
{
    //定义一个委托
    public delegate void delegateRun();
    //定义一个事件
    public event delegateRun eventRun;
}
```

2）订阅事件。定义好事件后，与事件有关的人会订阅该事件。只有订阅该事件的对象才会收到发生事件的通知，没有订阅该事件的对象则不会收到通知。订阅事件的语法如下：

事件名 += new 委托名(方法名);

假设类 Judgement 的对象为 judgement，存在一个运动员类 RunSports 的对象为 runsport，Run 为其中的方法，则订阅事件 eventRun 的代码如下所示：

```
judgement.eventRun += new Judgement.delegate(runsport.Run);
```

　　事件的订阅通过"+="操作符实现，可以给事件添加一个或多个方法委托。利用"−="操作符可以取消对应的事件。

　　3）引发事件。一般都是在满足某个条件下引发事件，裁判员枪声一响，引发运动员奔跑这个事件。在编程中可以用条件语句，也可以使用方法来引发事件。示例代码如下所示：

```
public void Begin()
{
    eventRun();
}
```

　　上述代码中，通过 Begin( )方法引发事件 eventRun。引发事件的语法与调用方法的语法相同，引发该事件时，将调用订阅此事件的对象的所有委托。

　　下面的代码演示了裁判员枪声响起引发运动员开始比赛的动作。

```
using System;
namespace EventTest
{
    class Judgement
    {
        //定义一个委托
        public delegate void delegateRun();
        //定义一个事件
        public event delegateRun eventRun;
        //引发事件的方法
        public void Begin()
        {
            eventRun();
        }
    }                                    //类 Judgement 定义结束
    class RunSports
    {
        //定义事件处理方法
        public void Run()
        {
            Console.WriteLine("运动员开始比赛");
        }
    }                                    //类 RunSports 定义结束
    class Program
    {
        static void Main(string[] args)
        {
            RunSports runsport = new RunSports();
            Judgement judgement = new Judgement();
            //订阅事件
            judgement.eventRun += new Judgement.delegateRun(runsport.Run);
            //引发事件
            judgement.Begin();
            Console.ReadKey();
        }
    }
}                                        //命名空间定义结束
```

上述代码中，Judgement 类为事件的发布者，RunSports 类为事件的订阅者，事件为 eventRun，引发事件的方法为 Begin( )。一个事件可以有多个订阅者，事件的发布者也可以是事件的订阅者。其运行结果如图 12.8 所示。

图 12.8　事件的执行结果

事实上，Windows 编程技术都是建立在事件基础上的。单击一个按钮或是输入一段文本都可以是事件，都可以引发相关的事件处理程序。有关事件的更多内容可参考相关书籍。

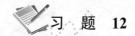 习　题　12

1．简述类和对象的关系。
2．类中的字段和属性有什么区别？
3．使用属性有什么好处？
4．接口中的成员有什么要求？
5．什么叫类的继承？
6．多态性指的是什么？
7．描述委托和事件的关系。

第13章　Windows 窗体编程

利用 C#语言编写 Windows 窗体应用程序时，对用户界面进行设计是非常方便的。程序员只要创建一个或几个窗体，并从工具箱中把所需的控件拖放到窗体上，然后对窗体和控件进行必要的属性设置，编写相关代码就可以了。熟悉并用好控件，会使程序设计的效率得到极大提高。

13.1　窗体编程概述

13.1.1　窗体与控件

C#是一种面向对象的可视化程序设计语言，其对图形界面的设计与开发并不需要编写大量的代码。Windows 窗体和控件是开发 C#应用程序的基础，在 C#应用程序设计中扮演着重要的角色，每个 Windows 窗体和控件都是一个对象，也都是一个实例。

1. 窗体

窗体是可视化程序设计的基础界面，是其他对象的载体或容器，在窗体上可以直接"可视化"地创建应用程序，可以放置应用程序所需的所有控件以及图形、图像，并可以改变其大小，移动其位置等。每个窗体对应于应用程序的一个运行窗口。

Windows 窗体可以编写.NET 平台上的客户机/服务器应用程序，它隐藏了传统 Windows 编程方式中模板文件的许多细节，而以一种带有菜单和标题的窗体方式出现，在显示各种对象和管理标准控制的同时，也可以通过属性定义控制自己的外观显示效果，还可以对鼠标运动和菜单选择等事件做出反应，实现用户之间的交互。Windows 窗体是.NET 架构或公共语言运行库（CLR）中运行的类的实例。

编写一个基于 Windows 窗体的应用程序，通常也是对 WinForm 类的一个实例进行初始化并设置其属性，建立相关的事件处理程序。由于 Windows 窗体完全支持面向对象的继承，因此，在编程中可以使用标准的、面向对象的方法实现对基于 Windows 窗体的类的继承。

2. 控件

首先来了解一下 C#中的组件。所谓组件（Component）是指可以重复使用并且可以和其他对象进行交互的对象，它也是靠类实现的，但它提供了比类更多的功能和更灵活、更友好的复用机制。在 VS.NET 环境下开发的类如果生成后缀为.DLL 的文件，那么这个类就转变成了组件。

控件是能够提供用户界面接口（UI：User Interface）功能的组件。C#.NET 提供了两种类型的控件，一种是用于客户端的 Windows 窗体控件，另一种是用于 ASP.NET 的 Web 窗体控件。像窗体一样，控件也可以通过属性设置控制其显示效果，并且可以对相应的事件做出反应，实现控制或交互功能。由于.NET 中的大多数 Windows 窗体控件都派生于 System.Windows.Forms.Control 类，该类定义了 Windows 控件的基本功能，所以这些控件中的许多属性和事件都相同。

需要说明的是，所有的控件肯定都是组件，但并不是每个组件都一定是控件。

13.1.2　项目和解决方案

在 C#中，项目是一个独立的编程单位，其中包含窗体文件和其他一些相关文件，若干个项目就构成了一个解决方案。可见，项目和解决方案都是实现程序设计资源整合的基本技术，但是两者还存在以下区别：

（1）项目是一组要编译到单个程序集（在某些情况下是单个模块）中的源文件和资源。例如项目可以是类库，也可以是一个 Windows GUI（Graphical User Interface）应用程序。

（2）解决方案是构成某个软件包（应用程序）的所有项目集。

为了说明这个区别，考虑一下在发布一个应用程序时，该程序可能包含多个程序集。例如其中可能有一个用户界面，有某些定制控件和其他组件，它们都作为应用程序的库文件一起发布。不同的管理员甚至还会采用不同的用户界面，每个应用程序的不同部分都包含在单独的程序集中。因此，在.NET 看来，它们都是独立的项目，可以同时编写这些项目，使它们彼此连接起来，也可以把它们当作一个单元来编辑。.NET 把所有的项目看作一个解决方案，把该解决方案当作是可以读入的单元，并允许用户在其上工作。

VS 开发环境中的解决方案资源管理器就是管理所有项目的文件，它以树状结构显示整个解决方案中包含的项目以及每个项目的组成信息。一个解决方案可以由几个项目共同组成。

13.2　用 C#创建 Windows 窗体程序实例

13.2.1　创建过程

Windows 窗体应用程序通过窗体及窗体上的各种图形用户界面（GUI）元素形成与用户交流的界面。.NET Framework 提供了 Windows 窗体和窗体中所需要的控件元素，使创建 Windows 应用程序变得非常简单，可以在编写极少量代码的情况下创建功能强大的应用程序。

使用 VS 2010 创建一个使用 C#语言的 Windows 窗体应用程序通常需要以下四个步骤：

（1）设计用户界面。

（2）设置对象属性。

（3）编写对象事件过程代码。

（4）保存并运行程序（生成可执行代码）。

下面通过一个简单的实例，初步体验一下在 VS 2010 环境中创建用 C#编写的 Windows 窗体应用程序的整个过程。

【例 13.1】　创建 Windows 窗体应用程序，运行之后，屏幕上出现一个"系统提示"窗口，如图 13.1 左侧所示，单击确定后出现右侧窗口。

该程序的功能是在背景画面上，显示"学海无涯"四个字，窗口底部显示三个按钮。单击一次"隐藏"按钮，文字就会消失；单击一次"显示"按钮，文字就会出现；单击"关闭"按钮，就会关闭窗口，结束程序运行。

初学者应把重点放在整个设计过程的各个步骤上，力求熟练掌握。对于设计过程中遇到的一些暂时不理解的问题，留待以后解决。

图 13.1 Windows 窗体应用程序示例运行界面

1. 设计用户界面

启动 VS 2010，在新建项目对话框中依次选择"Visual C#"→"Windows"→"Windows 窗体应用程序"，其余各项默认即可，如图 13.2 所示。

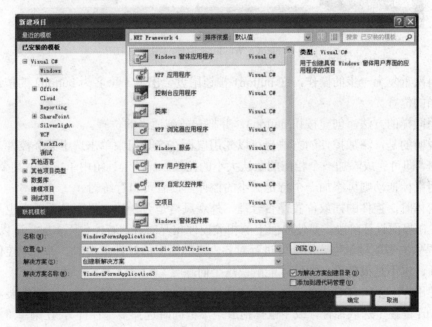

图 13.2 创建 Windows 窗体应用程序界面

单击"确定"按钮后，即可出现如图 13.3 所示的集成开发环境（IDE），用来显示用户界面的窗口称为对象设计器，窗口中名为"Form1"的区域就是 C#自动创建的一个窗体。窗体周围有三个白色的小方框，可以通过鼠标拖动操作适当改变窗体的大小。

接下来，只要把工具箱中提供的各种控件摆放在窗体上，并适当调整它们的位置和大小，就可以完成设计用户界面的任务。具体操作如下：

（1）双击工具箱中的标签（Label）控件图标，窗体上就会出现一个名为 label1 的标签控件，把它拖放到适当的位置。

（2）双击工具箱中的按钮（Button）控件图标，窗体上就会出现一个名为 button1 的按钮，把它拖放到适当的位置。

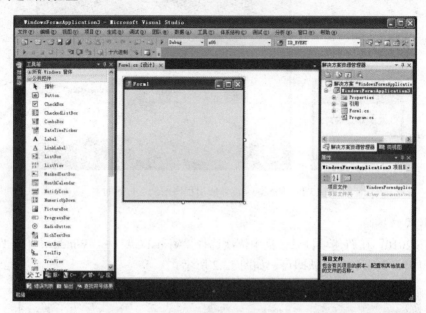

图 13.3　　Visual C# Windows 窗体应用程序 IDE

（3）再次重复上一步的操作，在 button1 按钮附近会出现一个名为 button2 的按钮，把它拖放到适当的位置。

（4）用同样的方法，创建按钮 button3，并把它放到适当的位置。

需要说明的是，添加控件的方法也可以先用鼠标在工具箱中单击选中某个控件，然后在窗体上单击，即可完成添加一个相应的默认大小的控件。若在工具箱中单击选中某个控件后，在窗体上用鼠标拖动则可添加一个特定大小的控件，读者可自行练习。

设计窗体时，控件的摆放位置是否合理，外观风格是否一致，界面是否美观也是一个重要的问题。在界面设计阶段，要使界面上的相关控件相互对齐，若控件不多时，可以利用 VS 2010 IDE 提供的智能显示位置的功能进行对齐。当界面上的控件很多时，每一个控件都手动对齐很麻烦，也不是很精确。如何才能解决这个问题呢？

可以使用 VS 2010 IDE 中的对齐功能实现快速对齐。其方法很简单，选择需要对齐的控件（按住 Ctrl 键逐个选取控件，或用鼠标拖放矩形框同时选择多个控件），在菜单"格式"命令下，进一步选择"对齐"、"使大小相同"、"水平间距"、"垂直间距"等相关命令以完成相应的对齐功能。

2．设置对象属性

窗体和放在窗体上的控件都称为对象。在屏幕右侧下方的属性窗口中，以表格形式列出了当前被选中对象的所有属性名称以及它们的默认值。一般只需要设置它们的少量属性，其余属性保留默认值。窗体及各控件的属性设置操作如下。

（1）单击窗体 Form1 上的空白处（意味着选中了窗体），然后在属性窗口中将它的"Text"属性从默认值"Form1"改为"文字的显示与隐藏"。

（2）在属性窗口中选择"BackgroundImage"属性，然后单击右侧的"…"按钮，打开"选择资源"对话框，如图 13.4 所示。

（3）依次选择"本地资源"→"导入"，即打开一个对话框，查找本机硬盘目录并选择一个图像文件进行打开，结果如图 13.5 所示，单击其中的"确定"按钮即可完成图片的添加。

图 13.4 "选择资源"对话框

图 13.5 导入本地资源

（4）然后在属性窗口中设置"BackgroundImageLayout"属性为"Stretch"（拉伸），使之恰好铺满整个窗体。

（5）在属性窗口中设置"StartPosition"属性为"CenterScreen"，确定窗体首次启动时处于屏幕中央。至此完成对窗体属性的基本操作，下面对其他控件的属性进行设置。

（6）单击标签 label1（意味着选中了标签），然后在属性窗口中按表 13.1 设置它的属性。

表 13.1　label1 控件的属性设置

属　　　性	默　认　值	设　置　值
BackColor	Control	Transparent（在 Web 选项卡中）
Text	Label1	学海无涯
Font	宋体，9pt	楷体_GB2312，20pt
ForeColor	黑色	红色

（7）单击按钮 button1，然后在属性窗体中将它的"text"属性从默认值"button1"改为"隐藏"。类似的，将按钮"button2"和"button3"的"text"属性分别改为"显示"和"结束"。

3. 编写事件过程代码

对于一个应用程序来说，创建了用户界面，还只是搭起了一个空架子，什么事也不能做。要想实现一定的功能，则需要编写程序代码。编写代码是整个程序设计过程中最重要的一个步骤，它凝结了程序员的智慧。有了代码，就相当于为应用程序赋予了灵魂。下面分别对窗体和控件编写相应代码。

（1）窗体事件代码。在图 13.3 所示的设计界面上，双击窗体就会自动切换到代码编辑窗口，并自动生成如下代码：

```
private void Form1_Load(object sender, EventArgs e)
{

}
```

上述代码用于完成窗体 Form1 对象的装载（Load）事件引发的方法，程序号可在一对花括号之间输入特定功能的代码。一旦 Load 事件被触发，该方法就会得到执行。完成结果如下所示：

```
private void Form1_Load(object sender, EventArgs e)
{
    MessageBox.Show("天天好心情！","系统提示");
}
```

（2）按钮事件代码。在设计界面上双击按钮"button1"，自动切换到代码编辑器窗口，并在生成代码的花括号中间输入代码：label1.Hide( )；类似的，分别双击按钮"button2"和"button3"，在生成代码的花括号中输入：

```
label1.Show();
```

和

```
Close();
```

代码输入完成后的代码窗口如图 13.6 所示。

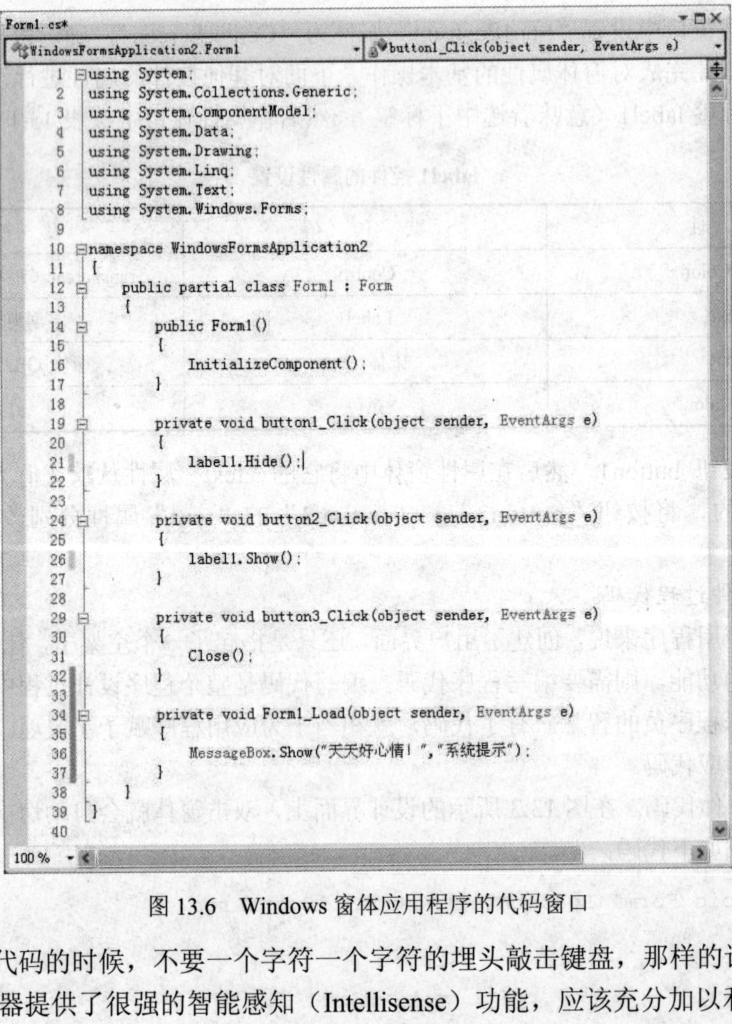

```
Form1.cs*

WindowsFormsApplication2.Form1                button1_Click(object sender, EventArgs e)

 1   using System;
 2   using System.Collections.Generic;
 3   using System.ComponentModel;
 4   using System.Data;
 5   using System.Drawing;
 6   using System.Linq;
 7   using System.Text;
 8   using System.Windows.Forms;
 9
10   namespace WindowsFormsApplication2
11   {
12       public partial class Form1 : Form
13       {
14           public Form1()
15           {
16               InitializeComponent();
17           }
18
19           private void button1_Click(object sender, EventArgs e)
20           {
21               label1.Hide();
22           }
23
24           private void button2_Click(object sender, EventArgs e)
25           {
26               label1.Show();
27           }
28
29           private void button3_Click(object sender, EventArgs e)
30           {
31               Close();
32           }
33
34           private void Form1_Load(object sender, EventArgs e)
35           {
36               MessageBox.Show("天天好心情！","系统提示");
37           }
38       }
39   }
40
100%
```

图 13.6   Windows 窗体应用程序的代码窗口

输入程序代码的时候，不要一个字符一个字符的埋头敲击键盘，那样的话效率太低了。C#的代码编辑器提供了很强的智能感知（Intellisense）功能，应该充分加以利用。实际上，在输入程序语句时，通常只需要输入一个语法元素开关的一个或几个字符，系统就会自动弹出如图 13.7 所示的提示信息列表，并且列出有可能符合程序员意图的一系列元素。这时，程序员只要用鼠标双击列表中适用的选项，或者在单击选中之后按回车键，就完成了该语法元素的快速输入。

图 13.7　语法元素的快速输入

4. 调试并运行程序

VS 2010 的代码编辑器拥有很强的调试支持功能，用于发现和修改程序中可能存在的错误和异常。如果程序中存在语法错误，通常可以准确地指出错误所在的行号和列号，并且在出错的代码下面以波浪形下划线强调表示，便于及时修改。

当程序没有语法错误时，便可以进行调试以发现潜在的逻辑错误等。在输入代码完成之后，执行菜单命令"调试"→"启动调试"，或单击工具栏中的绿色三角按钮"启动调试"，也可以按 F5 键，启动运行程序，以便检验程序的设计运行结果。若要在指定的行设置断点，可用鼠标单击确定行的位置后按 F9 功能键设置或取消断点，以便进行代码级的调试。

5. 保存源程序文件

在创建 Windows 窗体应用程序的开始阶段，在图 13.2 中指定了"名称"、"位置"、"解决方案名称"，系统就会自动地在指定位置下创建一个名称为 WindowsFormsApplication3 的文件夹，在此文件夹下还创建了一个名为 WindowsFormsApplication3.sln 的项目管理文件和一个名为 WindowsFormsApplication3 的子文件夹。这个子文件夹之下还包含了一组文件，读者可以自行查看。

只要程序代码和用户界面被修改过而且尚未存盘，编辑窗口顶部的文件名后面就会出现 * 号 Form1.Designer.cs* Form1.cs [设计]* Form1.cs* × ，提示程序员注意保存程序。若未保存程序而是直接启动调试程序，VS 2010 总是先保存程序，然后再运行。在实际编写程序时，由于一个程序的编写过程往往较长，所以不要一直等到完成以后才保存，最好每隔一段时间保存一次，以防意外丢失。

13.2.2　应用程序的结构

C#Windows 窗体应用程序主要是由下面几种程序构成成分组成：

（1）导入其他系统预定义元素部分。

（2）命名空间。

（3）类。

（4）方法（主方法，事件响应处理过程）。

从程序员的角度，上例的应用程序中主要包括两个文件，一个是 Form1.cs，也就是前面的设计过程中主要编辑的对象。另一个是 Program.cs。下面先介绍 Form1.cs 中的主要结构，在图 13.6 中存在如下自动生成的代码：

```
public partial class Form1 : Form
```

这名代码中 Form1 是创建的窗体类的名称，是可以修改的。后面的"："表示继承关系，这是标准继承类的写法，表示类 Form1 派生自类 Form。类 Form 是.NET Framework 中定义好的一个最基本的窗体类，具有窗体的基本属性和方法，创建的窗体都继承自 Form 类，拥有 Form 类的属性和方法。

仔细观察这段代码，能够发现和前边学过的定义类的不同是在类前面多了 partial 关键字。

图 13.8　解决方案资源管理器

其含义表示"部分的"，这是在.NET Framework 2.0 中引入的新特性，称为分布类。在 C#中，为了方便管理和编辑代码，使用 partial 关键字可以将一个类的代码分开放在多个文件中，每个文件都是类的一部分代码。

利用 VS 2010 创建的窗体都是分布类，从图 13.8 所示的"解决方案资源管理器"中可以看到，窗体文件包含有 Form1.Designer.cs 和 Form1.resx。其中 Form1.Designer.cs 和 Form1.cs 具有相同的命名空间和类名，并且在类名前都有 partial 关键字。在编译时，VS 2010 会自动识别出来，把它们合并成一个类来执行。"partial"的作用就是将一个类标识为分布类。Form1.resx 是一个资源文件，表示的是在图 13.5 中导入的一个图片资源。

前面曾提到，一个 Windows 程序的运行需要用到 Main( )方法。可是在文件 Form1.cs 中并未发现该函数，那么 Windows 窗体应用程序是如何运行的呢？其秘密就在文件 Program.cs 中。双击打开 Program.cs 文件，其中的代码如下所示：

```
using System;
using System.Collections.Generic;
using System.Linq;
using System.Windows.Forms;

namespace WindowsFormsApplication2
{
    static class Program
    {
        /// <summary>
        /// 应用程序的主入口点。
        /// </summary>
        [STAThread]
        static void Main()
        {
            Application.EnableVisualStyles();
            Application.SetCompatibleTextRenderingDefault(false);
            Application.Run(new Form1());
        }
    }
}
```

其中的代码都是自动生成的，不需要程序员编写。可以看到，该文件作为应用程序的主入口点，在 Main( ) 方法中通过 Run 方法执行 new Form1( ) 来启动运行窗体程序。如果要改变程序的起始运行窗体，修改 Run 中的参数即可实现。

13.3 Windows 窗 体 简 介

在 Windows 窗体应用程序中，窗体是用于向用户显示信息的可视化图面。如果把构建可视程序界面看做画图，那么窗体就类似于做图的画布，在画布上可以添加任何图像。通过在窗体上放置控件，并开发对用户操作（如鼠标单击或按键）的响应来构建 Windows 窗体应用程序。窗体比作画布，那么控件就是画布上绘制的图像，是用于显示数据或接收数据输入的用户界面元素。

13.3.1 窗体的属性

在 VS 2010 中，Windows 窗体有两种编辑窗口，分别是窗体设计器如图 13.9 所示和代码编辑器，如图 13.10 所示。

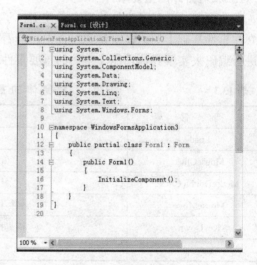

图 13.9 窗体设计器窗口   图 13.10 窗体代码编辑器窗口

窗体设计器窗口是进行可视操作的窗口，使用鼠标进行窗体界面设计、控件拖放、设计窗体属性等都可以在此完成，不需要编码。新建立 Windows 窗体应用程序后，默认打开的即是此窗口。

窗体代码编辑器窗口是编写代码使用的，编写代码的大部分工作都在此窗口完成。要切换到此窗口，可以在窗体设计器上右击，在快捷菜单中选择"查看代码"，或直接按 F7 键；也可以在图 13.11 所示窗口中单击"查看代码"按钮（从左边数第三个）。

窗体就是一个类，类中包括属性和方法。窗体的重要属性如表 13.2 所示。

图 13.11 窗体设计器和代码编辑器切换按钮

表 13.2 　　　　　　　　　　　　　　　　**窗 体 的 重 要 属 性**

属　　性	说　　明
Name	窗体的名字，用于在代码中标识
Text	窗体标题栏中显示的文本
BackColor	窗体背景色
FormBorderStyle	窗体显示的边框样式，有 7 个可选值，默认为 Sizeable
ShowInTaskBar	确定窗体是否出现在 Windows 任务栏中，默认为 true
MaximizeBox	确定窗体标题栏上是否显示最大化按钮，默认为 true
TopMost	指示窗体是否始终显示在该属性为 false 的窗体上，默认为 false

　　窗体中的属性和普通类的属性是相同的，只是操作更方便，用可视化方式和代码编写方式都实现。例如将窗体 Form1 的 Name 属性的值改为"frmStudent"，在代码中通过 frmStudent 即可编辑窗体。将窗体的 Text 属性修改为"学生信息"，在窗体的标题栏中会显示出来。

13.3.2　窗体的重要事件

　　在前面章节学习了事件的概念和使用，了解了事件的运行机制，Windows 编程技术都是建立在事件基础上的。在窗体和控件中，会看到很多事件，Windows 应用程序就是通过对事件进行编码来实现具体功能。窗体的重要事件如表 13.3 所示。

表 13.3 　　　　　　　　　　　　　　　　**窗 体 的 重 要 事 件**

事　　件	说　　明
Load	窗体加载时发生
MouseClick	鼠标单击事件，用户单击窗体时触发
MouseDoubleClick	鼠标双击事件，用户双击窗体时触发
MouseMove	鼠标移动事件，用户用鼠标移动窗体时触发
KeyDown	键盘按下事件，用户首次按下某个键时触发
KeyUp	键盘释放事件，释放键时发生

　　如何找到窗体的事件呢？在窗体的属性窗口中有几个按钮可互相切换，打开相应选项卡，如图 13.12 所示。单击属性窗口中的"事件"按钮，打开"事件"选项卡，即可找到要处理的事件名称。

图 13.12　属性窗口

　　在 VS 2010 中编写事件处理程序时，一般要遵循以下步骤：

（1）单击要创建事件处理程序的窗体或控件。

（2）在属性窗口中单击"事件"按钮。

（3）双击创建事件处理程序的事件。

（4）打开事件处理的方法，编写处理代码。

　　接下来编写窗体单击事件的处理程序 MouseClick，当鼠标单击窗体时，在窗体的标题栏显示"这是窗体单击事件处理程序"。

　　具体操作如下：

（1）按前述方法创建一个 Windows 窗体应用程序。

（2）选中窗体，并在属性窗口中单击"事件"按钮，打开"事件"选项卡。

（3）选中 MouseClick 事件，如图 13.13 所示。

（4）双击 MouseClick 事件右边的单元格，即可生成 MouseClick 事件的处理程序。

 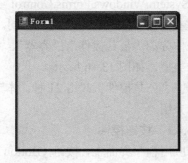 

图 13.13　单击事件窗口　　　　　　　　　图 13.14　事件处理程序效果

（5）在生成的事件处理方法中编写如下代码：

```
this.Text = "这是窗体单击事件处理程序"。
```

（6）运行程序，出现如图 13.14 左侧所示的窗体，单击窗体则看到右侧的效果。其完整的代码如图 13.15 所示。

```
using System;
using System.Collections.Generic;
using System.ComponentModel;
using System.Data;
using System.Drawing;
using System.Linq;
using System.Text;
using System.Windows.Forms;

namespace WindowsFormsApplication3
{
    public partial class Form1 : Form
    {
        public Form1()
        {
            InitializeComponent();
        }

        private void Form1_MouseClick(object sender, MouseEventArgs e)
        {
            this.Text = "这是窗体单击事件处理程序";
        }
    }
}
```

图 13.15　MousseClick 事件处理程序

其中 this 代表当前对象，在窗体中使用时代表当前窗体对象。若要删除此事件，不仅要删除 Form1.cs 中的事件处理程序代码，还要从 Form1.Designer.cs 中找到如下代码：this.MouseClick += new System.Windows.Forms.MouseEventHandler（this.Form1_MouseClick），并将其删除，否则程序运行时会报告出错。

13.4　常用公共控件

C#中的大多数控件都派生于 System.Windows.Forms.Control 类，它们的许多属性、事件和方法也是由此派生的，所以这些控件都非常相似甚至完全相同。C#集成开发环境的工具箱中将控件分成"公共控件"、"容器"、"数据"、"组件"、"对话框"等几种类型，如图 13.16 所示。

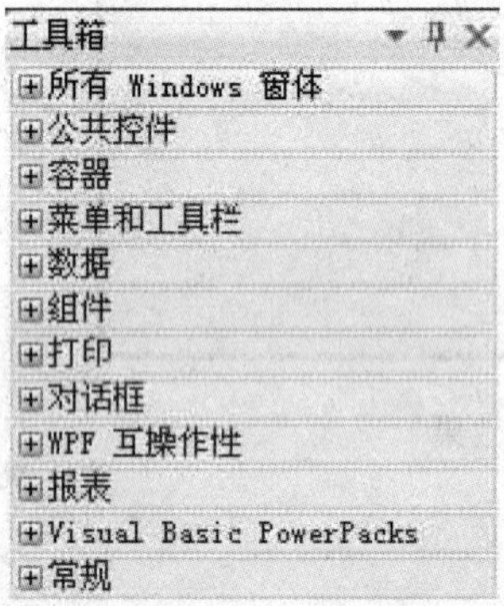

其中"公共控件"共用 21 种，本节根据它们的用途特点，分别进行介绍。

13.4.1　按钮控件

在应用程序界面上，按钮（Button）是用户以交互方式控制程序运行的控件之一，应用十分广泛。在程序运行期间，用鼠标单击一个按钮时，会直观形象地产生"按下"和"抬起"的动作，具有一定的立体效果。

图 13.16　控件工具箱的类别

程序运行时，常用以下方法对按钮进行操作：

（1）鼠标单击。

（2）快捷键（Alt+带有下划线的字母）

（3）按 Tab 键将焦点转移到相应的按钮上（按钮四周会有一个虚线框），再按 Enter 键。

当用户执行上述操作，选择某个按钮时，便会触发相应按钮的 Click 事件，进而运行 Click 事件处理程序代码。

1.　按钮的主要属性

（1）Text 属性。该属性的值就是显示在按钮表面上的文字，用于说明该按钮的作用，便于用户识别。如果 Text 属性的值为"开始（&S）"，程序运行时按钮显示成  开始⑤ 。当用户按下组合键 Alt+S 的时候，相当于用鼠标单击这个按钮。

（2）Enabled 属性。该属性用来设置按钮的可用状态。程序运行期间，当按钮的 Enabled 的属性值为 false 时，按钮表面将显示成暗淡的字体样式  开始⑤ ，这时按钮暂时不起作用。这样做的目的是为了防止错误操作。

（3）Visible 属性。该属性用来设置按钮的可见状态。赋值为 true 时，按钮是可见的；赋值为 false 时，按钮是不可见的。

2.　按钮的主要事件

按钮可以触发的事件种类很多，但最值得关注的是它的 Click 事件，即按钮被鼠标单击以后应该做出的响应。需要特别指出的是，按钮不响应双击（DoubleClick）事件。

在程序设计阶段，双击已经添加到窗体上的按钮，就自动创建了 Click 事件过程的格式化的代码如下所示：

```
private void button1_Click(object sender, EventArgs e)
{

}
```

Click 事件过程包含两个参数，第一个参数 sender 包含被单击的控件，第二个参数 e 包含所发生事件的信息。

13.4.2 文本控件

文本控件主要包括标签（Label）、文本框（TextBook）和富文本框（RichTextBox）。

1. Label 控件

Label 控件的主要作用是通过它的 Text 属性显示输出简短的文本信息，但在程序运行期间不能直接接受用户键盘输入的信息。也就是说，Label 控件的输出内容只能通过 Text 属性来设置或修改，用户不能直接以交互方式编辑，因此通常用来显示那些不希望用户更改的文本信息。

表 13.4 列出了几种 Label 控件的常用属性。Label 控件也有自己的事件和方法，但由于 Label 控件主要是用来在窗体上显示文本信息的，所以一般不需要关注它的事件和方法。

表 13.4　　　　　　　　　　　　Label 控件的常用属性

属　　性	说　　明	默认值
Text	标签中显示的文本内容	控件名称
Font	显示文本的字体、字号和字形	父控件的 Font 属性
BackColor	背景颜色	Transparent（透明）
ForeColor	前景颜色，即显示文本的颜色	ControlText（控件颜色）
BorderStyle	边框样式	None（无边框）
Image	标签的背景图片	无
AutoSize	根据文字的内容多少和字号大小自动调整自身的尺寸	true
Enabled	控件是否可用	true
Visible	控件是否可见	true

其中，Font 属性为环境属性，通常在程序设计阶段设置。如果不设置，就会继承引用父控件中的 Font 属性。在 Windows 窗体应用程序中，Label 控件通常是直接放在窗体上的，窗体就是它的父控件。所以，在默认情况下，Label 控件与窗体具有相同的 Font 属性。

由于 Font 属性是只读的，程序运行时不能通过赋值来加以改变，因此如果希望在程序运行期间改变 Label 控件中显示文字的字体、字号或字形，只能给它的 Font 属性定义一个新的 Font 对象。要定义新的 Font 对象，必须导入 System.Drawing 命名空间。

【例 13.2】通过执行代码改变 Label 对象的属性，运行界面效果，如图 13.17 所示。

具体操作步骤（建立 Windows 窗体应用程序的过程省略）如下：

（1）在窗体上添加 Label 控件和 Button 控件。

（2）设置窗体的 Text 属性为：Label 控件属性设置。

（3）设置 Button 控件的 Text 属性为：显示。

（4）设置 Label 的 AutoSize 属性为 false，设

图 13.17　Label 对象的属性设置

置宽和高为适当尺寸，并设置 Image 属性为指定的图片。

（5）编写 Button 控件的单击事件处理程序代码如下：

```
private void button1_Click(object sender, EventArgs e)
{
    label1.Text += "朝辞白帝彩云间\n 千里江陵一日还\n";
    label1.Text += "两岸猿声啼不信\n 轻舟已过万重山\n";
    label1.BackColor = Color.Transparent;          //背景颜色设置为透明
    label1.ForeColor = Color.Tomato;               //前景颜色设置为番茄色
    label1.Font = new Font(" 楷体_GB2312", 16, FontStyle.Bold | FontStyle.
Underline);
}
```

其中，利用 Font 对象设置字体为楷体_GB2312，字号为 16，并通过逻辑或运算"|"使字形兼具加粗（Bold）和带下划线（Underline）的特性。

2. TextBox 控件

TextBox 控件的主要作用是通过它的 Text 属性在应用程序界面上接受用户输入的文本信息。在程序运行期间，用户可以通过键盘和鼠标以交互方式在文本框中直接输入并修改文字信息，也可以在文本框中使用剪切、复制、粘贴等操作。

表 13.5、表 13.6、表 13.7 分别列出了 TextBox 控件的常用属性、事件和方法。

表 13.5　　　　　　　　　　　　　　TextBox 控件的常用属性

属　　性	说　　明
Text	输入到文本框中的字符
PasswordChar	用来替换在单行文本框中输入文本的密码字符
MultiLine	若为 true，则允许用户输入多选文本信息
ScrollBars	当 MultiLine 属性为 true 时，指定文本框是否显示滚动条
WordWrap	当 MultiLine 属性为 true 时，并且一行的宽度超过文本框宽度时，是否允许自动换行
MaxLength	允许输入到文本框的最大字符数，默认值为 32767
SelectedText	文本框中被选择的文本（程序运行时设置）
SelectionLength	被选中文本的字符数（程序运行时设置）
SelectionStart	文本框中被选中文本的开始位置（程序运行时设置）
ReadOnly	设置文本框是否为只读，默认值为 false
CharacterCasing	是否自动改变输入字母的大小写，默认值为 Normal，其余项有 Lower 和 Upper
CauseValidation	若设置为 true（默认值），控件获得焦点时，将会触发 Validating 和 Validated 事件

表 13.6　　　　　　　　　　　　　　TextBox 的 常 用 事 件

事　　件	说　　明
Enter	成为活动控件时发生
GetFocus	控件获得焦点时发生（在 Enter 事件之后发生）
Leave	从活动控件变化为不活动控件时发生
Validating	在控件验证时发生

事　件	说　明
Validated	在成功验证控件后发生
LostFocus	控件失去焦点后发生（在 Leave 事件之后发生）
KeyDown	文本框获得焦点，并且有键按下时发生
KeyPress	文本框获得焦点，并且有键按下然后释放时发生（在 KeyDown 事件之后发生）
KeyUp	文本框获得焦点，并且有键按下然后释放时发生（在 KeyDown 事件之后发生）
TextChanged	文本框内的文本信息发生改变时发生

表 13.7　　　　　　　　　　　　　　**TextBox 的常用方法**

方　法	说　明
AppendText( )	在文本框当前文本的末尾追加新的文本
Clear( )	清除文本框中的全部文本
Copy( )	将文本框中被选中的文本复制到剪贴板
Cut( )	将文本框中被选中的文本移动到剪贴板
Paste( )	将剪贴板中的文字内容复制到文本框中从当前位置开始的地方，但不清除剪贴板
Focus( )	将文本框设置为获得焦点
Select( )	在文本框中选择指定起点和长度的文本
SelectAll( )	在文本框中选择所有的文本
DeselectAll( )	取消对文本框中所有文本的选择

下面对一些重要的属性、事件和方法做进一步的说明。

（1）PasswordChar 属性。用于设置输入密码时显示的字符。当文本框用来接收输入的密码时，为了防止旁观者在界面上看到密码原文，可以利用该属性来设置替代的显示字符，如"*"等。

（2）MultiLine 和 WordWrap 属性。MultiLine 取值为 false 用于决定输入单行文本，取值为 true 用于决定输入多行文本。在 MultiLine 取 true 且设置 WordWrap 属性也为 true 时，文本框内的文本当超过文本框宽度时会自动换行。按 Enter 键可以进行强制换行。

（3）SelectionStart、SelectionLength、SelectedText 属性。这三个属性只能在程序运行期间设置，用来标识用户在文本框内选中的文字。一般用于在文本编辑中设置插入点及范围，选择字符串，清除或替换文本等，并且经常与剪贴板配合使用，完成文本信息的剪切、复制、粘贴等功能。设置了 SelectionStart 和 SelectionLength 之后，被选中的文字就会自动保存到 SelectedText 中。

（4）TextChanged 事件。当用户向文本框中输入新的内容，或程序对文本框的 Text 属性赋值从而改变 Text 属性原值时，将触发该事件。用户每输入一个字符，就会触发一次该事件。

（5）焦点事件。当某一个控件获得焦点时触发的事件。一个窗体上可以载有多个控件，但任何时刻只允许一个控件能够接受用户的交互操作。这个能接受交互操作的控件称为"拥有焦点"。

鼠标单击窗体上的某个控件，可以使它获得焦点。利用键盘上的 Tab 键，可以使焦点在不同对象之间按 TabIndex 属性指定的顺序依次转移。但是，如果某个对象的 TabStop 属性被设置为 false 时，利用 Tab 键转移焦点时将跳过该对象。

原先不拥有焦点的对象，现在能够接受交互操作，称为"获得焦点"；反之，则称为"失去焦点"。在用户界面上，若某个文本框中有表示插入点的竖线在闪动，则表示该文本框拥有焦点。

当文本框获得焦点时，将依次触发 Enter 事件和 GetFocus 事件；失去焦点时，将依次触发 Leave 事件、Validating 事件、Validated 事件和 LostFocus 事件。在文本框的操作中，经常利用这些事件过程来对数据更新进行验证和确认。

（6）KeyPress、KeyDown、KeyUp 事件。当文本框获得焦点时，用户按下并释放键盘上的某个字符键，就会触发 KeyPress 事件，并返回一个 KeyPressEvenArgs 类型的参数 e 到该事件过程中，其中 e.KeyChar 属性即该键所代表的 Unicode 码。例如，当用户输入字符"A"时，返回的 e.KeyChar 值为 65，与 ASCII 码值相同。同 TextChanged 事件一样，每输入一个字符就会触发一次 KeyPress 事件，这个事件最常见的应用就是判断用户按下的是否为回车键（KeyChar 值为 13）。

KeyDown 和 KeyUp 事件返回到事件过程的参数是 KeyEventArgs 类型的对象 e，其中 e.KeyValue 属性代表的是键位置码。键盘上的每个键都有自己的位置码，包括那些不会产生 Unicode 码的键（如 Shift、Alt、Ctrl 等）。

（7）Copy( )、Cut( )、Paste( )方法。这三个方法是文本编辑中最常用到的方法。调用 Copy( )方法，可以把文本框中被选择的文本复制到剪贴板；而调用 Cut( )方法，则是把文本框中被选择的文本移动到剪贴板；执行 Paste( )方法，则将剪贴板中的文字粘贴到文本框中。

图 13.18　文本框同步显示

【例 13.3】　实现两个文本框文字的同步显示，效果如图 13.18 所示。

功能描述：在左侧 textBox1 中输入文字，右侧的 textBox2 会同时示，"重新输入"按钮会清空两个文本框中的内容，便于重新输入。

界面设计：在窗体上添加两个文本框，并设置 MultiLine 属性为 true，使之能够接受多行文本；设置 ScrollBars 属性值为 Vertical，产生垂直滚动条。添加按钮设置 Text 属性为"重新输入"。

分析：利用 TextBox1 中的 TextChanged 事件。程序代码如下：

```
private void textBox1_TextChanged(object sender, EventArgs e)
{
    textBox2.Text = textBox1.Text;
}
private void button1_Click(object sender, EventArgs e)
{
    textBox1.Text = "";
    textBox2.Text = "";
```

第 13 章　Windows 窗 体 编 程　　　　　　　　　　　　　　　**197**

```
    textBox1.Focus();
}
```

【例 13.4】　在两个文本框之间实现选择文字的复制、删除操作。

功能描述：在文本框 textBox1 中用鼠标选择一段文字后，单击"复制"按钮，被选择的文字出现在 textBox2 中；若单击"删除"按钮，则将 textBox1 中被选择的文字删除后剩余的内容在 textBox2 中输出。效果如图 13.19 所示。

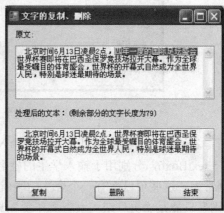

图 13.19　文本框中选择文本的复制或删除

界面设计：在窗体上添加两个文本框，设置 MultiLine 属性为 true；设置其 ScrollBars 属性值为 Vertical。并添加两个标签，分别设置 Text 属性为"原文"和"处理后的文本"。三个按钮按图 13.19 所示添加并设置 Text 属性即可。

分析：用户在 textBox1 中按下鼠标的位置，决定 textBox1 的 SelectionStart 属性值；拖动鼠标选中的文本段，决定 SelectionLength 的属性值。被选择的文字保存在它的 SelectedText 属性中。

主要程序代码如下所示：

```
//"复制"按钮
private void button1_Click(object sender, EventArgs e)
{
    textBox2.Text = textBox1.SelectedText;          //被选中的文本
    label2.Text = "处理后的文本:(被选中的字符数为" + textBox1.SelectionLength + "个)";
}
//"删除"按钮
private void button2_Click(object sender, EventArgs e)
{
    int textStart = textBox1.SelectionStart; /    /被选中文字的开始位置
    int textLength = textBox1.SelectionLength;    //被选中文字的长度
    string str1 = textBox1.Text.Substring(0, textBox1.SelectionStart);
    string str2 = textBox1.Text.Substring(textStart + textLength);
    textBox2.Text = str1 + str2;                    //将待删除文字的前、后两部分进行连接
    label2.Text = "处理后的文本:(剩余部分的文字长度为" + textBox2.Text.Length + ")";
}
//"结束"按钮
private void button3_Click(object sender, EventArgs e)
```

```
{
    Close();
}
```

【例 13.5】 创建一个用来输入学生个人基本信息的用户界面，如图 13.20 所示，编写程序检验在各个文本框中输入的文本信息是否合法。

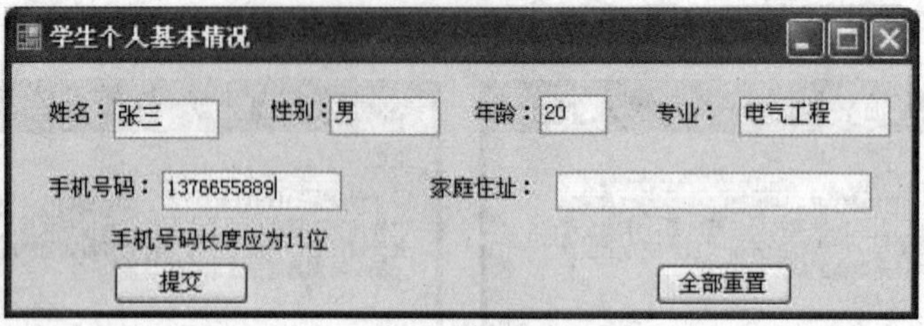

图 13.20　学生个人基本信息的检验

分析：本例是一个常见的以交互方式输入信息的用户界面。窗体上安排了 6 个文本框 textBox1～textBox6，分别用于输入学生的姓名、性别、年龄、专业、手机号码和家庭住址。

根据常识，这些项目都有一个合法的取值范围，例如"姓名"至少应该是由两个汉字组成，"性别"只能是"男"或"女"，"年龄"只能是大于 0 的数值，手机号码的长度必须是 11 位数字等。

作为一个功能完善的信息管理软件，在用户界面上接收键盘输入的信息时，应该对输入内容的合法性进行检验，并在发现非法信息时给出告警信息或拒绝接受。这样做虽然不能完全避免输入错误，但至少不会出现荒谬的结果。本例未对专业和家庭住址进行检验。

本例中的合法性检验主要是 Validating 或 Validated 事件过程中进行的（对本例而言，无论选择哪个功能上没有区别）。在一个文本框中输入内容后，按下 Tab 键，在一下文本框内单击鼠标，使焦点转移到下一个文本框的时候，意味着刚才输入内容的文本框已失去焦点，于是触发 Validating 和 Validated 事件，可以在这两个事件过程中对已输入的内容进行合法性检验。

对于"年龄"和"手机号码"，为了阻止用户输入非数值字符，还在相应的 KeyPress 事件过程中进行了合法性检验。已知键盘上的数字键 0～9 的 KeyChar 值为 48～57，退格键（Backspace）的 KeyCahr 值为 8。如果用户在文本框中输入时按下的不是这些键，则将参数属性 e.Handled=true，即告诉控件不对输入的字符进行任何操作，也就是使输入无效。

在属性窗口中分别观察各个控件的 TabIndex 属性的值，会发现 textBox1 的 TabIndex 为 0，textBox2 的 TabIndex 为 1，……，默认情况下与控件创建的顺序一致，这就意味着当窗体加载后 textBox1 将首先获得焦点。按 Tab 键，可以按 TabIndex 属性值的顺序在各个控件之间转移焦点，但 Label 控件会被跳过。

在图 13.20 中，由于输入了一个不满 11 位的电话号码，因而报告了错误，并将焦点停留在错误的文本框中，直到输入正确的内容。

程序主要代码如下所示：

```
private void textBox1_Validated(object sender, EventArgs e)
{
    if (textBox1.Text.Length < 2)
```

```
        {
            label7.Text = "姓名长度不能小于 2";
            textBox1.Focus();
        }
    }
    private void textBox2_Validated(object sender, EventArgs e)
    {
        if (textBox2.Text == "男" || textBox2.Text == "女")
            label7.Text = "";
        else
            {
                label7.Text = "性别填写错误! ";
                textBox2.Focus();
            }
    }
    private void textBox3_Validating(object sender, CancelEventArgs e)
    {
        if (textBox3.Text.Length > 0)
        {
            int age = int.Parse(textBox3.Text);
            if (age < 16)
            {
                label7.Text = "这是一位少年大学生吗?";
                textBox3.Focus();
            }
            if (age > 35)
            {
                label7.Text = age + "岁了才读本科,是不是年龄填错了?";
                textBox3.Focus();
            }
        }
    }
    private void textBox3_KeyPress(object sender, KeyPressEventArgs e)
    {
        if ((e.KeyChar < 48 || e.KeyChar > 57) && e.KeyChar != 8)
        e.Handled = true;
    }
    private void textBox5_Validating(object sender, CancelEventArgs e)
    {
        if (textBox5.Text.Length != 11)
        {
            label7.Text = "手机号码长度应为 11 位";
            textBox5.Focus();
        }
    }
    private void textBox5_KeyPress(object sender, KeyPressEventArgs e)
    {
        if ((e.KeyChar < 48 || e.KeyChar > 57) && e.KeyChar != 8)
        e.Handled = true;
    }
```

3. RichTextBox 控件

RichTextBox 控件在 TextBox 的基础上增加了许多功能，它允许直接读写 TXT 或 RTF 格式的文件，允许显示和输入的文本具有丰富的格式（黑体、斜体、加粗、颜色等），允许像 Word 中那样使用项目符号，还允许在文本中插入图片。常用的属性和方法如表 13.8 所示。

表 13.8　　　　　　　　　　　　　RichTextBox 控件常用属性和方法

名　　称	说　　明
CanRedo	若为 true，则允许恢复上一个被撤销的操作
CanUndo	若为 true，则允许撤销上一个操作
RedoActionName	通过 Redo( ) 方法执行的操作名称
UndoActionName	如果用户选择撤销某个动作，该属性将获得该动作的名称
Rtf	包含 RTF 格式的文本（与 Text 属性相对应）
SelectedRtf	获取或设置被选中的 RTF 格式文本，保留格式信息
SelectedText	获取或设置被选中的文本，丢弃所有格式信息
SelectionAlignment	被选中文本的对齐方式（Center、Left、Right）
SelectionBullet	被选中文本的项目符号
SelectionColor	被选中文本的颜色
SelectionFont	被选中文本的字体
SelectionProtected	被选中文本是否允许被修改，若为 true 则处于写保护状态
Redo( ) 方法	恢复上一个被撤销的操作
Undo( ) 方法	撤销上一个操作
Find( ) 方法	查找是否存在特定的字符串，存在则返回第一个字符串的位置，否则返回–1
LoadFile( ) 方法	将指定路径下的 RTF 文件或 TXT 文件内容载入 RichTextBox 并显示
SaveFile( ) 方法	将 RichTextBox 中的内容以 RTF 或其他特定类型文件格式保存到指定路径下

上表中省略了与 TextBox 相同的内容。利用 RichTextBox 控件可以实现一些简单的文档编辑功能，如对齐、保存等操作，具体的使用方法读者可参考相关书籍。

13.4.3　简单选择控件

在应用程序的用户界面上，单选按钮 ◉RadioButton 和复选框 ☑CheckBox 经常用来实现少量选项的交互式选择操作，具有直观明了的特点。这两类控件一般不会单独使用，实际应用中总是成组出现，并使用工具箱"容器"中的 GroupBox 控件来实现分组。

1. 单选按钮 RadioButton

单选按钮值得关注的属性和事件较少，简述如下：

（1）Checked 属性。用来设置单选按钮是否被选中。用鼠标单击一个单选按钮，使之呈现 ◉ 形状时，表示被选中，Checked 属性的值为 true；反之，未被选中的单选按钮的形状为 ○，Checked 属性值为 false。

顾名思义，单选按钮具有"单选"的特点，在一组逻辑功能相关的单选按钮中，任何时刻最多只能有一个被选中。当一个单选按钮被选中时，同一组内的其他单选按钮均为未选中状态。

（2）Appearance 属性。用来设置单选按钮的外观。当该属性值为 Normal 时，外观为默认值，即圆形◉；属性值为 Button 时，外观显示成按钮的形状，被选中时显示为按下状态，未被选中时显示为弹起状态。

（3）CheckedChanged 事件。当用户在一组单选按钮中改变原先选中的对象时，该事件被触发。

（4）Click 事件。每次单击单选按钮时，都会触发该事件。如果连续多次单击同一个单选按钮，最多只能改变 Checked 属性一次。

2．复选框 CheckBox

复选框的属性和事件与单选按钮非常相似，下面着重介绍几处略有不同的地方。

（1）CheckState 属性。用来设置复选框的状态，复选框有三种状态：☑选中状态，该属性值为 Checked；☐ 未选中状态，该属性值为 Unchecked；▨无效状态，该属性的值为 Indeterminate。鼠标单击一个复选框，就会使它在状态☑和☐之间切换。

顾名思义，复选框具有"复选"的特点，在一组逻辑功能相关的复选框中，允许任意数量的复选框被选中，甚至全部选中，或者全部不选。一个复选框被选中与否，对同一组内的其他复选框没有任何影响。

（2）ThreeState 属性。用于设置复选框是否具有上面提到的"无效"状态。当该属性值为 true 时，即具有三种状态；当该属性值为 false 时，没有"无效"状态，而只具有剩余的两种状态。

（3）CheckedChanged 事件。当复选框的 Checked 属性改变时，就会触发该事件。但当 ThreeState 属性值为 true 时，单击复选框不会改变 Checked 属性。

3．群组框 GroupBox

GroupBox 控件具有"容器"特性，能够把其他控件装入其中，因而又称为容器控件。在窗体上绘制一个 GroupBox 控件，然后在它的边框线以内绘制单选按钮或其他控件，就把它们装入了同一个容器。在窗体上的空白位置创建控件，然后把它拖放到 GroupBox 的边框线内，也可以将其装入同一个容器。

设计阶段判断一个控件是否装入 GroupBox 的简单方法，就是拖动 GroupBox，如果线框内的控件跟随移动，则说明它确实装入了 GroupBox；否则，说明没有装入。

装入同一个 GroupBox 的单选按钮，就构成了一个逻辑上独立的组，单击其中的任意一个单选按钮，使其处于选中状态，组内的其他对象均处于未选中状态，对它们的操作不会影响到当前 GroupBox 以外的单选按钮。当窗体上需要建立几组相互独立的单选按钮时，就应该把它们分别装入不同的 GroupBox。

实际应用中，GroupBox 控件最值得关注的属性就是它的 Text 属性，用来设置边框上方显示的标题。

【例 13.6】 利用单选按钮、复选框和 GroupBox，对 Label 控件中文字的效果进行设置，如图 13.21 所示。程序运行后，选择字体、颜色、字形，然后单击"确定"按钮，就会使用标签中文字按规定的效果显示。

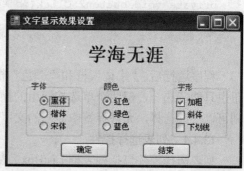

图 13.21 单选按钮、复选框、群组框应用示例

本例中创建了三个 GroupBox，它们的 Text 属性分别设置为"字体"、"颜色"、"字形"，单选按钮 RadioButton1～RadioButton3 装入"字体"框，RadioButton4～RadioButton6 装入"颜色"框，构成了两个单选按钮框组，使字体和颜色的选择互不影响。复选框实际上是不需要借助于 GroupBox 来分组的，但有时为了用户界面的美观，也会把一组复选框装入一个 GroupBox 之内。

程序的主要代码如下：

```
private void button1_Click(object sender, EventArgs e)
{
    //获得基本属性
    float fontSize = label1.Font.Size;
    FontStyle style = FontStyle.Regular;
    FontFamily family = label1.Font.FontFamily;
    //字体设置
    if (radioButton1.Checked == true)
        family = new FontFamily("黑体");
    else if (radioButton2.Checked == true)
        family = new FontFamily("楷体_GB2312");
    else if (radioButton2.Checked == true)
        family = new FontFamily("宋体");
    //颜色设置
    if (radioButton4.Checked)
        label1.ForeColor = Color.Red;
    if (radioButton5.Checked)
        label1.ForeColor = Color.Green;
    if (radioButton6.Checked)
        label1.ForeColor = Color.Blue;
    //字形设置
    if (checkBox1.CheckState == CheckState.Checked)
        style |= FontStyle.Bold;
    if (checkBox2.CheckState == CheckState.Checked)
        style |= FontStyle.Italic;
    if (checkBox3.CheckState == CheckState.Checked)
      style |= FontStyle.Underline;
    //显示效果
    label1.Font = new Font(family, fontSize, style);
}

private void button2_Click(object sender, EventArgs e)
{
    Close();
}
```

程序运行后，"字体"框和"颜色"框内的单选按钮只能三选一，"颜色"框内的单选按钮也只能三选一，但两个单选按钮组的操作却是互相独立的。而"字形"群组框内的复选框则可以任意选择，允许标签中显示的文字兼具粗体、斜体和下划线三种属性。

13.4.4 列表选择控件

列表选择控件包括列表框 ListBox、复选列表框 CheckedListBox、组合框 ComboBox 等，主要用来实现较多个选项的交互式操作。

1. 列表框 ListBox

列表框以列表形式显示多个数据项，供用户选择，实现交互操作。如果列表中的数据项较多，超过设计时给定的长度，不能一次全部显示，就会自动添加滚动条。但是，用户只能从列表中选择所需的数据项，而不能直接修改其中的内容。

表 13.9 和表 13.10 分别列出了 ListBox 的常用属性、事件和方法。

表 13.9   **ListBox 控件的常用属性**

属　性	说　明
Items	列表框中所有选项的集合，利用这个集合可以增加或删除选项
SelectedIndex	列表框中被选中的索引（从 0 起算）。当多项被选中时，表示第一个被选中的项
SelectedIndices	列表框中所有被选中项的索引（从 0 起算）集合
SelectedItem	列表框中当前被选中的选项。当多个选项被选中时，表示第一个被选中的项
SelectingItems	列表框中所有被选中项的集合
SelectionMode	列表框的选择模式（None、One、MultiSimple、MultiExtended）
Text	写入时，搜索并定位在与之匹配的选项位置；读出时，返回第一个被选中的项
MultiColumn	是否允许列表框以多列的形式显示（true 表示允许多列）
ColumnWidth	在列表框允许多列显示的情况下，指定列的宽度
Sorted	若为 true，则将列表框的所有选项按字母顺序排序；否则按加入的顺序排列

表 13.10   **ListBox 控件的常用事件和方法**

名　称	说　明
SelectedIndexChanged 事件	被选中项的索引值改变时发生
ClearSelected( )方法	清除列表中所有被选中的选项，无返回值
FindString( )方法	查找列表框中第一个以指定字符开头的选项，返回该选项的索引（从 0 起算）
GetSelected( )方法	若列表框中指定索引值的选项被选中，则返回 true 值，否则返回 false
SetSelected( )方法	设置或取消对列表框中指定索引处的选项的选择，无返回值

下面对上述内容中一些重要的部分做进一步的说明。

（1）Items 属性。该属性是一个 string 类型的数组，数组中的每一个元素对应着列表框中的一个选项，用下标（索引）值来区分不同的元素。下标从 0 开始编号，最后一个元素的下标为 Items.Count-1。该属性可以在设计阶段通过属性窗口设置，也可以在程序运行期间添加、删除或引用。

（2）SelectedIndices 属性。该属性是一个 int 类型的数组，数组中的每一个元素对应着列表框中被选中的一个项的下标（索引）值，只能在程序运行期间设置或引用，设计阶段无效。

（3）SelectionMode 属性。用于设置列表框选项的选择模式，有以下四种模式：

1）None：禁止选择列表框中的任何选项。

2）One：一次只能在列表框中选择一个选项（该模式为默认值）。

3）MultiSimple：简单多项选择（鼠标单击选定一个选项，再次单击则取消选择）。

4）MultiExtended：扩展多项选择（按住 Ctrl 键，鼠标单击可以选定多个选项，再次单击则取消选择；按住 Shift 键，鼠标单击可选择一个连续区间内的多个选项）。

（4）GetSelected( )方法。用于测试列表框中一个特定选项是否被用户选中，括号内的参数是选项的索引值。若索引值对应的选项被选中则返回值为 true，否则返回 false。

（5）SetSelected( )方法。用于在程序运行期间设置或取消对列表框中特定选项的选择，括号内的参数是选项的索引值。如 listBox1.SetSelected（3，true）可以选中列表框中的第 3 个选项，若要取消对列表框中第 3 个选项的选择，则应使用 listBox1.SetSelected（3，false）。

【例 13.7】　使用 ListBox 控件，创建用于选修课选择的 Windows 窗体应用程序（每人限选 5 门），设计界面图 13.22 如所示。

设计步骤如下：

1）添加控件。在窗体上添加 ListBox、Label（3 个）和 Button（2 个）控件。

2）设置属性。选中 ListBox 控件 listBox1，然后在属性窗口选择 Items 属性，单击右侧的 ▥按钮，在弹出的"字符串编辑器"（如图 13.23 所示）中添加一系列选修课程的名称。

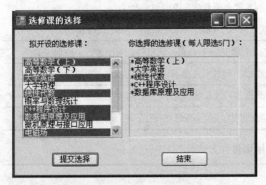

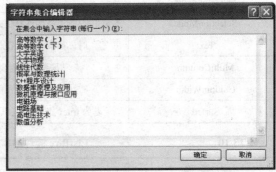

图 13.22　选修课选择界面　　　　　　　图 13.23　字符串编辑器

选中 label1 和 label2，分别设置其 Text 属性的值为"拟开设的选修课："和"你选择的选修课（每人限选 5 门）："。对 label3，设置 AutoSize 属性为 false，并按图示调整其尺寸大小；然后设置 BorderStyle 属性为 Fixed3D，使之呈现一定的立体感。按钮的属性按图 13.22 所示设置 Text 属性即可。

2. 编写代码

由于考虑到 listBox1 的多项选择特点，在窗体 Form1 的 Load 事件中设置其 SelectionMode 属性为 MultiExtended。在"提交选择"按钮 button1 中编写代码，将在列表框中选中的课程显示在 label3 控件上。若用户选择的课程超过 5 门，则按列表顺序显示位于最前面的 5 门。具体程序代码如下所示：

```
private void Form1_Load(object sender, EventArgs e)
{
    listBox1.SelectionMode = SelectionMode.MultiExtended;
}

private void button1_Click(object sender, EventArgs e)
{
    label3.Text = "";
    int num = 0;
```

```
foreach (string item in listBox1.SelectedItems)
{
    label3.Text += "*" + item + "\n";
    num++;
    if (num >= 5)
        break;
}
}
```

3. 复选列表框 CheckedListBox

CheckedListBox 兼具列表框与复选框的功能，它提供一个项目列表，列表中的每一项都是一个复选框。当窗体上需要的复选框较多，或者需要在程序运行时动态地决定有哪些选项时，使用 CheckedListBox 比较方便。表 13.11 列出了 CheckedListBox 的常用属性事件和方法，省略了那些与 ListBox 相同的内容。

表 13.11   CheckedListBox 常用属性、事件和方法

名　　称	说　　明
CheckOnClick 属性	若为 true，第一次单击复选列表框中的选项时即改变其状态
CheckedItems 属性	复选列表框中所有被选中项的集合
CheckedIndices 属性	复选列表框中所有被选中项的索引（从 0 起算）的集合
SetItemChecked( )方法	设置或取消对复选列表框中指定索引处的选项的选中状态，无返回值
SetSelected( )方法	设置或取消对复选列表框中指定索引处的选项的选择，不改变复选框状态

【例 13.8】使用 CheckedListBox 控件，创建用于选修课程选择的 Windows 窗体应用程序，运行效果如图 13.24 所示。

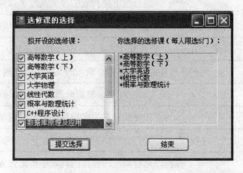

图 13.24　使用 CheckedListBox 的应用程序

程序代码如下：

```
private void Form1_Load(object sender, EventArgs e)
{
    //设置第一次单击复选框时即改变其状态
    checkedListBox1.CheckOnClick = true ;
}


private void button1_Click(object sender, EventArgs e)
{
```

```
label3.Text = "";
int num = 0;
//对 CheckedItems 中的每一项进行循环输出
foreach (string item in checkedListBox1.CheckedItems)
  {
    label3.Text += "*" + item + "\n";
    num++;
    if (num >= 5)
      break;
  }
}
```

4. 组合框 ComboBox

组合框可以看成是 TextBox、ListBox 和 Button 的组合。它与 ListBox 一样，也能提供一个显示多个选项的列表，供用户以交互方式选择。与 ListBox 不同的是，组合框不允许在列表中选择多个选项，但可以在它的文本编辑框内输入新的选项。

在未选择状态，组合框的可见部分只有文本编辑框和按钮。当用户单击文本编辑框右端的箭头按钮 ∨ 时，列表展开，用户可以在其中进行选择。当用户完成选择后，列表就会自动收折起来，从而节省了在窗体上用的空间。

组合框的常用属性、事件和方法如表 13.12 所示，表中省略了与 TextBox、ListBox 和 Button 等控件相同的内容。

表 13.12　　　　　　　　　　　ComboBox 常用属性、事件和方法

名　称	说　明
DropDownStyle 属性	组合框的显示样式，默认值为 DropDown
DropDownHeight 属性	组合框下拉列表的最大高度（以像素为单位）
MaxDropDownItems 属性	组合框下拉列表中允许显示选项的最大行数
DroppedDown 属性	若为 true，下拉列表自动展开，若为 false（默认）需要单击下拉按钮才展开
Text 属性	用户在控件的文本编辑框输入的文字，或在列表框部分选中的数据选项
SelectedIndexChanged 事件	在列表框部分改变了选择项时发生
Items.Add( )方法	在程序运行期间向控件的列表中追加一个新的选项
Items.AddRange( )方法	在程序运行期间向控件的列表中追加一个字符串数组所包括的全部选项
Items.Insert( )方法	在程序运行期间向控件的列表中指定位置插入一个新的选项
Items.Remove( )方法	在程序运行期间删除控件的列表中指定选项
Items.RemoveAt( )方法	在程序运行期间删除控件的列表中指定位置的选项

下面对表中的部分内容做进一步的说明：

（1）DropDownStyle 属性用来设置组合框的样式，可以从 ComboBoxStyle 集合的 3 选项中选择其一：

1）DropDown：单击 ∨ 才能展开列表，用户可以在控件的文本编辑框输入文字。

2）DropDownList：单击 ∨ 才能展开列表，用户不能在控件的文本编辑框输入文字。

3）Simple：列表框的高度可以在设计阶段由程序员指定，与文本编辑框一起显示在窗体

上，但不能收起或展开。如果列表框的高度不足以容纳所有选项，则自动添加滚动条。用户可以从列表框中选择所需的选项，使之显示在文本编辑框内，也可以直接在文本编辑框内输入列表框中没有的选项。

（2）向控件的列表中添加选项的方法：

1）Items.Add（obj item）：新添加的选项追加在列表的末尾。

2）Items.AddRange（object[] items）：新添加的选项数组追加在列表的末尾。

3）Items.Insert（int index，obj item）：按 index 指定的索引位置插入新的选项。

（3）从控件的列表中移除选项的方法

1）Items.Remove（obj item）：在列表中找到指定的选项，将其移除。

2）Items.RemoveAt（int index）：在列表中找到指定的索引选项，将其移除。

上述方法对 ListBox 和 CheckedListBox 控件也是相同的。

【例 13.9】 创建 Windows 窗体应用程序，在程序启动时将数据选项添加到组合框 comboBox1 中（不允许以交互方式输入另外的选项），单击列表中的任一选项之后，在标签控件 label2 中显示出自己最喜欢的一支球队，效果如图 13.25 所示。

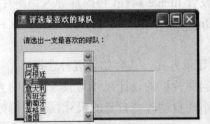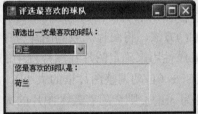

图 13.25　ComboBox 应用实例

分析：根据题目要求，可在窗体的 Load 事件中将 coboBox1 控件的 DropDwonStyle 属性设置为 DropDownList，并利用添加选项的方法在组合框的列表中添加选项；另外，利用在 comboBox1 中 SelectedIndexChanged 事件中完成在 label2 上显示出球队信息。其中 label2 的属性设置可参考前面相关例子。

具体的程序代码如下：

```
private void Form1_Load(object sender, EventArgs e)
{
  comboBox1.DropDownStyle = ComboBoxStyle.DropDownList;
  comboBox1.MaxDropDownItems = 8;
  string[] item = { "巴西", "阿根廷", "荷兰", "意大利", "西班牙" };
  for (int i = 0; i < item.Length; i++)
    comboBox1.Items.Add(item[i]);
  string[] newItem = { "葡萄牙", "英格兰", "德国", "法国", "伊朗" };
  comboBox1.Items.AddRange(newItem);
}
private void comboBox1_SelectedIndexChanged(object sender, EventArgs e)
{
    label2.Text = "您最喜欢的球队是:\n\n" + comboBox1.Text;
}
```

在本例中，分别使用 Items.Add( )和 Items.AddRange( )方法向组合框的列表中添加选项。

前者添加的是单个选项，后者添加的是一个数组的全部内容。

13.4.5 图片框控件

图片框 PictureBox 用来在窗体的指定位置上显示图片，其主要的属性和方法如表 13.13 所示。

表 13.13　　　　　　　　　　　　　PictureBox 的常用属性和方法

名　　称	说　　明
Image 属性	图片框中显示的图片
ImageLocation 属性	图片加载的磁盘路径或 Web 位置
BackgroundImage 属性	图片框的背景图片
BackgroundImageLayout 属性	图片框的背景图片布局方式，默认值为 Tile
SizeMode 属性	图片框中显示图片的方式，默认值为 Normal
Load( )方法	程序运行期间将指定路径的图片加载到图片框中

程序员可以在设计阶段通过属性窗口直接设置 Image 属性，将图片导入到图片框内显示；也可以在程序运行期间将图片文件的路径赋予 ImageLocation 属性；或者以图片文件的路径为参数调用 Load( )方法，将图片加载到图片框中。

SizeMode 属性用来确定图片在图片框中的显示方式，共有如下五种选择：

（1）AutoSize（自动调整图片框的大小）。当图片框的设计尺寸与载入图片的大小不一致时，若该属性为 true，则会随着载入图片的大小而自动改变自身的尺寸，使之恰好能够显示完整的图片。

（2）CenterImage（居中显示）。控件的中心与图片中心对齐显示。如果图片尺寸大于控件，则四周边缘将被裁切掉。

（3）Normal（常规显示）。图片从控件左上角开始显示。如果图片尺寸大于控件，则右下方超出部分被裁切掉。

（4）StretchImage（图片拉伸）。将图片拉伸或收缩，使之完全占满控件，但无法保持原图片的宽高比。

（5）Zoom（优化缩放）。在保持宽高比不变的前提下，将图片放大或缩小，使之占满控件的宽度或高度。

【例 13.10】　设计 Windows 窗体应用程序，通过在列表框中选择 SizeMode 属性的值，进而设置图片框中图片的显示方式，效果如图 13.26 所示。

图 13.26　图片框显示图片的布局方式

　　本程序在窗体的 **Load** 事件处理过程中，使用 **SetBounds** ( ) 方法设置图片框的大小及它在窗体上的位置，并通过向 ImageLocation 属性赋值，将位于指定路径（项目所在文件夹下的 bin\Debug 目录）下的图片加载到图片框中。默认的图片显示方式为 Normal。

　　在列表框中添加五种显示方式，触发列表框的 **SelectedIndexChanged** 事件，然后根据被选中的项目，设置图片框的 SizeMode 属性，达到图片框中图片显示方式的目的。

　　程序代码如下：

```
private void Form1_Load(object sender, EventArgs e)
{
  pictureBox1.SetBounds(10, 10, 250, 150);       //设置图片框的位置和大小
  pictureBox1.ImageLocation = "worldCup.jpg";  //加载图片到图片框
}

private void listBox1_SelectedIndexChanged(object sender, EventArgs e)
{
  pictureBox1.SetBounds(10, 10, 250, 150);
  switch (listBox1.Text)
  {
    case "AutoSize(自动调整图片框的大小)":
      {
          pictureBox1.SizeMode=PictureBoxSizeMode.AutoSize;
          break;
      }
    case "CenterImage(居中显示)":
      {
          pictureBox1.SizeMode=PictureBoxSizeMode.CenterImage;
          break;
      }
    case "Normal(常规显示)":
     {
       pictureBox1.SizeMode=PictureBoxSizeMode.Normal;
       break;
     }
    case "StretchImage(图片拉伸)":
      {
       pictureBox1.SizeMode=PictureBoxSizeMode.StretchImage;
       break;
      }
    case "Zoom(优化缩放)":
      {
       pictureBox1.SizeMode=PictureBoxSizeMode.Zoom;
       break;
      }
    }
}
```

13.5　定 时 器 组 件

组件（**Components**）是一类仅在后台运行，而不在窗体上出现的控件。设计阶段按下鼠

标左键，将组件从工具箱拖放到窗体上时，只要一释放鼠标键，它就自动出现在窗体下面的灰色区域中，而不占据窗体上的位置，因此在设计应用程序的界面时完全不必考虑它的存在。

定时器 Timer 是一个非常有用的组件。它能按程序员规定的时间间隔（Interval），重复地触发 Tick 事件，从而达到周期性控件任务执行的目的。在 VS 2010 IDE 的设计视图中，在工具箱的"组件"中，找到 Timer 组件图标并双击，它就出现在窗体下方的脚标区域，而不在窗体上显示。

下面分别介绍 Timer 组件的主要属性、事件和方法。

1. 常用属性

（1）Interval 属性。是定时器最重要的属性，用于设置 Tick 事件的触发时间间隔，以毫秒为单位，既可以在设计阶段设置，也可以在程序运行期间进行赋值。例如，当设置 Interval 属性值为 1000 时，则表示每秒（1000 毫秒）产生一个 Tick 事件。若设置 Interval 属性值为 0，此时定时时间间隔为无限大，即定时器无效。

（2）Enabled 属性。用于控制定时器的开关状态。当该属性值为 true 时，每当 Interval 规定的时间间隔到达，就能触发一次 Tick 事件。当该属性值为 false 时，定时器处于休止状态，不再触发 Tick 事件。

2. 事件

定时器只有一个 Tick 事件。那些需要周期性处理的任务，将安排在 Tick 事件过程中处理。这样，计算机仅在每次 Tick 事件发生时执行一遍 Tick 事件过程的代码，其他时间还可以处理别的事务。

3. 常用方法

定时器有两个常用的方法：Strat( )方法，启动定时器运行；Stop( )方法，终止定时器运行。

【例 13.11】 创建 Windows 窗体应用程序，利用 Timer 组件使得两个图片可以交替显示，效果如图 13.27 所示。

图 13.27　利用定时器交替显示图片

在窗体上添加两个图片框，并在窗体的 Load 事件处理过程中设置它们的位置、大小及显示图片的方式。添加 Timer 组件，并设置 Interval 属性为 1000（即 1 秒），并在其 Tick 事件中利用 PictureBox 的 Visible 属性交替显示两个图片。添加两个按钮，分别用于启动和停止计时器的工作。

程序代码具体如下：

```
private void Form1_Load(object sender, EventArgs e)
{
```

```
  //设置图片框的相关属性
  pictureBox1.SetBounds(10, 10, 150, 150);
  pictureBox2.SetBounds(170, 10, 150, 150);
  pictureBox1.SizeMode = PictureBoxSizeMode.Zoom;
  pictureBox2.SizeMode = PictureBoxSizeMode.Zoom;
  //图片保存在与应用程序的可执行文件(.exe)相同的路径下
  pictureBox1.ImageLocation = "football1.jpg";
  pictureBox2.ImageLocation = "football2.jpg";
}

private void timer1_Tick(object sender, EventArgs e)
{
  if (pictureBox1.Visible)              //若 pictureBox1 能看到
  {
    pictureBox1.Visible = false;
    pictureBox2.Visible = true;
  }
  else                                 //若 pictureBox1 不能看到
  {
    pictureBox1.Visible = true;
    pictureBox2.Visible = false;
  }
}

private void button1_Click(object sender, EventArgs e)
{
    timer1.Start();                    //启动定时器
}

private void button2_Click(object sender, EventArgs e)
{
    timer1.Stop();                     //终止定时器
}
```

13.6 消 息 框

在 Windows 操作系统中,当删除文件时,会经常弹出如图 13.28 所示的提示消息,询问是否确认操作。这个窗口是一个预定义的对话框,用于显示与应用程序相关的信息。

图 13.28 常见消息框

13.6.1 C#中的消息框

C#中的消息框是一个 MessageBox 对象,要创建消息框,需要调用 MessageBox 的 Show( )

方法来实现。而 Show( )方法有很多重载方法，多达 20 多种，常用的主要有如下 4 种。

（1）最简单的消息框。

MessageBox.Show（"消息内容"）;

（2）带标题的消息框。

MessageBox.Show（"消息内容"，"消息框标题"）;

（3）带标题、按钮的消息框。

MessageBox.Show（"消息内容"，"消息框标题"，消息框按钮）;

（4）带标题、按钮、图标的消息框。

MessageBox.Show（"消息内容"，"消息框标题"，消息框按钮，消息框图标）;

【例 13.12】 设计一个用户注册窗口，当用户的注册信息为空时，以不同类型的消息框进行提示，界面效果如图 13.29 所示。

图 13.29　消息框的使用

对"注册"按钮中对各个基本信息是否为空进行判断，若为空则给出不同类型的提示消息框，具体程序代码如下：

```
private void button1_Click(object sender, EventArgs e)
{
  if (textBox1.Text == "")
   MessageBox.Show("请输入用户名");
  if (textBox2.Text == "")
   MessageBox.Show("请输入密码", "系统提示");
  if (textBox3.Text == "")
   MessageBox.Show("请输入真实姓名", "系统提示",MessageBoxButtons.OKCancel);
  if (textBox4.Text == "")
   MessageBox.Show("请输入密码", "系统提示",MessageBoxButtons.RetryCancel,
MessageBoxIcon.Information);
  }
```

上面代码中，分别使用了 4 种 MessageBox.Show( )方法，由于每种方法的参数不同，消息框的显示也不相同。如果上面判断的 4 个文本框都为空，就会出现如图 13.30 所示的消息框。

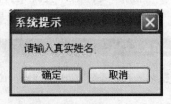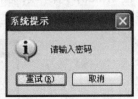

图 13.30　四种不同类型的消息框

分析这几个消息框的区别。第一个消息框只有一条消息和一个"确定"按钮；第二个消息框的标题上显示了文字；第三个消息框增加了参数 MessageBoxButtons.OKCancel，作用是在消息框中显示"确定"和"取消"两个按钮，MessageBoxButtons 为枚举类型，使用点运算可以查看和选择需要的按钮类型；第四个消息框增加了一个参数 MessageBoxIcon.Information，作用是在消息框中显示特定类型的图标，其中 MessageBoxIcon 为枚举类型，使用点运算可以选择不同类型的图标。

13.6.2　消息框的返回值

当消息框上具有多个按钮时，如何知道用户单击了哪一个按钮呢？事实上每个消息框都有一个返回值。该返回值是 DialogResult 类型，系统为其提供了枚举值，表 13.14 列出了其含义。

表 13.14　　　　　　　　　　　　　DialogResult 枚举值

名　　　称	说　　　明
None	从对话框返回了 Nothing，这表明有模式对话框继续运行
OK	对话框的返回值是 OK（通常从标签为"确定"的按钮发送）
Cancel	对话框的返回值是 Cancel（通常从标签为"取消"的按钮发送）
Abort	对话框的返回值是 Abort（通常从标签为"中止"的按钮发送）
Retry	对话框的返回值是 Retry（通常从标签为"重试"的按钮发送）
Ignore	对话框的返回值是 Ignore（通常从标签为"忽略"的按钮发送）
Yes	对话框的返回值是 Yes（通常从标签为"是"的按钮发送）
No	对话框的返回值是 No（通常从标签为"否"的按钮发送）

枚举成员的访问方法是使用"点"运算符，即：枚举名.枚举成员。例如，若用户单击了"确定"按钮，返回值为"DialogResult.OK"；若单击了"取消"按钮，则返回值为"DialogResult.Cancel"。

【例 13.13】　设计 Windows 窗体应用程序，若用户名或密码为空，单击"登录"按钮时则给出提示信息，并获取消息框的返回值。界面效果如图 13.31 所示。

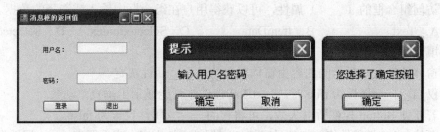

图 13.31　消息框的返回值

若不输入用户名或密码，则出现"系统提示"信息，若选择了"确定"按钮，则根据结果返回相应的消息。

程序代码如下所示：

```
private void button1_Click(object sender, EventArgs e)
{
  if((textBox1.Text=="")||(textBox2.Text==""))
  {
    DialogResult result;
    result=MessageBox.Show("输入用户名密码","提示",MessageBoxButtons.OKCancel);
```

```
    if(result==DialogResult.OK)
        MessageBox.Show("您选择了确定按钮");
    if (result == DialogResult.Cancel)
        MessageBox.Show("您选择了取消按钮");
    }
    if ((textBox1.Text == "张三") && (textBox2.Text == "123456"))
      MessageBox.Show("登录成功");
    else
      MessageBox.Show("用户名或密码错误");
}
```

习　题　13

一、单项选择题

（1）要使窗体启动时位于屏幕中央，应设置窗体的 StartPosiont 属性为（　　）。

    A．CenterScreen　　　　　　　　　　B．WindowsDefaultBounds

    C．CenterParent　　　　　　　　　　D．WindowsDefaultLocation

（2）要使图片在 PictureBox 中按原大小完整显示，应该设置 SizeMode 属性为（　　）。

    A．AutoSize　　　　B．StretchImage　　　C．CenterImage　　　D．Zoom

（3）Label 控件的边框样式由（　　）属性决定。

    A．FlatStyle　　　　B．BorderStyle　　　C．BackColor　　　D．AutoSize

（4）若要获知 ListBox 控件中当前的列表项数目，可通过访问（　　）属性来实现。

    A．List　　　　　　B．ListIndex　　　　C．ListCount　　　D．ItemData

（5）使用（　　）方法，可以把一个字符串数组的全部内容添加到 ListBox 控件中。

    A．Add( )　　　　　B．Remove( )　　　　C．Clear( )　　　D．AddRange( )

（6）访问组合框的（　　）属性，可以获得用户在组合框中输入或选择的数据。

    A．Text　　　　　　B．ItemData　　　　C．SelectedIndex　　D．SelectedValue

二、填空题

（1）窗体的标题栏显示的内容由窗体对象的_____属性决定。

（2）仅当_____属性为 true 时，TextBox 控件才可能显示出垂直滚动条。

（3）若要使 Button 控件暂时失效，可将它的_____属性设置为 false。

（4）要使 Label 控件始终能完整显示其 Text 属性中的文字，应设置它的____属性为 true。

（5）程序运行期间，使文本框 textBox1 获得焦点的语句是_____。

（6）程序运行期间，可通过访问_____属性获得用户在文本框内选择的文本。

（7）Timer 组件的事件名为_____。

（8）消息框 MessageBox 显示提示信息使用的方法名为_____。

三、程序设计题

（1）设计如图 13.32 所示的 Windows 窗体应用程序。单击"显示"按钮后，在文本框内显示 20 号大小的黑体字符串，并能自动换行，按钮变为"隐藏"。再次单击该按钮，则清除文本框内的文字，按钮恢复为"显示"。

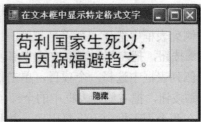

图 13.32　文本框中显示特定格式文字

（2）设计 Windows 窗体应用程序。在列表框中以图 13.33 所示的多列形式自动显示出 1～100 的所有奇数。要求将列表框的属性设置以及完成显示结果的代码均在窗体加载事件过程中书写。

（3）设计如图 13.34 所示的 Windows 窗体应用程序。7 位裁判员的成绩分别输入指定的文本框内，单击"计算成绩"，去掉一个最高分和一个最低分，计算剩下 5 位裁判员打分的平均值，即为运动员的得分，并在 Label 控件中输出结果。

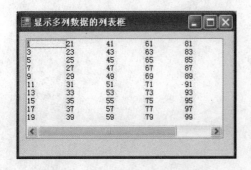

图 13.33　多列显示数据的列表框　　　　图 13.34　运动员比赛成绩的计算

（4）设计如图 13.35 所示的 Windows 窗体应用程序，利用 Timer 控件实现下述功能：

1）程序启动运行后，使窗体上标签的文字"天道酬勤"的字号自动、平滑地增大/缩小，且始终保持在窗体上水平方向的中央位置。

2）当标签的宽度增大到超过窗体宽度时，标签文字开始自动平滑缩小。

3）当标签的宽度缩小到小于窗体宽度 1/10 时，重新开始自动增大的过程。

4）如此反复，持续进行。

5）当按下键盘上的任意键时，结束程序的运行。

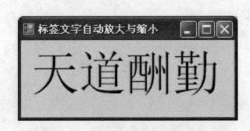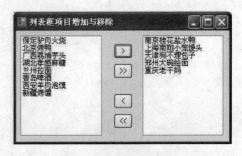

图 13.35　标签文字自动放大与缩小　　　　图 13.36　列表框项目增加与移除

（5）设计如图 13.36 所示的界面程序，并具有如下功能：

1）在左侧列表框中选择一个项目，单击 ⟩ 按钮，把它移到到右侧列表框中。

2）单击 ⟫ 按钮，把左侧列表框中的全部项目移动到右侧列表框中。

3）在右侧列表框中选择一个项目，单击 ⟨ 按钮，把它移动到左侧列表框中。

4）单击 ⟪ 按钮，把右侧列表框中的全部项目移动到左侧列表框中。

5）项目在两个列表框中不重复出现，并且始终保持原有的先后顺序。

第 14 章　使用 C#开发数据库

前面学习了很多 Windows 的窗体控件,利用这些控件可以快速开发 Windows 应用程序界面。在这些程序中只涉及了少量的数据,并将这些数据存储在文件上。事实上,创建的大部分应用程序都是要访问或保存数据,而这些数据基本上都存放在数据库中。例如,通过 ATM 柜员机取钱,只要银行卡和密码正确,就可以查询到卡中的余额,也可以取出需要的钱,这些都是通过数据库操作来完成的。

常用的数据库有很多种,如 Microsoft Access、MySql、SQL Server、Orale 等,本章主要使用 SQLServer 数据库。为了使用户能够访问服务器中的数据库,必须使用数据库访问的方法和技术,.NET 提供的 ADO.NET 就是一种非常好用且功能强大的数据库访问技术。通过本章的学习,读者可以掌握使用 ADO.NET 进行数据库开发的方法和技术。

14.1　数据库的连接

14.1.1　创建数据库连接

本章使用的数据库是 SQL Server 2008（假定读者计算机上已经正确安装）,并结合 VS 2010 的"服务器资源管理器"来连接数据库。其主要步骤如下。

（1）查看数据库的服务是否已经正确启动。依次选择"开始"→"Microsoft SQL Server 2008"→"配置工具"→"SQL Server 配置管理器"命令,打开如图 14.1 所示的界面。

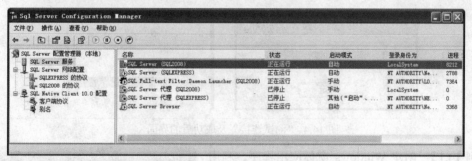

图 14.1　SQL Server 配置管理器

图 14.2　服务器资源管理器

单击左侧的"SQL Server 服务",在右边的窗口中看到 SQL Server（SQL2008）服务（该服务的名称随计算机的安装过程可能有所不同）。查看该服务是否启动,如果没有运行,则右击选择启动服务,否则数据库无法使用。

（2）创建并添加数据库连接。打开 VS 2010,依次选择"视图"→"服务器资源管理器"命令,打开"服务器资源管理器"窗口,如图 14.2 所示。

右击"数据连接"选择，选择"添加连接"选项，打开"添加连接"对话框，如图 14.3 所示。

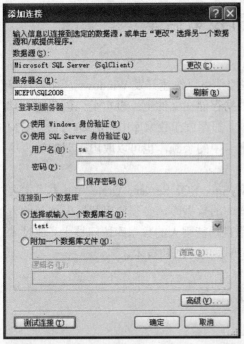

图 14.3 "添加连接"对话框

（3）设置相关选项。在"服务器名"中选择本机中的服务器名"NCEPU\SQL2008"，其中 NCEPU 为计算机名。选择"使用 SQL Server 身份验证"的单选按钮，输入用户名 sa，密码为空（此处的密码应保持与安装过程中所设置的一致）。若通过身份验证，则可以选择一个已经存在的数据库名（如 test 数据库，该数据库名已经在 SQL Server 2008 中正确创建）。若需要附加一个新的数据库，则可通过"附加一个数据库文件"选项完成。

（4）测试连接。单击"测试连接"按钮，会出现如图 14.4 所示左侧的界面，表示连接成功。然后单击"确定"按钮，即可在"服务器资源管理器"中创建一个数据库连接，如图 14.4 所示右侧的界面。

14.1.2 利用 ADO.NET 控件实现数据操作

VS 2010 提供了数据绑定（Data Binding）的方法，结合数据库的连接，可以把数据库中的数据显示在窗体上。利用这种技术，与 C#提供的数据控件 DataSet、BindingSource、DataGridView 等配合，程序员只需要编写很少的代码，甚至连一句代码都不写，就可以实现数据库的访问。下面通过一个实例来说明这个过程。

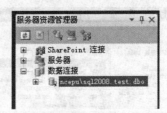

图 14.4 "测试连接"及成功后的界面

【例 14.1】 创建 Windows 窗体应用程序，利用 ADO.NET 相关控件，实现数据表相关内容的查看，效果如图 14.5 所示。单击窗体顶部导航条上的 4 个箭头 、 、 、 ，可以移动记录指针，从而逐条查看数据库中的所有记录。同时下方的文本框内容也随之改变。同时还可以利用添加按钮 、删除按钮 、保存按钮 ，实现记录的添加、删除和保存。具体操作步骤如下。

（1）创建数据表。在 test 数据库中创建 login 数据表，其表结构如表 14.1 所示。

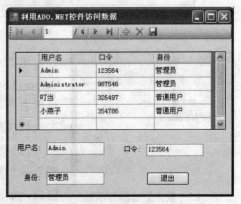

图 14.5 用 ADO.NET 控件访问数据库

表 14.1 login 表 结 构

列　名	数据类型	长　度	允许空	主　键
用户名	nvarchar	20	否	是
口令	char	6	否	否
身份	nvarchar	8	否	否

添加数据记录，见表 14.2 所示。

表 14.2 login 表 数 据

用户名	口令	身份	用户名	口令	身份
Admin	123564	管理员	叮当	326497	普通用户
Administrator	987546	管理员	小燕子	354786	普通用户

（2）创建数据源。依次选择菜单"数据"→"显示数据"命令，就会在工具箱位置显示"数据源"窗口，如图 14.6 所示。

若其中没有数据源，则可以单击"添加新数据源"，弹出添加窗口，如图 14.7 所示。也可以直接选择菜单"数据"→"添加新数据源"命令打开该窗口。

选择默认的"数据库"，单击"下一步"，弹出如图 14.8 所示的选择数据库模型界面。

选择默认的"数据集"，单击下一步，弹出如图 14.9 所示的选择数据连接界面。其中出现的连接是上面已经建立好的数据连接，若要选择其他连接，单击"新建连接"进行类似的操作即可完成新建连接。

图 14.6　数据源窗口

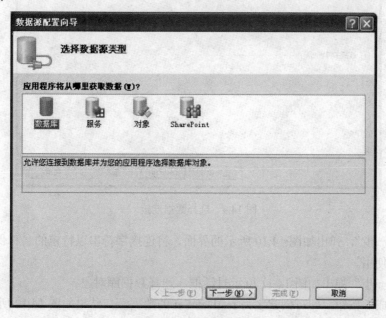

图 14.7　选择数据源类型

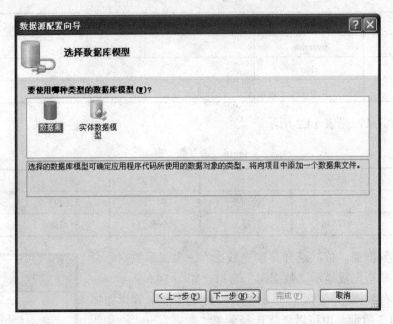

图 14.8　选择数据库模型

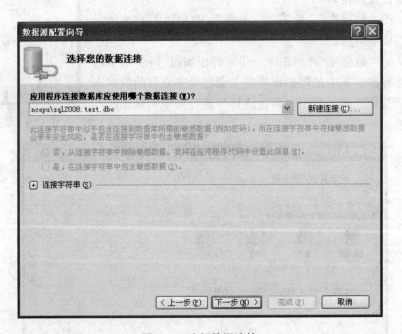

图 14.9　选择数据连接

单击"下一步"，弹出如图 14.10 所示的界面，将连接字符串以特定的名称保存到配置文件中，以便于使用。

单击"下一步"弹出如图 14.11 所示对话框，选择数据库对象。

单击"完成"按钮，即可创建名为 testDataSet 的数据源，结果如图 14.12 所示。

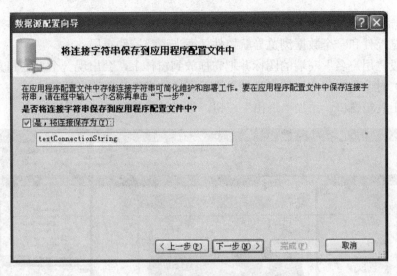

图 14.10 保存连接字符串到配置文件中

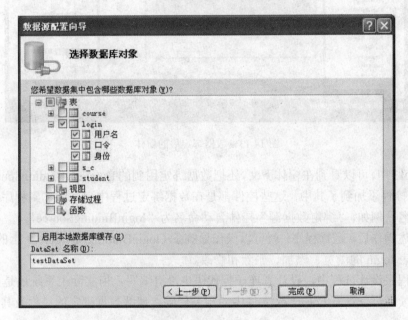

图 14.11 选择数据库对象

图 14.12 创建 testDataSet 数据源

（3）数据绑定。选中 login 左端的图标并把它拖放到窗体上，就会发现窗体上出现了一个数据列表浏览控件和一个数据浏览导航控件，适当调整控件布局。

选中字段"用户名"左端的图标并把它拖放到窗体上，会出现一个标签和文本框。采用类似地方法，对字段"口令"和"身份"进行同样的操作，并适当调整位置。

切换到工具箱窗口，添加"退出"按钮。最终效果如图 14.13 所示。

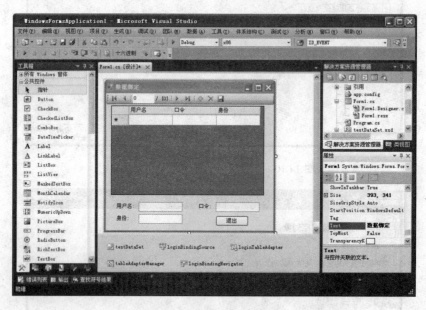

图 14.13　数据绑定后的窗体

从图 14.13 中，可以看到在窗体下文，还把数据绑定用到的 DataSet、BindingSource、BindingNavigator 等控件添加到了其中。这些控件都是在数据绑定过程中自动添加到程序中，并自动对其进行命名，例如，"绑定数据源"控件自动命名为"loginBindingSource"。

完成上述操作后，运行程序，就可以操作导航条（loginBindingNavigator）上的各个按钮，实现对数据表 login 的浏览、添加、删除和修改。

在整个程序设计过程中，设计者连一行代码也没有编写，但实际上系统还是自动生成了一些代码，读者可以查看 Form1.cs 文件中的相关代码，理解数据绑定的过程及其作用。

14.2　ADO.NET 概述

实际应用中的数据库操作往往涉及复杂的逻辑关系，不需要编码的简单数据绑定是不能胜任的，还是要靠编写程序来解决问题。为此，Microsoft 公司提供了一组专门用于数据库连接与访问的类 ADO.NET。

ADO.NET 是由 Microsoft 的 Activex Data Object（ADO）升级发展而来的，是由一系列的数据库相关类和接口组成的，它的基石是 XML 技术，所以通过 ADO.NET 不仅能访问关系型数据库中的数据，而且还能访问层次化的 XML 数据。可以将 ADO.NET 看作是一个介于数据源和数据使用者之间的转换器，如图 14.14 所示。ADO.NET 接收使用者语言中的命令，如连接数据库、返回数据集等，然后将这些命令转换成可以在数据源中正确执行的语句。

图 14.14　ADO.NET 的功能示意图

14.2.1　ADO.NET 的访问模式

ADO.NET 提供了两种数据访问模式：一种为连接模式（Connected），另一种为非连接模式（Disconnected）。与传统的数据库访问模式相比，非连接的模式提供了更大的可升级性和灵活性。在该模式下，一旦应用程序从数据源中获得所需数据，它就断开与数据源的连接，并将获得的数据以 XML 的形式存放在主存中。在应用程序处理完数据后，它再取得与数据源的连接并完成数据的更新工作。

ADO.NET 中的 DataSet 类是非连接模式的核心，DataSet 对象以 XML 的形式存放数据。即可以从一个数据库中获取一个 DataSet 对象，也可以从一个 XML 数据流中获取一个 DataSet 对象。而从用户的角度来看，数据源在哪里并不重要，也是无须关心的。这样一个统一的编程模型可被运用于任何使用了数据集对象的应用程序。

在 ADO.NET 的体系结构中还有一个非常重要的部分就是 DataProvider 对象，它是访问数据库的必备条件。通过它，可以产生相应的数据对象；同时，它还提供了连接模式下的数据库访问支持。

14.2.2　ADO.NET 的体系结构

ADO.NET 的体系结构如图 14.15 所示，包括 DataProvider 和 DataSet 两个核心组件。具体来讲，又可分为四个数据提供者类和一个 DataSet 类。

（1）Connection 类。Connection 类用于开启、关闭程序和数据库之间的连接。没有利用 Connection 类将数据库打开，是无法从数据库中取得数据的。

（2）Command 类。在程序已经和数据库连接的基础上，Command 类可以生成并执行 SQL 语句，对数据库执行一些操作，例如对数据库的增加、删除、修改和查询等操作。

（3）DataReader 类。当只需要从数据库循序读取数据时，可以使用 DataReader 类。DataReader 类只能一次一笔向下循序地读取数据源中的数据，而且这些数据是只读的（不能执行其他操作），因此使用起来不但节省资源而且效率很高。

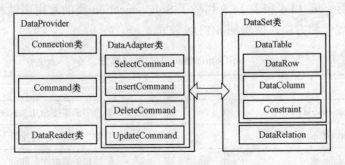

图 14.15　ADO.NET 的体系结构

（4）DataAdapter 类。DataAdapter 类主要用来在数据源和 DataSet 类之间传输数据，它将取得的数据放入 DataSet 对象中，因此 DataAdapter 类提供了许多配合 DataSet 类使用的功能。

（5）DataSet 类。DataSet 类用来容纳 DataProvider 传递过来的数据访问结果，或把应用程序里的业务执行结果更新到数据库中。DataSet 类可以视为数据库在内存中的一个映射，可以把数据库中所查询到的数据保留起来，甚至可以将整个数据库显示出来。

DataSet 对象包括一个 DataTable 对象的集合和一个 DataRelation 对象的集合。其中，每一个 DataTable 又包含一个 DataRow 对象的集合，每一个 DataRow 对象用于保存表中的一行数据。而 DataRelation 则用来描述不同的 DataTable 之间的关系。

DataSet 类本身不具备和数据源沟通的能力，通常把 DataAdapter 类当做 DataSet 类和数据源之间传输数据的桥梁。

总之，ADO.NET 使用 Connection 类来连接数据库，使用 Command 或 DataAdapter 类来执行 SQL 语句，并将执行的结果返回给 DataReader 或 DataSet 类，然后再使用取得的 DataReader 或 DataAdapter 类操作数据结果。

ADO.NET 提供的 4 个数据提供者类的名称取决于数据源的类型，表 14.3 列出了常用的数据源及其对应的数据提供者类。为了方便起见，在下面的章节中仅以 SQL Server 数据源为例讲解数据提供者类。

表 14.3　　　　　　　　　　常用的数据源及其提供者类

数据源	Connection 类	Command 类	DataReader 类	DataAdapter 类
SQL Server	SqlConnection	SqlCommand	SqlDataReader	SqlDataAdapter
Oracle	Oracle Connection	Oracle Command	Oracle DataReader	Oracle DataAdapter
OLEDB	OleDbConnection	OleDbCommand	OleDbDataReader	OleDbDataAdapter

14.2.3　Connection 类

在 ADO.NET 中通过在连接字符串中提供必要的身份验证信息，使用 Connection 对象连接到特定的数据源。通过 SqlConnection 类与数据库进行交互的基本流程如下：

（1）添加引用 System.Data.SqlClient。

（2）设置连接字符串和其他属性（如连接超时等）。

（3）创建 SqlConnection 类的实例。

（4）打开连接，执行数据操作。

（5）关闭连接。表 14.4 和表 14.5 列举了 SqlConnection 类的常用属性和方法，读者如果想了解更详细的属性和方法，请参阅 MSDN 文档。

表 14.4　　　　　　　　　　SqlConnection 类的常用属性

属　　　　性	说　　　　明
ConnectionString	连接字符串，用于连接 SQL Server 数据库
ConnectionTimeout	在抛出异常之前尝试的连接最大耗时
Database	连接的数据库名称
DataSource	连接的 SQL Server 实例名称
State	连接的当前状态，如 Open、Closed、Closing 等

表 14.5　　　　　　　　　　　　　　　SqlConnection 类的常用方法

方　　法	说　　明
BeginTransaction	启动数据库事务管理
ChangeDatabase	将连接动态地切换到指定的数据库
CreateCommand	创建与该连接关联的 SqlCommand 实例
Open	打开数据库连接
Close	关闭数据库连接，允许释放所占用资源
Dispose	释放当前连接

1. 使用代码创建数据连接

下面举例说明 SqlConnection 类的使用。

【**例 14.2**】　创建 Windows 窗体应用程序，利用按钮测试数据库连接，若连接成功，则在消息框中显示"数据库连接已经成功建立"，否则报告错误信息，如图 14.16 所示。

图 14.16　SqlConnection 类的使用

连接到 SQL Server 数据库的字符串通常写为：

`"Data Source=服务器名;Initial Catalog=数据库名;uid=用户名;pwd=密码";`

由于在进行数据库操作时经常会出现连接无法连接等异常，因此将连接等操作放在 try-catch-finally 语句块当中。

主要程序代码如下：

```
using System;
using System.Data;
using System.Windows.Forms;
using System.Data.SqlClient;                        //添加引用

namespace WindowsFormsApplication1
{
  public partial class Form1 : Form
  {
    public Form1()
    {
        InitializeComponent();
    }

  private void button1_Click(object sender, EventArgs e)
    {
      //连接字符串的定义
```

```
string conStr = "Data Source=ncepu\\SQL2008;Initial Catalog=test;uid=sa; pwd=";
//用字符串 conStr 作为参数,创建 SqlConnection 连接对象 con
SqlConnection con=new SqlConnection(conStr);
try
  {
    con.Open();                                        //打开连接
    if (con.State == ConnectionState.Open)             //测试连接的状态
      MessageBox.Show("数据库连接已经成功建立!");
  }
catch (Exception ex)
  {
    MessageBox.Show( ex.Message.ToString());
  }
finally
  {
    con.Close();                                       //关闭连接
  }
 }
 }                                                      //分布类的定义结束
}                                                       //命名空间定义结束
```

2. 使用控件创建数据连接

由于 VS 2010 在默认的工具箱中没有选择连接的控件，需要手动添加，具体步骤如下：

在"工具箱"窗口中，右击"数据"选项卡，选择"选择项"命令，打开"选择工具箱项"对话框，选择 SqlConnection 组件，如图 14.17 所示。单击"确定"按钮，将该组件添加到"数据"项中。

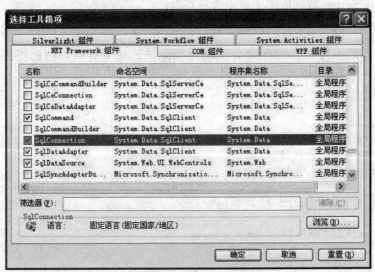

图 14.17　添加 SqlConnection 组件

利用 SqlConnection 组件重新编写［例 14.2］。

双击"SqlConnection"组件，将其添加到窗体中，此时在窗体的下方产生了一个 SqlConnection 的实例 sqlConnection1。单击属性"ConnectionString"右边的单元格，选择已经存在的一个连接（若没有，可单击"新建连接"进行创建）即可。

具体的程序代码如下：

```
using System;
using System.Data;
using System.Windows.Forms;

namespace WindowsFormsApplication1
{
    public partial class Form1 : Form
    {
        public Form1()
        {
            InitializeComponent();
        }
        private void button1_Click(object sender, EventArgs e)
        {
            try
            {
                sqlConnection1.Open();
                if(sqlConnection1.State==ConnectionState.Open)
                    MessageBox.Show("数据库连接已经成功建立!");
            }
            catch (Exception ex)
            {
                MessageBox.Show(ex.Message.ToString());
            }
            finally
            {
                sqlConnection1.Close();   //关闭连接
            }
        }
    }
}
```

　　仔细分析上述代码，细心的读者可能会发现，上述代码并没有添加引用，也没有设置连接字符串，但也能完成数据库的连接功能。其原因在于，sqlConnection1 做为一个对象，已经在 Form1.Designer.cs 文件中对其进行了相关的设置，读者可自己查看。

14.2.4 Command 类

　　创建了数据连接之后，就可以对数据库中的数据进行操作。ADO.NET 中提供的 Command 类，可以完成对数据库的增、删、改、查等操作。

　　用于 SQL Server 的类为 SqlCommand 类，常用的属性和方法如表 14.6 和表 14.7 所示。

表 14.6　　　　　　　　　　　　　　　　SqlCommand 常用属性

属　　性	说　　明
CommandText	用于获取或设置需要对数据源执行的 SQL 语句或存储过程
CommandTimeout	获取或设置在终止执行命令的尝试并生成错误之前的等待时间，默认值为 30s
CommandType	用于获取或设置一个值，该值指示如何解释 CommandText 属性。如通过枚举类型 CommanType 将 CommandType 属性设置为 StoreProcedure，则应将 CommandText 属性设置为存储过程的名称

表 14.7   **SqlCommand 常用方法**

方　　法	说　　明
ExecuteNonQuery	用于执行连接数据源上的 SQL 语句。它用于一些 DDL 语句、活动查询如 Insert、Update、Delete 等操作。该方法返回受影响的行数，但并不输出所返回的参数或结果集
ExecuteReader	用于执行数据源上的 SQL Select 语句。返回一个快速只向前的结果集 DataReader 对象
ExecuteScalar	用于用于执行一个返回单个标量值的存储过程或 SQL 语句。它将结果集中的第一列的第一行返回到调用应用程序，并忽略其他所有返回值

Command 对象中的 ExceuteNonQuery( )方法主要用于更新数据库，ExecuteScalar( )方法主要用于查询结果只有一个值的情况。

1. Command 对象的创建

创建 Command 对象可以使用代码，也可以使用控件。

使用代码创建 Command 对象的一般方法为：

（1）创建数据连接。

（2）定义要执行的 SQL 语句。

（3）生成 Command 对象，一般语法如下。

```
SqlCommand Command对象名=new SqlCommand(SQL 语句，数据连接);
```

（4）调用方法执行 SQL 语句。

根据不同的功能要求，选择相应的执行方法执行 SQL 语句，获得相应结果。

使用控件创建 Command 对象的方法为：

（1）同创建数据连接控件的方法相同，将 SqlCommand 控件添加到"数据"项中。

（2）将 SqlCommand 控件添加到窗体中，并采用自动命名 sqlCommand1。

（3）将 SqlConnectoin 控件添加到窗体中，采用自动命名 sqlConnection1。并设置 Connection 属性的值为当前已有的连接，若没有则需要新建连接。

（4）设置 sqlCommand1 的 Connection 属性为 sqlConnection1。

（5）设置 CommandText 属性的值，单击其右边的空格，打开查询分析器，如图 14.18 所示。

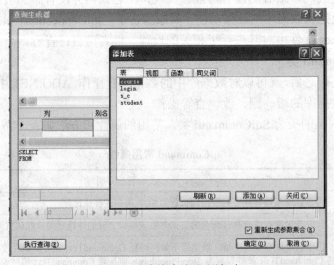

图 14.18　查询生成器-添加表

在"添加表"对话框中选择要执行操作的表，添加到查询生成器中，关闭"添加表"对话框，此时"查询生成器"显示如图 14.19 所示。

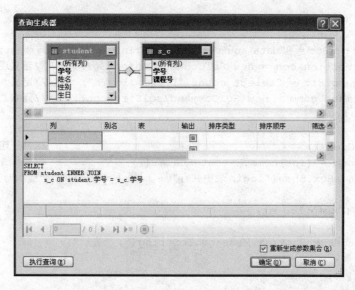

图 14.19 查询生成器

（6）在查询生成器中选择需要查询的列，在下面会生成相应的 SQL 语句，然后单击"执行查询"按钮，该选项卡的最下面表格中将显示出查询结果，单击"确定"按钮，完成操作。

2．利用 Select 语句执行查询操作

下面用例子说明如何利用 SqlConnection 和 SqlCommand 进行数据的查询操作。

 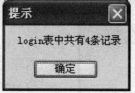

图 14.20 查询数据界面

【例 14.3】 创建一个 Windows 应用程序，单击窗体上的"查询"按钮，将检索 test 数据库中 login 数据表的记录个数，并在消息框中显示。界面效果如图 14.20 所示。

程序代码如下所示：

```
using System;
using System.Windows.Forms;
using System.Data.SqlClient;                //引入命名空间

namespace WindowsFormsApplication1
{
 public partial class Form1 : Form
 {
  public Form1()
  {
```

```
        InitializeComponent();
    }

    private void button1_Click(object sender, EventArgs e)
    {
      string conStr = @"data source=.\SQL2008;Initial Catalog=test;uid=sa;pwd=";
      SqlConnection con = new SqlConnection(conStr);      //建立连接
      string sqlStr = "select count(*) from login";       //定义 SQL 语句
      SqlCommand comm = new SqlCommand(sqlStr, con);       //建立 Command
      try
      {
        con.Open();                                        //打开连接
        int num = (int)comm.ExecuteScalar();               //执行 SQL 语句
        MessageBox.Show("login 表中共有" + num + "条记录", "提示");
      }
      catch (Exception ex)
      {
        MessageBox.Show(ex.Message.ToString(), "提示");
      }
      finally
      {
        con.Close();
      }
    }
  }
}
```

3. 利用 Insert 语句执行插入操作

利用 Command 对象可以向数据库发送操作命令，如增、删、改、查。其中，前 3 种都是单向的，即这些操作修改数据库中的数据后，并不返回数据。查询属于双向操作，既要向数据库提交查询命令，还要从数据库中获取数据。

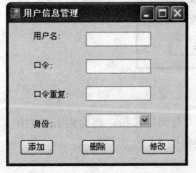

图 14.21　用户信息管理

所有的单向操作都要使用 Command 中的 Execute NonQuery（）方法来执行。

【例 14.4】　创建 Windows 窗体应用程序，利用"添加"按钮实现数据的插入操作。界面效果如图 14.21 所示。

其中，"身份"后面为组合框，其值为"管理员"、"普通用户"。下面给"添加"按钮的 Click 事件编写代码，实现数据的添加功能。

```
private void button1_Click(object sender, EventArgs e)
{
  string conStr = @"data source=.\SQL2008;Initial Catalog=test;uid=sa;pwd=";
  SqlConnection con = new SqlConnection(conStr);    //建立连接
  string userName = textBox1.Text.Trim();
  string userPwd = textBox2.Text.Trim();
  string userStatuse = comboBox1.Text;
  string sqlStr = "insert into login values('" + userName + "','" + userPwd
```

```
+ "','" + userStatuse + "')";
    SqlCommand comm = new SqlCommand(sqlStr, con);      //创建 Command 对象
    try
    {
      con.Open();  //打开连接
      if (comm.ExecuteNonQuery() > 0)                //以返回的受影响的行数作为判断的依据
          MessageBox.Show("添加成功", "提示");
      else
          MessageBox.Show("添加失败", "提示");
    }
    catch (Exception ex)
    {
      MessageBox.Show(ex.Message.ToString(), "提示");
    }
    finally
    {
      con.Close();                                  //关闭连接
    }
}
```

需要注意的是，SQL 语句的编写过程中，应注意区分单引号和双引号的作用，也要注意字符串、数字等表达式的写法。

在上述代码中，并未对用户名的长度，口令的显示及重复进行检验，各项是否为空等内容并未进行编程，读者可以自行完善。

4. 利用 Delete 语句执行删除操作

删除数据的过程和插入数据的过程基本相同，只要改变 SQL 语句即可。这里针对"删除"按钮的 Click 事件编写代码，说明其操作过程。

```
private void button2_Click(object sender, EventArgs e)
{
    string conStr = @"data source=.\SQL2008;Initial Catalog=test;uid=sa;pwd=";
    SqlConnection con = new SqlConnection(conStr);        //建立连接
    string userName = textBox1.Text.Trim();
    string sqlStr = "delete from login where 用户名='" + userName + "'";
    SqlCommand comm = new SqlCommand(sqlStr, con);        //建立 Command
    try
    {
      con.Open();
      if (comm.ExecuteNonQuery() > 0)
          MessageBox.Show("删除成功", "提示");
      else
          MessageBox.Show("删除失败", "提示");
    }
    catch (Exception ex)
    {
      MessageBox.Show(ex.Message.ToString(), "提示");
    }
    finally
    {
      con.Close();                                      //关闭连接
```

```
    }
  }
```

读者可以在上述代码中加入用户名是否为空等功能，使得程序更加友好。

5. 利用 Update 语句执行修改操作

更新数据时，唯一相同的地方就是 SQL 语句，将更新数据的代码添加到"修改"按钮的
Click 事件中，如下所示：

```
private void button3_Click(object sender, EventArgs e)
{
  string conStr = @"data source=.\SQL2008;Initial Catalog=test;uid=sa;pwd=";
  SqlConnection con = new SqlConnection(conStr);          //建立连接
  string userName = textBox1.Text.Trim();
  string userPwd = textBox2.Text.Trim();
  string userStatuse = comboBox1.Text;
  string sqlStr = "update login set 口令='"+userPwd+"',身份='"+userStatuse +"'
where 用户名='" + userName + "'";
  SqlCommand comm = new SqlCommand(sqlStr, con);          //建立 Command
  try
  {
    con.Open();
    if (comm.ExecuteNonQuery() > 0)
        MessageBox.Show("修改成功", "提示");
    else
        MessageBox.Show("修改失败", "提示");
  }
  catch (Exception ex)
  {
    MessageBox.Show(ex.Message.ToString(), "提示");
  }
  finally
  {
    con.Close();                                          //关闭连接
  }
}
```

6. 代码的优化

分析前面的插入、删除、修改操作，发现很多代码是重复的，这不符合代码重用和简洁
的标准。下面在窗体中创建一个专门连接数据库的方法，将重复代码封装，实现代码重用和
简洁。

对图 14.21 所示的程序代码进行优化，完整代码如下。

```
using System;
using System.Windows.Forms;
using System.Data.SqlClient;

namespace WindowsFormsApplication1
{
    public partial class Form1 : Form
    {
```

```csharp
public Form1()
{
    InitializeComponent();
}
private void button1_Click(object sender, EventArgs e)
{
    string userName = textBox1.Text.Trim();
    string userPwd = textBox2.Text.Trim();
    string userStatuse = comboBox1.Text;
    string sqlStr = "insert into login values('" + userName + "','" +
userPwd + "','" + userStatuse + "')";
    GetData(sqlStr);
}                                            //"添加"按钮单击事件结束
private void button2_Click(object sender, EventArgs e)
{
    string userName = textBox1.Text.Trim();
    string sqlStr = "delete from login where 用户名='" + userName + "'";
    GetData(sqlStr);
}                                            //"删除"按钮单击事件结束
private void button3_Click(object sender, EventArgs e)
{
    string userName = textBox1.Text.Trim();
    string userPwd = textBox2.Text.Trim();
    string userStatuse = comboBox1.Text;
    string sqlStr = "update login set 口令='" + userPwd + "',身份='" +
userStatuse + "' where 用户名='" + userName + "'";
    GetData(sqlStr);
}                                            //"修改"按钮单击事件结束
private void GetData(string sql)
{
    string conStr = @"data source=.\SQL2008;Initial Catalog=test;
uid=sa;pwd=";
    SqlConnection con = new SqlConnection(conStr);    //建立连接
    SqlCommand comm = new SqlCommand(sql, con);        //建立 Command
    try
    {
        con.Open();
        if (comm.ExecuteNonQuery() > 0)
            MessageBox.Show("操作成功", "提示");
        else
            MessageBox.Show("操作失败", "提示");
    }
    catch (Exception ex)
    {
        MessageBox.Show(ex.Message.ToString(), "提示");
    }
    finally
    {
        con.Close();                                    //关闭连接
    }
}                                                       //GetData 方法结束
```

```
    }                                                                //类定义结束
}                                                                    //命名空间结束
```

上述代码中，创建了一个带参数的 GetData（sql）方法，sql 语句作为参数，在添加、删除、修改按钮的 Click 事件中，分别定义各自的 sql 语句，将其作为参数传递到 GetData（sql），即可实现各自的功能，避免了代码的重复，实现了优化。

14.2.5　DataReader 类

DataReader 是.NET 数据给程序提供的一个轻量级的对象，用于从数据库中以顺序向前（forward only）且只读（read only）的方式检索数据。对于要求优化只读和只进数据访问的应用程序，可以选择 DataReader 类。只读就是只能通过它获取数据而不能修改数据，只进是指读取记录的游标只能向前移动，不能读取了后边的记录后再返回去读前面的记录，也就是顺序向前。

使用 DataReader 类可以从数据库中检索数据，它每次只能从查询结果中读取一行数据到内存中，只允许在结果中每次向前移动一个记录。用于 SQL Server 数据库的 DataReader 类为 SqlDataReader，其常用的属性和方法如表 14.8 所示。

表 14.8　　　　　　　　　　SqlDataReader 类常用属性和方法

名　　称	说　　明
FieldCount	由 DataReader 得到的一行数据中的列（字段）数
HasRows	判断 DataReader 是否包含数据，返回值为 bool 类型
IsClosed	判断 DataReader 对象是否关闭，返回值为 bool 类型
Read( )方法	将记录指针指向当前结果集中的下一条记录，返回值为 bool 类型
GetValue( )方法	根据列索引值，获取当前记录行内指定列的值，返回值为 Object 类型
GetValues( )方法	获取当前记录行内的所有数据，返回值为一个 Object 类型数组
Close( )方法	关闭 DataReader 对象，无返回值

DataReader 对象不能直接实例化，需要调用 Command 对象的 ExecuteReader( )方法的返回值。使用 DataReader 读取数据的步骤如下：

（1）创建数据连接 Connection 对象。

（2）创建 Command 对象。

（3）打开数据库连接。

（4）调用 Command 对象的 ExecuteReader( )方法创建 DataReader 对象，示例如下：

```
SqlDataReader reader=comm.ExecuteReader(); //comm 为 Command 对象。
```

（5）使用 DataReader 对象的 Read( )方法逐行读取数据。如果读到一行记录，则返回 true；否则返回 false。

（6）读取当前行的某列数据。读取数据有两种写法，一种是使用 GetValue（int i）方法，参数值 i 为列的索引。由于事先无法预知字段的数据类型，所以使用 Object 类型来接收返回数据，因而必须进行数据类型转换。其中，i 的取值范围为 0～FieldCount-1。若 i=1，则表示第 2 列。例如：

```
string str=reader.GetValue(1).ToString();
```

第二种方法为使用类似索引器的方式访问数据，返回值也是 Object 类型，需要进行拆箱操作。例如：

```
(数据类型) reader[i]; 或(数据类型) reader["列名"];
```

（7）关闭 DataReader 对象，需要调用该对象的 Close( )方法。同时关闭数据库的连接。

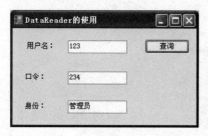

图 14.22　DataReader 的使用

【例 14.5】　创建 Windows 窗体应用程序，使用 DataReader 类实现对数据表 login 中用户的口令和身份的查询。设计界面如图 14.22 所示。

程序的完整代码如下所示：

```
using System;
using System.Windows.Forms;
using System.Data.SqlClient;

namespace WindowsFormsApplication1
{
  public partial class Form1 : Form
  {
    public Form1()
    {
        InitializeComponent();
    }

    private void button1_Click(object sender, EventArgs e)
    {
      string conStr = @"data source=.\SQL2008;Initial Catalog=test;uid=sa;pwd=";
      SqlConnection con = new SqlConnection(conStr);        //建立连接
      string sql="select * from login where 用户名='"+textBox1.Text.Trim() +"'";
      SqlCommand comm = new SqlCommand(sql, con);           //建立 Command
      try
      {
      con.Open();                                           //打开数据库连接
      SqlDataReader reader = comm.ExecuteReader();          //创建 DataReader 对象
      reader.Read();                                        //读取数据
      if (reader.HasRows)                                   //判断是否获取数据
      {
        textBox2.Text = (string)reader.GetValue(1).ToString();
        textBox3.Text = (string)reader["身份"];
      }
```

```
        else
        {
            MessageBox.Show("没有相关记录", "系统提示", MessageBoxButtons.
RetryCancel, MessageBoxIcon.Exclamation);
        }
        reader.Close();                    //关闭DataReader对象
    }
    catch (Exception ex)
    {
        MessageBox.Show(ex.Message);
    }
    finally
    {
        con.Close();                       //关闭数据库连接
    }
  }                                        //按钮单击事件处理程序定义结束
 }                                         //类定义结束
}                                          //命名空间定义结束
```

在窗口中输入用户名，单击"查询"按钮，若存在，即可显示相关信息，否则提示"没有相关记录"。

14.2.6　DataAdapter 类

DataAdapter 类的作用是用于数据库和 DataSet 对象的数据交换。数据库中的数据需要通过 DataAdapter 才能存放到数据集中，而在数据集中的任何修改也要通过 DataAdapter 提交到数据库中。在需要处理大量数据的场合，一直保持与数据库服务器的连接会带来许多不便，这时可使用 DataAdapter 类，以无连接的方式完成与本机 DataSet 之间的交互。DataAdapter 类常用的属性和方法如表 14.9 所示。

表 14.9　　　　　　　　　　　　DataAdapter 类的常用属性和方法

名　称	说　明
SelectCommand	获取或设置 SQL 语句或存储过程，用于选择数据源中的记录
InsertCommand	获取或设置 SQL 语句或存储过程，用于将新记录插入到数据源中
DeleteCommand	获取或设置 SQL 语句或存储过程，用于从数据集中删除记录
UpdateCommand	获取或设置 SQL 语句或存储过程，用于更新数据源中的记录
Fill( )方法	将数据源数据填充到本机的 DataSet 或 DataTable 中，填充完成后自动断开连接
Update( )方法	将 DataSet 或 DataTable 中的处理结果更新到数据库中

事实上，DataAdapter 是通过 Command 对象来操作数据库和数据集的。当调用 Fill( )方法时，系统会通过 SelectCommand 命令将数据库中的命令填充到数据集中。当调用 Update( )方法时，DataAdapter 会检查数据表中行的状态，如果行状态为增加、删除、修改中的一种，就会调用相应的 InsertCommand、DeleteCommand、UpdateCommand 命令来执行数据操作。

在调用 Update( )方法时，通常要求创建 InsertCommand、DeleteCommand、UpdateCommand 命令的 3 种 SQL 语句，如果少了其中任何一种可能会引发异常。为了使编码更简单、容易接受，.NET 提供了 CommandBuilder 对象，只要指定了 SelectCommand 语句就会自动生成其他需要的 SQL 语句。但要注意的是，SelectCommand 语句中返回的列需要包括主键列，否则将无法产生 UpdateCommand 和 DeleteCommand 语句。

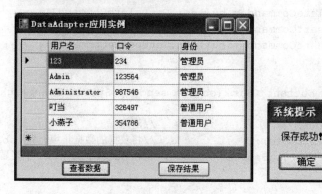

图 14.23　DataAdapter 的使用

如果数据库为 SQL Server 数据库，则使用 SqlDataAdapter 类，对应的 CommandBuilder 类应为 SqlCommandBuilder。

【例 14.6】创建 Windows 窗体应用程序，利用 SqlDataAdapter 和 DataGridView 控件来实现数据库内容的显示和交互式更新。界面效果如图 14.23 所示。

运行时，单击"查看数据"，在窗口中显示指定数据表的内容。对表中的内容进行增加、修改、删除操作，单击"保存结果"按钮，就能将更新结果保存到数据库中，并显示"保存成功！"对话框。

程序代码如下：

```
using System.Windows.Forms;
using System.Data.SqlClient;
using System.Data;

namespace WindowsFormsApplication1
{
  public partial class Form1 : Form
  {
    public Form1()
    {
    InitializeComponent();
    }
    //创建 DataAdapter 的实例和 DataTable 的实例
    SqlDataAdapter adapter;
    DataTable table = new DataTable();
    //在窗体加载的过程中设置 DataAdapter 的相关属性
    private void Form1_Load(object sender, System.EventArgs e)
    {
      string conStr = @"data source=.\SQL2008;Initial Catalog=test;uid=sa;pwd=";
      SqlConnection con = new SqlConnection(conStr);
      string sql = "select * from login";
      adapter = new SqlDataAdapter();
```

```
    adapter.SelectCommand = new SqlCommand(sql, con);
                                    //设置 SelectCommand 属性
    SqlCommandBuilder builder = new SqlCommandBuilder(adapter);
                                    //自动生成属性
    adapter.DeleteCommand = builder.GetDeleteCommand();
    adapter.InsertCommand = builder.GetInsertCommand();
    adapter.UpdateCommand = builder.GetUpdateCommand();
}

private void button1_Click(object sender, System.EventArgs e)
{
    table.Clear();                  //清除
    adapter.Fill(table);            //将获得的数据集填充到 table 中
    dataGridView1.DataSource = table; //在 dataGridView1 中要显示数据集的内容
}

private void button2_Click(object sender, System.EventArgs e)
{
    dataGridView1.EndEdit();        //在数据库更新期间禁止对 dataGridView1 的修改
    adapter.Update(table);          //将更新后的数据集保存到数据库中
    MessageBox.Show("保存成功！", "系统提示");
}
}
}
```

在把 DataTable 对象的值赋给 DataGridView 控件的 DataSource 属性之后，该控件就会把 DataTable 对象中的内容以表格的形式显示出来，并允许修改。

14.2.7 DataSet 类

DataSet 类是用来存储从数据库中查询到的数据结果的。由于它在获得数据或更新数据后会立即与数据库断开，所以程序员能用它实现高效的数据库访问和操作。DataSet 本身不直接和数据库发生关系，而是通过 DataAdapter 类从数据库中获取数据，并把修改后的数据更新到数据库。

从 ADO.NET 的体系结构可以看出，DataSet 包括了 DataTable、DataRow、DataColumn 等类，下面分别介绍它们的作用。

1. DataTable 类和 DataRow 类

DataTable 用来存储来自数据源的一张表，调用 DataAdapter 的 Fill() 方法，可以把来自数据源的数据填充到本机的 DataTable 中。一个 DataSet 中可以包括多个 DataTable，并且可以通过 DataRelation 设置这些 DataTable 之间的关系。DataTable 的常用属性和方法如表 14.10 所示。

表 14.10　　　　　　　　　　　DataTable 类常用的属性和方法

名　称	说　明
Rows	获取或设置当前 DataTable 内的所有行，即相应数据表里的所有记录
Columns	获取或设置当前 DataTable 内的所有列
TableName	获取或设置当前 DataTable 的名称

续表

名　　称	说　　明
AcceptChanges( )方法	提交对该表的所有修改
NewRow( )方法	为当前有 DataTable 增加一个新行，返回 DataRow 对象
Clear( )方法	清除 DataTable 中原来的数据，通常在获取新的数据前调用

下面对表中的部分内容再做进一步的说明。

（1）Rows 属性具有如下常用方法：

1）Add( )：把 DataTable 的 NewRow( )方法所创建的行追加到末尾。

2）InsertAt( )：把 NewRow( )方法所创建的行插入到索引号指定的位置。

3）Remove( )：删除指定的 DataRow 对象。

4）RemoveAt( )：根据索引号，直接删除指定行的数据。

（2）Columns 属性具有如下常用方法：

1）Add( )：把新创建的列添加到列集合中。

2）AddRange( )：把 DataColumn 类型的数组添加到列集合中。

3）Remove( )：把指定名称的列从列集合中移除。

4）RemoveAt( )：把指定索引位置的列从列集合中移除。

DataRow 可以用来存储 DataTable 中的一个数据行，即一个记录。DataRow 类的常用属性和方法如表 14.11 所示。

表 14.11　　　　　　　　　　DataRow 类的常用属性和方法

名　　称	说　　明
RowState	当前行的状态（可取的值包括 Added、Deleted、Modified、Unchanged）
AcceptChanges( )方法	提交对当前行的所有修改
Delete( )方法	删除当前的 DataRow 对象
EndEdition( )方法	结束对当前 DataRow 对象的编辑操作

在数据库中对一个记录可以执行的操作，在 DataRow 中也能以编程的方式实现。

【例 14.7】　创建 Windows 窗体应用程序，在窗体上添加 DataGridView 控件。利用编程方法创建 DataTable 对象，并在 DataGridView 控件中显示其内容。程序运行时，单击"查看数据集"按钮，显示结果如图 14.24 所示。

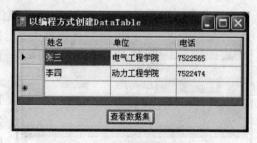

图 14.24　以编程方式创建 DataTable

按钮的主要代码如下：

```
private void button1_Click(object sender, EventArgs e)
{
  DataTable table = new DataTable();              //创建 DataTable 对象
  table.Columns.Add("姓名", typeof(string));      //添加列名及类型
  table.Columns.Add("单位", typeof(string));
```

```
table.Columns.Add("电话", typeof(string));
DataRow row = table.NewRow();                    //创建 DataRow 对象
row["姓名"] = "张三";                              //添加列的内容
row["单位"] = "电气工程学院";
row["电话"] = "7522565";
table.Rows.Add(row);                             //将当前行添加到 DataTable 中
row = table.NewRow();                            //创建新的 DataRow 对象
row["姓名"] = "李四";                              //添加新列的内容
row["单位"] = "动力工程学院";
row["电话"] = "7522474";
table.Rows.Add(row);                             //将当前行添加到 DataTable 中
dataGridView1.DataSource = table;                //设置 DataGridView 控件的数据源
}
```

上述代码中的 DataTable 和 DataRow 对象的所有数据都是在内存中生成的，没有涉及到数据库的操作，所以不需要建立数据库的连接，只要引用 System.Data 命名空间即可。

2. DataColumn 类

如前所述，DataRow 类可以用来描述数据库表中的记录，而 DataColumn 对象则用来描述数据表中的字段。使用这两个类，就可以在程序运行期间完成对数据库表的编辑，而且可以细化到具体的字段。

DataColumn 类常用的属性如表 14.12 所示。

表 14.12　　　　　　　　　　　　DataColumn 类的常用属性

名　　称	数　据　类　型	说　　　明
AllowDBNull	bool	是否允许当前列为空
Caption	string	获取和设置列的标题
ColumnName	string	列的名称
DataType	Type	列的数据类型
DefaultValue	object	列的默认值
MaxLength	int	文本列的最大长度

从上表可以看出，DataColumn 类的属性与数据库中字段的属性非常相似。几乎所有在数据库中对字段可以设计的属性，在 DataColumn 中都能以编程方式实现。

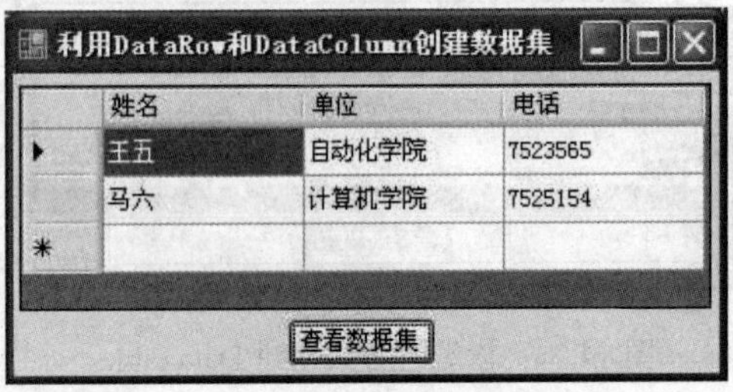

【例 14.8】创建 Windows 窗体应用程序，在窗体上添加 DataGridView 控件。以编程方式创建 DataColumn 对象和 DataRow 对象，并在 DataGridView 控件中显示其内容。程序运行时，单击"查看数据集"按钮，显示结果如图 14.25 所示。

图 14.25　以编程方式创建 DataColumn 和 DataRown 对象

按钮的主要代码如下：

```
private void button1_Click(object sender, EventArgs e)
{
    DataColumn column1 = new DataColumn("姓名");   //创建 DataColumn 对象并初始化
```

```
column1.DataType = typeof(string);              //设置 DataColumn 对象的数据类型
column1.MaxLength = 10;                          //设置 DataColumn 对象的最大长度
DataColumn column2 = new DataColumn("单位");
column1.DataType = typeof(string);
column1.MaxLength = 20;
DataColumn column3 = new DataColumn("电话");
column1.DataType = typeof(string);
column1.MaxLength = 7;
DataTable table = new DataTable();
table.Columns.Add(column1);
table.Columns.Add(column2);
table.Columns.Add(column3);
DataRow row = table.NewRow();
row["姓名"] = "王五";                            //添加列的内容
row["单位"] = "自动化学院";
row["电话"] = "7523565";
table.Rows.Add(row);                            //将当前行添加到 DataTable 中
row = table.NewRow();                           //创建新的 DataRow 对象
row["姓名"] = "马六";                            //添加新列的内容
row["单位"] = "计算机学院";
row["电话"] = "7525154";
table.Rows.Add(row);                            //将当前行添加到 DataTable 中
dataGridView1.DataSource = table;               //设置 DataGridView 控件的数据源
}
```

14.3　ADO.NET 应用实例

ADO.NET 是专门用来操作数据库的类库，从使用上来讲，大体上提供了三种访问数据库的方法，如图 14.26 所示。

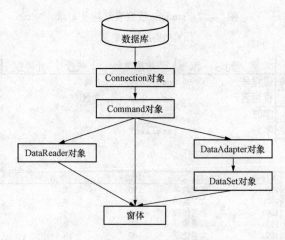

图 14.26　ADO.NET 访问数据库的方式

ADO.NET 可以实现对多种数据库的访问，这里采用 SQL Server 数据库为例进行说明。访问 SQL Server 数据库的步骤如下：

（1）导入所需的命名空间

```
using System.Data;
using System.Data.SqlClient;
```

（2）创建连接字符串变量，用来保存连接数据库的必要信息，例如：

```
string strCon=@"data source=.\SQL2008;Initial Catalog=test;uid=sa;pwd=";
```

字符串中@作用是将\后面字符串看成是非转义符号；data source 用于描述数据库服务器所在的位置，用英文输入状态下的句号（即.）表示在当前的计算机上，也可以使用计算机名来代替；Initial Catalog 表示访问的数据库，此处为数据库 test。uid 和 pwd 分别表示连接 SQL Server 数据库的用户名和密码。

（3）选择不同的访问方式。根据数据访问的特点，选择不同的获取数据的方式，实现数据的存取等操作。

下面通过实例对常用控件的使用方法进行说明。

在 TEST 数据库中创建 student 数据表、course 数据表及 s_c 数据表，其表结构及数据记录分别如图 14.27、图 14.28 及图 14.29 所示。

	列名	数据类型	长度	允许空
🔑	学号	nvarchar	6	
	姓名	nvarchar	10	
	性别	char	2	
	生日	datetime	8	
	专业	nvarchar	20	

(a)

学号	姓名	性别	生日	专业
010020	孙燕	女	1981-2-2	自动控制
010030	赵博	男	1980-5-5	电气自动化
020011	郑虹	女	1982-3-15	动力工程
050301	王伟	男	1983-10-30	应用物理
060201	王刚	男	1982-10-10	计算机科学

(b)

图 14.27   student 数据表结构及记录

（a）结构；（b）记录

	列名	数据类型	长度	允许空
🔑	课程号	nvarchar	4	
	课程名	nvarchar	20	
	学时	smallint	2	
	学分	smallint	2	

(a)

课程号	课程名	学时	学分
1001	高等数学	50	5
1002	大学英语	60	6
1003	数据结构	40	4
1004	数据库	50	5
1005	大学物理	40	4
1006	电路基础	50	5
1007	控制原理	60	6

(b)

图 14.28   course 数据表结构及记录

（a）结构；（b）记录

	列名	数据类型	长度	允许空
🔑	学号	nvarchar	6	
🔑	课程号	nvarchar	4	

(a)

学号	课程号
010020	1006
010020	1007
010030	1004
010030	1006
020011	1001
020011	1002
050301	1005
060201	1003

(b)

图 14.29　s_c 数据表结构及记录

(a) 结构；(b) 记录

【例 14.9】 创建 Windows 窗体应用程序，利用 ComboBox 中的性别属性，将 student 表中相应的学生信息显示在 DataGridView 控件中。界面效果如图 14.30 所示。

根据题目要求，设置 ComboBox 控件的 Items 属性集为 "男" 和 "女"，DropDownStyle 属性为 DropDownList。另外，为了在窗体启动时自动选择第一个选择，应在窗体的加载事件中编写代码：

```
comboBox1.SelectedIndex = 0;
```

为了在 DataGridView 控件中显示相应信息，则应设置 DataSource 属性为一个数据源，这里采用 DataTable。利用 Adapter 的 Fill（）方法，填充一个 DataTable 并将其赋值给 DataGridView 控件的 DataSource 属性即可。

图 14.30　DataGridView 控件的使用

完整的程序代码如下：

```
using System;
using System.Windows.Forms;
using System.Data.SqlClient;
using System.Data;

namespace WindowsFormsApplication1
{
  public partial class Form1 : Form
  {
    public Form1()
    {
        InitializeComponent();
    }
    SqlDataAdapter adpter;                    //定义 Adapter
    DataTable table = new DataTable();        //定义 DataTable
    private void Form1_Load(object sender, EventArgs e)
    {
        comboBox1.SelectedIndex = 0;          //设置窗体启动后的选项
    }
    private void button1_Click(object sender, EventArgs e)
    {
      string conStr = @"data source=.\SQL2008;Initial Catalog=test;uid=sa;pwd=";
```

```
    //构造 SQL 查询语句
    string sql = "select * from student where 性别='" + comboBox1.Text + "'";
    adpter = new SqlDataAdapter(sql, conStr);          //创建 Adapter 对象
    table.Clear();                          //读者可以试一下不写该语句会出现什么结果
    adpter.Fill(table);                          //向 table 中填充数据
    dataGridView1.DataSource = table;              //设置 DataSource 属性
        }
    }
}
```

程序运行后，根据选择性别的不同，单击"查询"按钮后，可以在 DataGridView 控件中显示对应性别的学生的基本信息。

【例 14.10】 创建 Windows 窗体应用程序，在 ComboBox 控件中动态绑定学生的姓名，并根据学生的学号查询其选修的课程信息，将其显示在 DataGridView 控件中。其界面效果如图 14.31 所示。

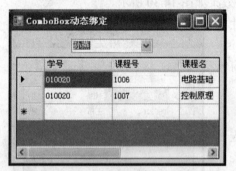

根据题目要求，需要在 ComboBox 控件中显示所有学生的姓名，这需要用到动态绑定技术。这种技术需要结合 DataAdpater、DataSet 来使用，并需要设置 ComboBox 控件的 DataSource、DisplayMember、ValueMember 属性。为了程序的简洁，设计使用 GetStdName( )方法完成动态绑定。

为实现根据姓名的不同，而在 DataGridView 中显示不同的选修课程信息，这一目的则利用 ComboBox

图 14.31   ComboBox 控件的动态绑定

的 SelectedValue 属性获得学生的学号，并将其用于 SQL 语句的创建。使用 DataAdapter、DataSet 完成数据源的创建，实现在 DataGridView 控件中的显示。

完成代码如下所示：

```
using System;
using System.Data;
using System.Data.SqlClient;
using System.Windows.Forms;

namespace WindowsFormsApplication1
{
  public partial class Form1 : Form
  {
    public Form1()
    {
      InitializeComponent();
    }
    SqlConnection con;                  //定义连接 con
    SqlDataAdapter adpter;              //定义数据适配器 adapter
    DataSet ds = new DataSet();          //定义数据集 ds
    private void Form1_Load(object sender, EventArgs e)
    {
      string conStr = @"data source=.\SQL2008;Initial Catalog=test;uid=sa;pwd=";
      con = new SqlConnection(conStr);
```

```
        GetStdName();
        GetCourseInfo();
    }
    private void GetStdName()
    {                                        //将 ComboBox 控件动态绑定到学生的姓名
        try
        {
        string sql = "select * from student";
        adpter = new SqlDataAdapter(sql, con);
        adpter.Fill(ds, "student");          //将 sql 的查询结果以数据表名 student 的形
                                             //式存放
        comboBox1.DataSource = ds.Tables["student"];  //设置 DataSource 属性
        comboBox1.DisplayMember = "姓名";    //设置在界面上显示的字段
        comboBox1.ValueMember = "学号";      //设置在后台使用的字段
        }
        catch (Exception ex)
        {
        MessageBox.Show(ex.Message);
        }
    }
    private void GetCourseInfo()
    {                                //根据学生的学号查询其选课的信息
        string sqlCourse = "select s_c.学号,course.* from course join s_c on course.
课程号=s_c.课程号 and 学号='" + comboBox1.SelectedValue + "'";
        try
        {
        adpter = new SqlDataAdapter(sqlCourse, con);
        adpter.Fill(ds, "courseInfo");//将学生的选课信息存放到 ds 的 courseInfo 表中
        dataGridView1.DataSource = ds.Tables["courseInfo"];
        }
        catch (Exception ex)
        {
        MessageBox.Show(ex.Message);
        }
    }
    private void comboBox1_SelectionChangeCommitted(object sender, EventArgs e)
    {
        ds.Tables["courseInfo"].Clear();         //清空 ds 的 courseInfo 数据表
        GetCourseInfo();
    }
    }
}
```

上述代码中，sqlCourse 字符串利用 CombBox 中 SelectedValue 属性取得对应学生姓名的学号，其原因在于设置了 CombBox 的 ValueMember 属性为"学号"。需要注意的是，需要使用 ComboBox 的 SelectionChangeCommitted 事件来完成学生选课信息的更新，而不是使用 SelectedIndexChanged 或 SelectedValueChanged 事件。

【例 14.11】 创建 Windows 窗体应用程序，在 ListBox 控件中显示学生的姓名。通过单击某个姓名，在 DataGridView 控件中显示其对应的选课信息。界面效果如图 14.32 所示。

该题目和上一题的区别在于，利用 ListBox 控件进行动态绑定，其他方法类似。另外，需要在 LisbBox 的单击事件处理程序中完成选课信息的显示。

完整代码如下所示：

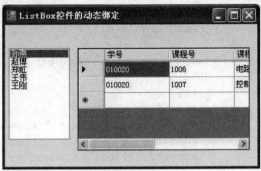

图 14.32　ListBox 控件的动态绑定

```csharp
using System;
using System.Data;
using System.Windows.Forms;
using System.Data.SqlClient;
namespace WindowsFormsApplication1
{
  public partial class Form1 : Form
  {
    public Form1()
    {
        InitializeComponent();
    }
    SqlConnection con;
    SqlDataAdapter adpter;
    DataSet ds = new DataSet();
    private void Form1_Load(object sender, EventArgs e)
    {
      string conStr = @"data source=.\SQL2008;Initial Catalog=test;uid=sa;pwd=";
      con = new SqlConnection(conStr);
      GetStdName();
      GetCourseInfo();
    }
    private void GetStdName()
    {
      try
      {
        string sql = "select * from student";
        adpter = new SqlDataAdapter(sql, con);
        adpter.Fill(ds, "student");
        listBox1.DataSource=ds.Tables["student"];
        listBox1.DisplayMember  = "姓名";
        listBox1.ValueMember= "学号";
      }
      catch (Exception ex)
      {
        MessageBox.Show(ex.Message);
      }
    }
    private void GetCourseInfo()
    {
      string sqlCourse = "select s_c.学号,course.* from course join s_c on course.课程号=s_c.课程号 and 学号='" + listBox1.SelectedValue + "'";
      try
```

```
        {
            adpter = new SqlDataAdapter(sqlCourse, con);
            adpter.Fill(ds, "courseInfo");
            dataGridView1.DataSource = ds.Tables["courseInfo"];
        }
        catch (Exception ex)
        {
            MessageBox.Show(ex.Message);
        }
    }
    private void listBox1_Click(object sender, EventArgs e)
    {
        ds.Tables["courseInfo"].Clear();
        GetCourseInfo();
    }
}
```

【例 14.12】 创建 Windows 窗体应用程序，在程序启动时在两个 DataGridView 控件中分别显示学生和课程的基本信息。在上面学生信息 DataGridView 控件中单击某个学生后，在下面的 DataGridView 控件中显示该学生的选课信息。界面效果如图 14.33 所示。

根据题目要求，在上面的 DataGridView 控件中需要设置 MultiSelect、SelectionMode 属性。MultiSelect 用于设置是否允许一次选择多行，设置为 true 表示允许选择多行，而 false 则不允许选择多行；SelectionMode 属性用于设置选择模式，共有五个选项，其中 FullRowSelect 用于设置选择整个行。

这里选择 dataGridView1 控件（即学生信息）的 CellClick 事件，用于获取某行中学生的学号，并根据学号利用 DataAdapter、DataSet 创建数据源，完成在 dataGridView2 控件（即课程信息）中的显示。

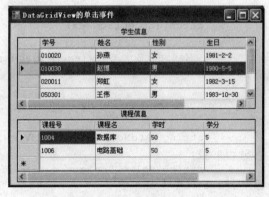

图 14.33　DataGridView 控件的单击事件

完整代码如下所示：

```
using System;
using System.Data;
using System.Windows.Forms;
using System.Data.SqlClient;

namespace WindowsFormsApplication1
{
    public partial class Form1 : Form
    {
        public Form1()
        {
            InitializeComponent();
```

```
        }
        SqlConnection con;                      //定义数据连接 con
        SqlDataAdapter adpter;                  //定义数据适配器 adapter
        DataSet ds = new DataSet();             //定义数据集 ds
        private void Form1_Load(object sender, EventArgs e)
        {
          string conStr = @"data source=.\SQL2008;Initial Catalog=test;uid=sa;pwd=";
          con = new SqlConnection(conStr);
          GetInitInfo();                        //调用初始化 DataGridView 控件的方法
          ds.Tables.Add("std_course");    //向数据集 ds 中添加数据表 std_course
        }
        private void GetInitInfo()
        {                                       //完成两个 DataGridView 控件的初始化数据
          try
          {
            adpter = new SqlDataAdapter("select * from student", con);
            adpter.Fill(ds, "student");
            dataGridView1.DataSource = ds.Tables["student"];
            adpter = new SqlDataAdapter("select * from course", con);
            adpter.Fill(ds, "course");
            dataGridView2.DataSource = ds.Tables["course"];
          }
          catch (Exception ex)
          {
            MessageBox.Show(ex.Message);
          }
        }
        private void dataGridView1_CellClick(object sender, DataGridViewCellEventArgs e)
        {                                 //获取选择行的学生的学号,并构造对应的 SQL 语句
          string stdNo = dataGridView1.Rows[e.RowIndex].Cells["学号"].Value.
ToString();
          string sql = "select s_c.学号,course.* from course join s_c on course.
课程号=s_c.课程号 and 学号='" + stdNo + "'";
          adpter = new SqlDataAdapter(sql, con);
          ds.Tables["std_course"].Clear();   //请读者思考为什么要使用 Clear()方法
          adpter.Fill(ds, "std_course");
          dataGridView2.DataSource = ds.Tables["std_course"];
        }
      }
    }
```

习　题　14

一、选择填空题

（1）常用的数据库软件有：_____，_____，_____。

（2）DataReader 对象以_____、_____的方式从数据库中获取数据结果集。

（3）DataAdapter 对象用于填充 DataTable 对象的方法是_____，用于更新 DataTable 对象的方法是_____。

（4）DataTable 对象的 Rows 属性用来插入单个数据行的方法是＿＿＿＿，用来删除指定的单个数据行的方法是＿＿＿＿。

（5）ComboBox 控件的＿＿＿＿＿属性用于设置在界面上显示的内容，＿＿＿＿属性用于设置在后台使用的值。

（6）设置 DataGridView 控件的＿＿＿＿属性可在其中显示相应的数据。

　　　A．Forward only　　　B．Read only　　　C．Write only　　　D．Fill( )
　　　E．Access　　　　　　F．Update( )　　　G．SQL Server　　　H．DisplayMember
　　　I．ValueMember　　　J．DataSource　　　K．Add( )　　　　　L．Oracle
　　　M．RemoveAt( )　　　N．Clear( )

二、程序设计题

（1）利用 ADO.NET 控件的方法，将 test 数据库中 student 数据表的内容绑定到 Windows 窗体上，利用按钮实现移到数据记录。界面效果如图 14.34 所示。

提示：可以利用 studentBindingSource 的 MoveFirst( )、MovePrevious( )、MoveNext( )、MoveLast( )实现数据记录的移到。利用 studentBindingSource 的 Count 属性得到记录的总数，利用其 Position 属性是否为 0 判断是否处于第一条记录。

下面只给出"最后一条"按钮的单击事件处理程序代码：

```csharp
private void button4_Click(object sender, EventArgs e)
{
  studentBindingSource.MoveLast();
  if (studentBindingSource.Position == studentBindingSource.Count - 1)
  {
   button3.Enabled = false;
   button4.Enabled = false;
   button1.Enabled = true;
   button2.Enabled = true;
  }
}
```

（2）利用 DataAdapter 和 DataSet，根据学号查询 test 数据库中 student 数据表中学生的基本信息，并在 TextBox 控件上进行显示。界面效果如图 14.35 所示。

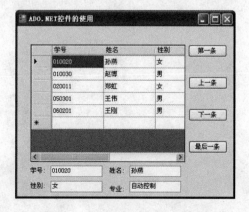

图 14.34　ADO.NET 控件的使用

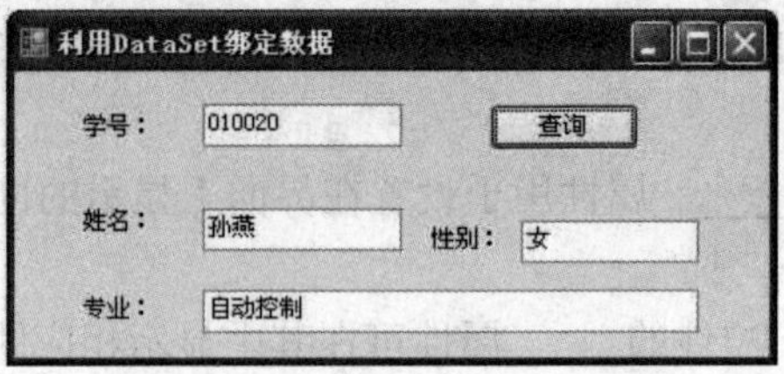

图 14.35　使用 DataSet 绑定数据

提示：在 DataSet 中填充数据表后，可以利用下面的语句实现对 TextBox 控件的赋值：

```
textBox2.Text = ds.Tables[0].Rows[0]["姓名"].ToString();
```

参 考 文 献

[1] 张锋奇，罗贤缙，秦金磊. 数据库原理及应用. 北京：中国电力出版社，2010.

[2] 王珊，萨师煊. 数据库系统概论. 4 版. 北京：高等教育出版社，2006.

[3] 王珊. 数据库技术与应用. 北京：清华大学出版社，2005.

[4] 陶宏才，等. 数据库原理及设计. 北京：清华大学出版社，2014.

[5] 郑玲利. 数据库原理与应用案例教程. 北京：清华大学出版社，2013.

[6] 鲁艳霞，邵欣欣. 数据库原理与应用实训教程：SQL Server 版. 北京：清华大学出版社，2013.

[7] 刘奎，付青，张权. SQL Server 2008 从入门到精通. 北京：化学工业出版社，2009.

[8] 闪四清，邵明珠. SQL Server 2008 数据库应用实用教程. 北京：清华大学出版社，2010.

[9] ［美］Mike Hotek. 潘玉琪译. SQL Server 2008 从入门到精通. 北京：清华大学出版社，2011.

[10] 郑阿奇，刘启芬，顾韵华. SQL Server 实用教程（SQL Server 2008 版）. 三版. 北京：电子工业出版社，2011.11.

[11] 王国胜，张石磊. C#基础与案例开发详解. 北京：清华大学出版社，2014.03.

[12] 于国防，李剑. C#语言 Windows 程序设计. 北京：清华大学出版社，2010.

[13] 刘丽霞，等. 零基础学 C# 3.0. 北京：机械工业出版社，2009.

[14] 王振武. C# Web 程序设计. 北京：清华大学出版社，2012.09.

[15] 宋文强，熊壮. C#程序设计. 北京：高等教育出版社，2010.